ENTDECKER DES HIMMELS

Prof. Dr. sc. Dieter B. Herrmann

Direktor der Archenhold-Sternwarte
und des Zeiss-Großplanetariums Berlin

ENTDECKER DES HIMMELS

Urania-Verlag
Leipzig · Jena · Berlin

Herrmann, Dieter B.:
Entdecker des Himmels / Dieter B. Herrmann. – 4., überarb. Aufl. – Leipzig ; Jena ; Berlin : Urania-Verlag, 1990. – 230 S. : 150 Ill. (z. T. farb.)

ISBN 3-332-00353-4

ISBN 3-332-00353-4

4., überarbeitete Auflage 1990

Verlag für populärwissenschaftliche Literatur
VLN 212/475 · LSV 1499
Lektor: Ewald Oetzel, Konrad Haase
Gestaltung der Grafiken und des Schutzumschlages: Horst Schleef/Wolfgang Würfel
Typografie und Einband: Horst Adler
Lichtsatz: INTERDRUCK Graphischer Großbetrieb Leipzig – III/18/97
Reproduktion, Druck und buchbinderische Verarbeitung: Sachsendruck Plauen
Printed in the German Democratic Republic
Best.-Nr.: 654 398 3
01680

INHALT

Geburt und Tod der Sonnen

Im Reich der Galaxien

Keine Forschung ohne Technik

Anhang

Eine mondähnliche Landschaft auf dem Merkur:
Ringgebirge und Krater

STERNE ÜBER BABYLON

Wenn das Gestirn der Pleiaden, der Atlastöchter, emporsteigt,
Dann beginne die Ernte, doch pflüge, wenn sie hinabgehen.
Vierzig Nächte und Tage hindurch sind diese verborgen,
Doch wenn im kreisenden Laufe des Jahres sie wieder erscheinen,
Dann beginne, die Sichel zur neuen Ernte zu wetzen.

Hesiod

Statuette aus glasierter Keramik (700 v.u.Z.): Toth, ägyptischer Schutzgott des Lernens und der Künste, mit dem Halbmondsymbol

Im Dunkel der Vorzeit

Weit und klar wölbte sich der Himmel über den ersten Hochkulturen der Geschichte im Zweistromland von Euphrat und Tigris, am Delta des Nils und in den Niederungen des Huanghe. Schon in jenen frühen Tagen der Menschheit wurden die Gestirne des Firmaments beobachtet. Das unwillkürliche Betrachten des Himmels mußte zum Kennenlernen einfachster Erscheinungen, ihres zeitlichen Ablaufs und ihrer regelmäßigen Wiederkehr führen. Vielleicht war es eine der frühesten Entdeckungen, die der Mensch dabei machte, daß die Sonne, die jeden Abend unter dem Horizont versinkt, und das helle Gestirn, das morgens wieder emporsteigt, miteinander identisch sind. Die gleiche Überzeugung bildete sich wohl auch bei der Betrachtung des Mondes und der Sterne bald heraus. Diese einfache Feststellung muß für die ersten tastenden Schritte einer geistigen Erfassung der Umwelt außerordentlich wichtig gewesen sein. Sie ließ die Ahnung aufkommen, daß die Ebene, auf der die Menschen wandeln, nicht unbegrenzt sein kann. Niemand jedoch hatte je das Ende dieser Ebene gesehen, selbst Weitgereiste nicht. Schon daraus konnte die Vermutung abgeleitet werden, daß der Himmel möglicherweise eine Kugel sei, in deren Mitte die Erde hängt, die ebenso rund ist wie das sie umgebende Firmament.

Auch andere Einzelheiten mußten im Laufe der Zeit offenbar werden: daß die Sonne im Sommer länger über dem Horizont verweilt und einen größeren Bogen beschreibt als im Winter; daß die Gestalt des Mondes von der schmalen Sichel am Abendhimmel bis zur vollen Scheibe und von da zur unsichtbaren Neumondphase regelmäßige Veränderungen erleidet; daß der Sternhimmel im Verlaufe eines Tages einen vollen Umschwung um den Himmelspol ausführt; daß einige helle Sterne ihre Stellung unter den anderen rasch verändern, womit die Unterscheidung in »Wandelsterne« und »Fixsterne« gegeben war, und anderes mehr.

Es hat keinen Sinn danach zu fragen, wer diese elementaren Tatsachen entdeckt hat und wann dies geschah. Das Vorhandensein solcher Kenntnisse wird man gewiß auch noch nicht als Anzeichen dafür deuten dürfen, daß es seit Anbeginn der Menschheitsgeschichte schon eine Wissenschaft von den Sternen gegeben hat. Aber sie ist möglicherweise viel früher als manche andere Wissenschaft entstanden, und elementare Kenntnisse sind vermutlich seit Jahrtausenden vorhanden gewesen.

Die durch die Domestikation von Tieren und den Anbau von Pflanzen ausgelöste Entwicklung der Produktivkräfte brachte nicht nur erhebliche Veränderungen der gesellschaftlichen Struktur mit sich. Auch die Lebensweise der Menschen wandelte sich. Hatte es in der Periode der Jäger und Sammler noch ausgereicht zu wissen, welche Tiere man auf welche Weise fangen kann, so war es jetzt notwendig, Einzelheiten über Entwicklung und Lebensgewohnheiten der gezüchteten Tiere zu kennen – wozu die Aufzucht andererseits auch viel bessere Gelegenheit bot. Außerdem begann die Ernte im Leben der Völker eine zentrale Rolle zu spielen. Nun mußte man z. B. die günstigsten Termine für Aussaat und Ernte bestimmen, während man vorher passiv genommen hatte, was die von Menschenhand unberührte Natur darbot. Das alles hatte zur Folge, daß auch dem Wettergeschehen eine viel größere Aufmerksamkeit zugewendet wurde als zuvor. Somit stieg die Bedeutung der Beobachtung von Naturerscheinungen.

Diese neue Situation spiegelte sich unübersehbar bereits in den Riten und Gebräuchen des Steinzeitmenschen wider: Erntefeste und Fruchtbarkeitszeremonien beherrschten das Brauchtum. Regengötter und Kornköniginnen erlangten eine überaus hohe gesellschaftliche Bedeutung. In Unkenntnis der natürlichen Prozesse, der Bedingungen von Saat, Wachstum und Ernte hielt man Gottheiten für machtvolle Beherrscher aller lebenswichtigen Vorgänge.

Die allmähliche Ausbreitung des Ackerbaus in die Niederungen großer Flüsse hinein dürfte zu durchgreifenden Änderungen geführt haben, denn nun mußte man Überschwemmungen und Dürrezeiten einkalkulieren, künstliche Bewässerungsmöglichkeiten ersinnen usw...

Dämme und Deiche, die den Lebensunterhalt verbessern halfen und vor den gröbsten Unbilden der Natur schützten, konnten jedoch nur das Werk vieler sein. Der jetzt notwendig gewordene Zusammenschluß bislang weitgehend voneinander abgeschlossener Ansiedlungen zu größeren Einheiten leitete eine viel effektivere Produktion von Waren ein als die Arbeit der bis dahin isolierten Gemeinschaften.

Ein eindrucksvolles Beispiel hierfür ist der frühe Zusammenschluß der Stämme an den Ufern des Nils in Oberägypten. Die Produktion machte innerhalb kurzer Zeit Fortschritte, die jene großartigen Bauten des Ersten Ägyptischen Reiches ermöglichten, die noch heute unsere Bewunderung erregen. Die gesellschaftliche Arbeitsteilung führte dazu, daß der einzelne wesentlich mehr produzierte, als zur eigenen bloßen Existenz unbedingt benötigt wurde. Die Produktion von in diesem Sinne überschüssigem Reichtum war die entscheidende Voraussetzung für die Bildung von Klassen und damit der Klassengesellschaft, aber auch für die Entstehung von Kultur und Wissenschaft.

In letzter Instanz waren es also sozialökonomische Veränderungen und Fortschritte, die Wissenschaft überhaupt erst möglich machten. Diese Veränderungen und Fortschritte sind es gleichzeitig gewesen, die Wissenschaft erforderlich erscheinen ließen: Die Viehzucht brachte es mit sich, daß man die Viehherden zählen mußte, um Tauschgeschäfte zu bewerkstelligen. Der sich ausbreitende Anbau von Getreide auf Äckern zwang dazu, Flächen zu berechnen, Getreidemengen zu wägen und vor allem die Termine von Aussaat und Ernte zu bestimmen. Derartige Anforderungen, die man als Notwendigkeit der Orientierung in Raum und Zeit bezeichnen kann, führten zur Entstehung der ältesten Wissenschaften, wozu Astronomie und Mathematik gehören.

Bemerkenswert ist, daß sich die gleichen Kenntnisse in Mathematik, Astronomie und auf anderen Wissensgebieten bei verschiedenen Völkern je nach dem ökonomischen Stand zu verschiedenen Zeiten zwar unabhängig voneinander, jedoch nahezu in derselben Form entwickelt haben. Zwischen der Mathematik und Astronomie der Babylonier und der der Inka liegt z. B. nicht nur der weite geographische Raum von Nordafrika bis Mittelamerika, sondern auch die enorme Zeitspanne von rund 4000 Jahren!

Suchen wir zuverlässige Daten über den Beginn der Sternkunde zu erlangen, so müssen wir allerdings mit Enttäuschung feststellen, daß die ältesten erhalten gebliebenen Dokumente uns entweder nichts darüber vermitteln oder bereits einen relativ hohen Stand astronomischer Kenntnisse dokumentieren.

Die Quellen

Woher wissen wir überhaupt etwas von den Anfängen der Sternkunde? Keineswegs aus astronomischen Texten, die jahrtausendelang sorgsam bewahrt und behütet worden waren. Die Situation ist leider viel komplizierter. Die Hilfswerkzeuge des Erforschers jener alten Zeiten sind nicht Brille und Staublappen des Antiquars, sondern Hacke und Spaten des Archäologen, der in mühsamer Arbeit kulturgeschichtliche Funde zutage fördert, von denen nur ein winziger Bruchteil auch Aussagen über das Sternwissen ihrer Schöpfer enthält. Und selbst diese spärlichen Informationen verstecken sich noch hinter den rätselhaften Zeichen einer Bilder-, Hieroglyphen- oder Keilschrift, die erst gedeutet und übersetzt sein will. Selbst dann, wenn die alten Schriftzeichen entziffert werden

Karte des nördlichen Sternhimmels aus Andreas Cellarius' »Harmonia macrocosmica«, Amsterdam 1661

konnten, bleibt die Quellenlage noch immer äußerst schwierig. Je weiter man sich bei der Suche in die Vergangenheit zurück begibt, umso dürftiger sind die Auskünfte, die man erhält. Die ältesten Überlieferungen reichen bis in die Zeit knapp vor das Jahr 2000 v.u.Z. zurück. Aus diesen Tagen stammt z. B. eine Elfenbeintafel im Grabmal von Abydos (Erste Ägyptische Dynastie).

Aus dem Mittleren Ägyptischen Reich (2050 bis 1700 v.u.Z.) fließen die Quellen etwas reichhaltiger, vor allem in Form von Inschriften in Grabmälern, vermutlich bereits zum Teil fehlerhafte Kopien von Sargdeckeln, die einst zu Königsgräbern gehört haben. Aus der Zeit des Neuen Ägyptischen Reiches (1560–1080 v.u.Z.) endlich stehen dann auch Originale der Sargdeckel von Königsgräbern zur Verfügung, wie z. B. aus dem Grabe Ramses' IV. (um 1155 v.u.Z.).

Ohne diesen Totenkult wüßten wir fast nichts aus der Zeit des Werdens der Wissenschaft bei den Ägyptern. Damals herrschte die Gepflogenheit, reichen Toten das Rüstzeug für den »weiten Weg durch Raum und Zeit« in die Grabkammern zu legen. Die Hinterbliebenen bangten darum, daß die Toten Hunger und Durst leiden könnten, und deponierten deshalb in den Gräbern kleine, hölzerne Küchenmodelle, die auf magische Weise zu Speise und Trank verhelfen sollten. Winzige Statuetten von Dienerinnen waren gleichzeitig mit dem Mahlen von Korn und dem Kneten von Teig beschäftigt, um ständig für Nahrung zu sorgen. Sogar Schiffchen mit Ruderernfiguren sind in den Gräbern gefunden worden: zur Befriedigung der Reiselust der Verblichenen. In diesem Zusammenhang ist es wichtig, daß die Toten auch mit den erforderlichen Hilfsmitteln zur Bestimmung der Zeit während der sonnenlosen Nachtstunden ausgestattet wurden, denn dadurch sind gewisse Rückschlüsse auf die astronomischen Kenntnisse jener Zeit möglich.

Astronomisches Deckengemälde des Grabes von Senmut aus der Zeit der altägyptischen Königin Hatschepsut (etwa 1480 v.u.Z.)

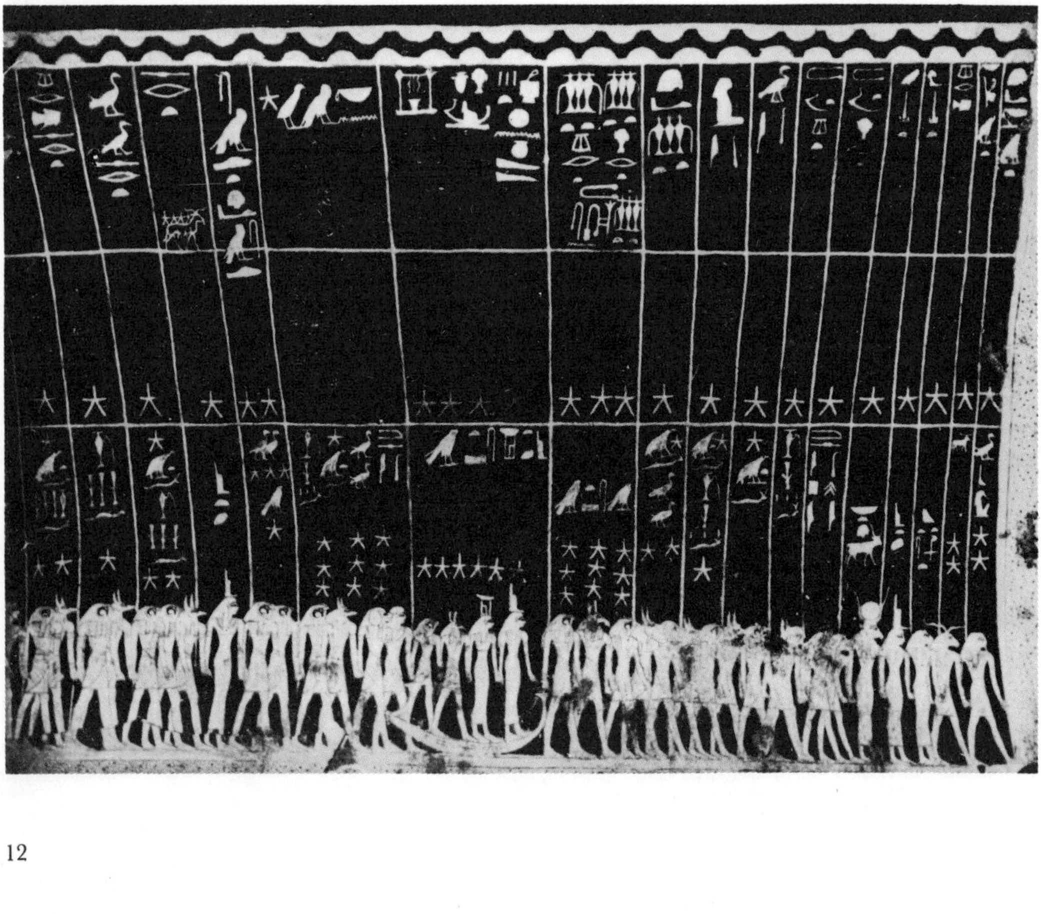

Bei der Erforschung der babylonischen Astronomie stoßen wir auf eine ähnlich schwierige Quellenlage.

Die ältesten Informationen entstammen hier der Zeit der Hammurapi-Dynastie, die nach neuen Ermittlungen die Zeit von 1829 bis 1530 v.u.Z. umfaßt und auch als die altbabylonische Zeit bezeichnet wird. Aber diese Kenntnisse sind uns nur indirekt überliefert, und zwar in Gestalt von später angefertigten Teilabschriften, Auszügen, Zitaten und Inhaltsverzeichnissen eines alten »Kompendiums der Astrologie« aus der Zeit um das 2. Jahrtausend v.u.Z., der Serie »Enuma Anu Enlil«, über die uns die Bibliothek des Assurbanipal informiert. Dieser König, von dem berichtet wird, daß er prunksüchtig als Herrscher und grausam auf dem Schlachtfelde gewesen sei, behauptete von sich selbst, die schwierig zu erlernende Keilschrift trefflich zu beherrschen. Man hat Grund, dies zu bezweifeln. Immerhin – er ließ eine Sammlung von Tafeln zusammentragen, die Wissen aus allen Gebieten enthielten und somit die erste uns bekanntgewordene Bibliothek der Weltgeschichte darstellten. 2000 Tontafeln der Sammlung dieses letzten assyrischen Königs sind später gefunden worden. Sie befinden sich heute im Britischen Museum zu London. Die Tafeln von Ninive enthalten u. a. auch die bislang aufgefundenen Dokumente der astrologischen Serie »Enuma Anu Enlil«. Vermutlich hat allein diese Serie aus insgesamt über 70 Tafeln bestanden. Die darin aufgezeichneten Beobachtungen geben ein relativ gutes Bild von der Art und Weise, wie die damalige Priesterkaste im Zweistromland zwischen Euphrat und Tigris Himmelsbeobachtung trieb und zu welchen Ergebnissen sie dabei gelangte.

Original-Keilschrifttexte mit astronomischen Angaben sind erst aus viel späterer Zeit, etwa aus dem 5. Jahrhundert v.u.Z., bekannt.

Die Botschaft des Sirius

Zu den Erfahrungen, die der Mensch schon frühzeitig bei der Betrachtung des Himmels sammelte, zählt die Erkenntnis, daß es bestimmte Zusammenhänge zwischen dem Lauf des Jahres mit seinen verschiedenen meteorologischen Erscheinungen

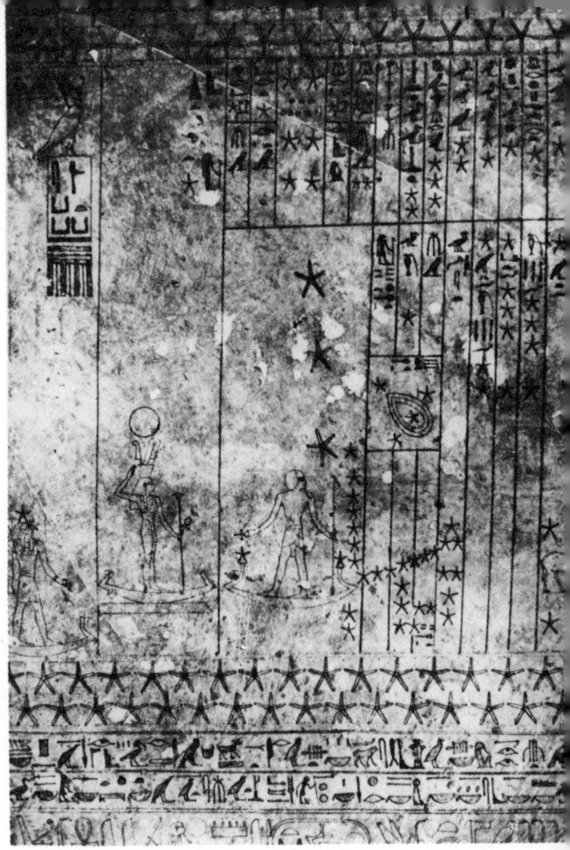

Astronomisches Deckengemälde des Grabes von Seti (Sethos) I., eines altägyptischen Königs (etwa 1301 v.u.Z.)

und dem Geschehen am Firmament gibt. Schon im Alten Ägyptischen Reich wurde der Stern Sothis, der Sirius im Sternbild Großer Hund, als »Bringer des neuen Jahres und der Überschwemmung« verehrt. Wenn Sirius zuerst am morgendlichen Himmel sichtbar wurde, nahte alljährlich die Nilschwemme. Für die ägyptische Landwirtschaft war dies ein Ereignis von höchster Bedeutung. Daher spielte auch der »heliakische Aufgang« des Sirius, sein »Morgenerst«, eine wichtige Rolle. Der ägyptische Kalender wurde dadurch gleichsam an ein astronomisches Phänomen angeschlossen.

Ursprünglich war das ägyptische Jahr nach den landwirtschaftlichen Aktivitäten gegliedert. Es umfaßte 12 Monate zu je 30 Tagen und fünf zusätzliche Tage am Jahresende. Die Monate wurden zu drei Jahreszeiten zusammengefaßt: die »Monate der Überschwemmung«, die »Monate des Wachstums« und die »Monate der Hitzezeit«.

Ägyptische Priester beobachten den heliakischen Aufgang des Sirius.

Da das Sonnenjahr in Wirklichkeit rd. 365,25 Tage umfaßt, mußte der ägyptische Kalender in jeweils vier Jahren um insgesamt einen Tag gegenüber dem Sonnenjahr zurückbleiben. Allmählich mußten also die astronomischen Erscheinungen und damit auch der durch den heliakischen Aufgang des Sirius gekennzeichnete astronomische Jahresanfang durch alle Jahreszeiten wandern. Daher wird dieses älteste ägyptische Jahr auch als »Wanderjahr« bezeichnet. Obwohl sich das Wanderjahr für die Festlegung der religiösen Feste, die an bestimmte Jahreszeiten gebunden waren, als kaum geeignet erwies, blieb es durch Jahrtausende Grundlage der ägyptischen Chronologie. Erst in einem Dekret aus dem Jahre 238 v. u. Z. wurde die Einschaltung eines sechsten Tages in einem Abstand von je vier Jahren angeordnet und damit ein Mangel des alten Kalenders beseitigt.

Ägyptische Wasseruhr aus Stein, etwa 1400 v.u.Z.

Man ist sich nicht genau darüber im klaren, seit wann der alte ägyptische Kalender schon in Gebrauch gewesen ist. Stets sind nämlich 1460 Jahre der Länge von 365,25 Tagen mit 1461 Jahren des alten ägyptischen Kalenders identisch. Daraus folgt, daß nach 1461 ägyptischen Jahren der heliakische Aufgang des Sirius wieder auf das gleiche Datum des ägyptischen Kalenders fällt. Diese »Sothisperiode« kann nun zurückgerechnet werden, und man kommt beispielsweise auf die Jahre 1321, 2781 und 4241 v. u. Z., wenn man vom heliakischen Aufgang des Sirius und dem gleichzeitigen ägyptischen Jahresanfang im Jahre 139 des Julianischen Kalenders ausgeht. Aber daraus folgt natürlich keineswegs zwangsläufig, daß der

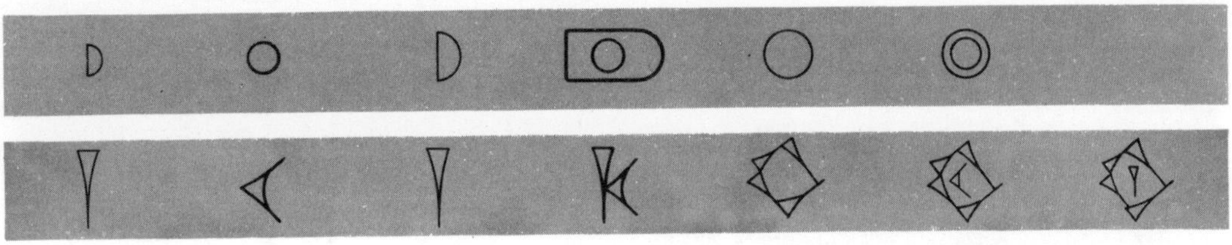

Beispiele für einfache babylonische Zahlzeichen in Keilschriftsymbolen

ägyptische Kalender tatsächlich schon im 5. Jahrtausend v. u. Z. existiert hat.

Im alten Ägypten wurde nicht nur der Sirius beobachtet. Auch die Sichtbarkeit anderer Sterne und Sternbilder war ja mit dem landwirtschaftlichen Jahr eng gekoppelt. Für die Ackerbauern und Viehzüchter, aber auch für Seefahrer und Kaufleute waren einfache himmelskundliche Kenntnisse oft unentbehrlich, da der von der Verwaltung benutzte Kalender ihren Bedürfnissen ungenügend Rechnung trug.

Babylonische Zahlzeichen auf einer Keilschrifttafel. Die heute gebräuchliche Schrift hat sich in einer sehr frühen Epoche der Menschheitsentwicklung aus der »Buchführung« gebildet. Zuerst waren es nur einfache Zeichen, dann Bilder, die für Gegenstände gesetzt wurden und schließlich auch für Handlungen. Allmählich wurde daraus die Keil- und Hieroglyphenschrift mit ihrer typischen Kombination von Wörtern und Bedeutungen.

Für die babylonischen Landleute war die Lage ähnlich: In der alten babylonischen Zeitrechnung verwendete man z. B. das sogenannte Lunisolarjahr mit 12 oder 13 Monaten Dauer. Es begann zur Frühlings-Tagundnachtgleiche. Da aber die Jahre mit 12 und 13 Monaten unregelmäßig aufeinander folgten, schwankte der Jahresanfang entsprechend. Die Ackerbauern und Viehzüchter waren also für die Bestimmung der günstigsten Termine von Aussaat und Ernte auf Kenntnisse über die Stellung der Sternbilder angewiesen.

In seinem Buch »Werke und Tage« hat der griechische Dichter Hesiod (um 700 v. u. Z.) diese Zusammenhänge ausführlich beschrieben. Die Tagesangaben sind zwar auf zehn Tage gerundet, geben aber doch eine gute Vorstellung von der Einteilung des Jahres nach solchen astronomischen Ereignissen wie dem heliakischen Aufgang und Untergang der Plejaden, der Sommersonnenwende und der Wintersonnenwende. Sogar die Zeiten für die Schiffahrt werden mit Hilfe derartiger Angaben beschrieben:

»Wenn das Plejadengestirn die mächtige Kraft des Orion
Flieht und sich niedersenkt
in des Meeres umdunstete Tiefe,
Alle Winde erheben sodann ihr wirbelndes Wehen,
Laß dann die Schiffe nicht länger
auf dunklem Meere verweilen.«

Die entsprechende Gegenempfehlung nimmt auf die Sommersonnenwende Bezug:

»Fünfzig Tage, nachdem sich am Himmel
die Sonne wendet
Bis zum Ende des Sommers, der so erschlaffenden Tage,
Kommt die geeignete Zeit für die Menschen zur Seefahrt.«

Alle diese Aussagen und Empfehlungen gehören zweifellos noch nicht in den Bereich einer wissenschaftlichen Astronomie. Es ist jedoch sehr aufschlußreich, daß schon in jener frühen Epoche der

Himmelsbetrachtung eine Gliederung des Landwirtschaftsjahres anhand von Gestirnserscheinungen erfolgte, worin die Keimform der späteren astronomischen Kalender zu erkennen ist. Diese waren freilich nur auf der Grundlage langer systematischer Beobachtungen möglich. Hier wird deutlich, daß die letztlich entscheidende Wurzel der wissenschaftlichen Astronomie in den praktischen Bedürfnissen des Lebens der alten Kulturvölker liegt.

Himmelskunde und Sternenglaube

Die Astronomie ist schon in ihrer Geburtsphase nicht von dem zu trennen gewesen, was wir heute Astrologie nennen. Von Anfang an muß bereits die Überzeugung bestanden haben, daß die Gestirne einen bestimmenden Einfluß auf das irdische Geschehen ausüben. Gerade die Zusammenhänge zwischen den Daten des Landwirtschaftsjahres und den periodischen Himmelserscheinungen führten bei dem noch niedrigen Stand der damaligen Kenntnisse über die Natur der Gestirne geradezu zwangsläufig zu solchen Überzeugungen. Einer der ältesten überlieferten Texte, in denen von Sternen die Rede ist, geht beispielsweise auf Beobachtungen des Mondes und des Himmels am ersten Tag des neuen Jahres ein. Darin heißt es:

»Wenn der Himmel düster ist, wird das Jahr schlecht...
Wenn über das Antlitz des Himmels vor Neumond
der Nordwind weht, wird das Getreide gedeihen.«

Dieser aus dem 2. Jahrtausend v. u. Z. stammende Text scheint für die primitive babylonische Astrologie typisch zu sein. Ihr Interesse und ihre Voraussagen galten nicht den Einzelschicksalen von Menschen, sondern waren auf das Wohl des Landes gerichtet. Sie weissagten das Wettergeschehen und somit vor allem lebenswichtige Glücks- und Unglücksfälle für die Landwirtschaft. Diese Art des Sternglaubens hat ihre klar erkennbaren Ursachen: Den Babyloniern war die überragende Bedeutung der Sonne und des Mondes bekannt. Diese Gestirne wurden als Götter verehrt. Es ist nicht auszuschließen, daß den Sumerern, deren Land sich bis an die Küste des Persischen Golfs erstreckte, sogar die Macht des Mondes über Ebbe und Flut schon geläufig gewesen ist. Auch die Venus, bei den Babyloniern mit der Göttin der Liebe, Ischtar, identisch, spielte als Dritte im Bunde eine bevorzugte Rolle in der Astrologie.

Ohne Zweifel knüpfte die Sterndeutung an Naturzusammenhänge an, die für das Leben der Baby-

Die Sternbilder Löwe (Leo) und Wasserschlange (Hydra) sowie der Planet Jupiter auf einer mehr als 2000 Jahre alten babylonischen Ritzzeichnung

lonier wichtig waren. Die Gleichsetzung von Göttern mit Himmelskörpern, wahrscheinlich seit Anbeginn bei den Babyloniern vorhanden, zeigt demnach, daß bei ihnen zur damaligen Zeit Sternreligion und astrologische Sterndeutung nicht voneinander zu trennen sind.

Die Rolle der Religion im alten Babylon war gewaltig. In ihren Glanzzeiten zählte die Hauptstadt nicht weniger als 53 Tempel der großen Götter, 55 Kapellen des Gottes Marduk, 300 Kapellen der Erdgottheiten, 600 Kapellen der Himmelsgottheiten, 180 Altäre der Göttin Ischtar (Venus) sowie 180 Altäre der Götter Nergal und Adad.

Für die Entwicklung der Astronomie war dies keineswegs unwichtig: Sowohl die angenommene Göttlichkeit der Gestirne als auch die Überzeugung vom bestimmenden Einfluß dieser Zeichen des Himmels auf das irdische Geschehen waren bis weit in das Mittelalter hinein ein mächtiger Antrieb für die Erforschung des Laufs der Gestirne und somit für die Erkenntnis ihrer Gesetzmäßigkeiten. In letzter Instanz kommen auch hierin praktische Bedürfnisse, Forderungen der Gesellschaft, zum Ausdruck, die bei der Entfaltung der Wissenschaft Pate standen.

Siebengestirn (links), Mond und das Sternbild Stier (Taurus) auf einer babylonischen Tontafel

Eine prähistorische Rechenanlage

Alljährlich, wenn die Sonne den höchsten Punkt ihrer scheinbaren Bahn erreicht hat und sich anschickt, auf der Ekliptik wieder äquatorwärts zu wandern, pilgern Tausende Schaulustige auf die Hochebene von Salisbury in Mittelengland, um hier die Sommersonnenwende zu erleben. Das gewaltige steinerne Monument von Stonehenge lockt sie hierher. In der kürzesten Nacht des Jahres ist Stonehenge Schauplatz seltsamer Zeremonien. Zaungäste des Geschehens, die sich in reicher Zahl einfinden, glauben sich in die Zeiten längst verblichener Ahnen zurückversetzt, wenn um Mitternacht die »Brüder des uralten Ordens der Druiden« – ihre Häupter mit weißen Tüchern bedeckt – durch die Tore der aus der älteren Bronzezeit stammenden Anlage schreiten, um den Sonnenaufgang von hier aus zu verfolgen, so wie es nach ihrer Überzeugung die Männer des Stammesfürsten von Wessex vor Jahrtausenden getan haben.

Die Anlage von Stonehenge ist eine jener mächtigen Megalithbauten in Europa, die von den Menschen vor rund 4000 Jahren mit großem Geschick und offenbar nach einem bestimmten System angelegt wurden. Diese Steindenkmäler der Vorzeit, von denen leider nur noch ein kleiner Bruchteil erhalten geblieben ist, geben aufschlußreiche Einblicke in die Lebensformen und ökono-

mischen Verhältnisse der damaligen Menschen; sie vermitteln ein interessantes Bild ihrer kulturellen, religiösen und wissenschaftlichen Vorstellungen und Kenntnisse.

An den Steinsetzungen, von denen insgesamt etwa 200 hinsichtlich ihrer Dimensionen und Richtungen vermessen wurden, verblüffen vor allem die Konstruktionsprinzipien, die auf den Gebrauch eines Einheitsmaßes, der sogenannten megalithischen Elle, und auf die Kenntnis geometrischer Zusammenhänge, z. B. des Lehrsatzes des Pythagoras, schließen lassen.

Unweit von Güstrow in Mecklenburg sind drei Steinkreise gefunden worden, die aus je neun Steinen von 1,2 m Höhe bestehen. Sie sind symmetrisch zueinander angeordnet; die Verbindungslinie zweier Kreise liegt fast genau in der Nord-Süd-Richtung. Die Konstruktion der gesamten Anlage basiert auf zwei gleich großen, rechtwinkligen Dreiecken. Im Jahre 1928 wurde die These aufgestellt, daß es sich dabei um eine etwa 3000 Jahre alte »Sternwarte« handelte, deren Ausrichtung auf astronomischen Kenntnissen beruhte. Tatsächlich ließ sich zeigen, daß die drei Kreise von einem geometrisch bevorzugten Punkt nach den Aufgangs- und Untergangspunkten des Mondes in seinem größten Extrem ($\pm 29°$) sowie nach dem Untergangspunkt des Mondes in seinem kleinsten Extrem ($\pm 19°$) orientiert sind. Diese Extreme der Deklinationen des Mondes kommen durch die unterschiedliche Lage der Schnittpunkte zwischen Mondbahn und Ekliptik zustande: Liegt der aufsteigende Knoten (☊) der Mondbahn im Frühlingspunkt, so addiert sich die Neigung der Mondbahn zur Neigung der Ekliptik (größtes Extrem). Liegt jedoch der aufsteigende Knoten der Mondbahn infolge der Knotendrehung nach 9,3 Jahren im Herbstpunkt, so substrahiert sich die Mondbahnneigung von der Schiefe der Ekliptik (kleinstes Extrem). Entsprechend unterschiedlich sind dann auch Tagbögen des Mondes zur Vollmondzeit, und entsprechend verschieben sich demzufolge auch die Auf- und Untergangspunkte. Die Abweichungen vom berechneten Azimut des Mondes betragen für die Epoche von 1800 v. u. Z. nur rund 1°.

Die Anlage von Stonehenge unterscheidet sich von dieser Steinsetzung und anderen vor allem

Stonehenge (schematisch). Der Hauptteil besteht aus fünf wuchtigen Trilithen (1) von 7 m Höhe, die jeweils paarweise überdacht sind und von einem Steinkreis umgeben werden, der wiederum aus überdachten Steinsäulen besteht. Jede der 30 Säulen dieses sogenannten Sarsenkreises (2) ist 5 m hoch. Während der Sarsenkreis etwa zu Beginn der Bronzezeit entstand (um 1600 v. u. Z.), ist der noch weiter innen liegende Kreis aus kleineren Steinen, den sogenannten Blausteinen (3), etwa 150 Jahre älter. Aus der ältesten Periode stammt auch der die gesamte Anlage umschließende kreisförmige Wall (4) mit fast 100 m Durchmesser. Er ist zum Nordosten hin geöffnet. Von der Öffnung verläuft der Wall noch rund 500 m entlang einer Kunststraße (5), einer »Avenue«. Der innere Wall wird von 56 Löchern (6), ehemaligen Feuerstellen, abgeschlossen, die bis zu 110 cm tief sind. Diese in gleichmäßigen Abständen angebrachten Mulden sind erstmals im Jahre 1663 von dem englischen Archäologen John Aubrey beschrieben worden, als dieser im Auftrage Karls II. eine Karte von Stonehenge anfertigte. Innerhalb des Aubreykreises sind vier Punkte (I–IV) durch Hügel und Steine markiert, die ein gleichseitiges Viereck bilden; der Kreuzungspunkt der beiden Diagonalen definiert den Mittelpunkt der gesamten Anlage. Die beiden inneren Steinsetzungen sind hufeisenförmig angelegt, und die Öffnung weist in Richtung der »Avenue«. Auch die Breite des großen Hufeisens stimmt mit derjenigen der Kunststraße genau überein. Inmitten der »Avenue« befindet sich – etwa 79 m vom Mittelpunkt der Anlage entfernt – ein Stein, der als Heelstone (7) bezeichnet wird; 8 – Graben, an dessen nördlichem und südlichem Innenrand jeweils ein kleiner Hügel aufgeschüttet war. Die Steinblöcke markierten vermutlich mehrere besondere Mond- und Sonnenstellungen.

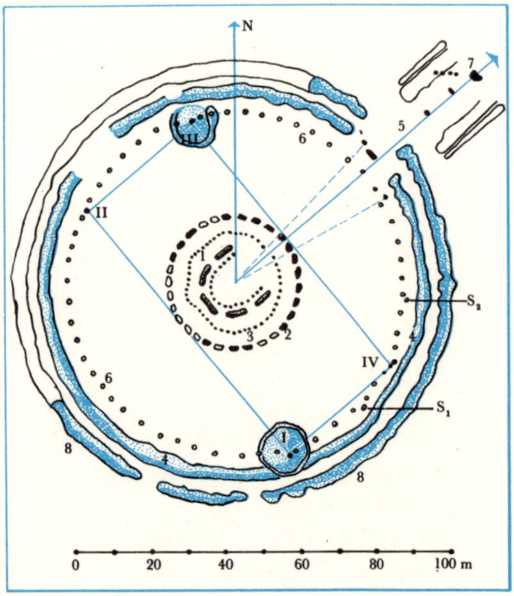

Die steinzeitliche Kultanlage von Stonehenge, wie sie einmal ausgesehen haben mag, bevor Witterungseinflüsse sie nach und nach zerstörten

dadurch, daß sie zu den relativ gut erhaltenen Denkmälern der älteren Bronzezeit gehört, die zahlreiche Rückschlüsse auf die astronomischen Kenntnisse ihrer Erbauer ermöglichen. Stonehenge besteht aus mehreren Teilanlagen, die wahrscheinlich auch in verschiedenen Bauperioden nacheinander entstanden sind. Man muß annehmen, daß die Erbauer dieser Anlage die teilweise bis zu 50 000 kg schweren Sandsteinblöcke mehr als 30 km transportieren mußten, wobei sie sich einer Art von Schlitten bedient haben dürften. Das Baumaterial des ältesten Steinkreises, aus sogenannten Blausteinen bestehend, ist wahrscheinlich auf Flößen und Booten über Hunderte von Kilometern herangeschafft worden.

Welche Bedeutung verbirgt sich hinter dem merkwürdigen und imponierenden Steinmal? Daran rätselten Wissenschaftler seit Jahrhunderten herum. Im Jahre 1906 untersuchte der berühmte englische Astrophysiker Sir Joseph Norman Lokkyer (1836–1920) die Anlage. Er stellte dabei erstmals astronomisch-geodätische Messungen an, um auf diese Weise Gewißheit über den Wert früherer Vermutungen zu erlangen. Seine Frage lautete: War Stonehenge dereinst ein Sonnenheiligtum oder nicht? Lockyer stellte fest, daß die Vorzugsrichtung der ganzen Anlage vom Mittelpunkt zum Heelstone mit der Nordrichtung einen Winkel von 51,23° bildet. Sie weist damit genau auf jenen Punkt am Horizont, in dem zur Sommersonnenwende die Sonne emporsteigt. Auch für die Wintersonnenwende sowie für die Untergangspunkte der Sonne zu den beiden Sonnenwendtagen ließen sich Ortungslinien nachweisen: Blickt man beispiels-

Altes astronomisches Observatorium der Maya aus dem 10. Jahrhundert auf der Halbinsel Yucatán (Mexiko)

weise vom Stein am Punkt II nach S_1, wo sich offensichtlich eine besondere Markierung befand, so erscheint der Aufgangspunkt der Sonne zur Wintersonnenwende im Visier. Der Blick vom Punkt S_2 nach dem Stein am Punkt III trifft auf den Untergangspunkt der Sonne zur Sommersonnenwende, und der Untergangspunkt der Sonne zur Wintersonnenwende liegt in der Blickrichtung vom Punkt IV nach dem Stein am Punkt I.

Doch darin erschöpft sich die astronomische Deutung der steinzeitlichen Anlage keineswegs. Im Jahre 1963 unterbreitete der amerikanische Astronom G. S. Hawkins der Öffentlichkeit ein neues Ortungssystem, aus dem man schließen muß, daß Stonehenge auch Beziehungen zum Mondlauf am Himmel besitzt.

Der Mond bewegt sich auf einer um 5° gegen die Ekliptik geneigten Bahn am Himmel. Die beiden Schnittpunkte zwischen der Mondbahn und der Ekliptik, die sogenannten Mondknoten, laufen in 18,61 Jahren einmal auf der gesamten Ekliptik um. Wenn die gleichen Mondphasen wieder mit der gleichen Stellung der Sonne unter den Fixsternen zusammenfallen, sagt man, die Mondknoten hätten einen »tropischen Umlauf« vollendet. Wegen der Knotenbewegung erfolgen die Mondauf- und -untergänge während der Sonnenwenden keineswegs immer in gleichem Abstand von der Sonne. Für die geographische Breite von Stonehenge können die Schwankungen rund 20° betragen. Nach den Ortungen von Hawkins sind nun gerade die Auf- und Untergangspunkte des Mondes zur Sommer- und Wintersonnenwende in ihren Extremstellungen in der Anlage von Stonehenge markiert. Das sind jene Punkte, in denen der Mond aufgeht bzw. untergeht, wenn er als Mittsommermond die Deklinationen —19° und —29° und als Mittwintermond die Deklinationen +19° und +29° erreicht. Hawkins ging in seinen

Schlußfolgerungen sogar noch weiter. Er bezeichnete Stonehenge als eine »steinzeitliche Rechenmaschine«, mit deren Hilfe man – wenigstens ungefähr – beispielsweise das Eintreten von Sonnen- oder Mondfinsternissen vorhersagen konnte. Obwohl gegen diese Auffassungen auch Kritik laut geworden ist, besteht kein Zweifel daran, daß die gewaltige Anlage von Stonehenge auf das Vorhandensein astronomischer Kenntnisse bei ihren Erbauern vor fast 4000 Jahren schließen läßt. Die Anlage konnte somit zur genauen Festlegung des Beginns der Jahreszeiten verwendet werden. Sie hatte als »Kalender« für das Leben der Menschen große Bedeutung.

Dieses Beispiel mag genügen, um zu zeigen, daß astronomische Kenntnisse keineswegs an »bevorzugte Kulturen« oder besondere Klimate gebunden waren, sondern überall dort entstanden, wo die gesellschaftliche Entwicklung sie erforderlich machten. Die zum Teil relativ hochentwickelte Astronomie im alten Indien und im alten China, die Astronomie der Maya und Inka in späterer Zeit, sind weitere historische Belege dafür. Die hier anzutreffenden Reste gigantischer Steinbauten erweisen sich bei genauerer Betrachtung als Instrumente zum Anvisieren der Sterne, des Mondes und der Sonne sowie zum Bestimmen ihrer Position.

Kehren wir nach diesem Exkurs zu den Ergebnissen der babylonischen Astronomie zurück, die unmittelbaren Einfluß auf die antike Astronomie in Griechenland gewannen.

Die »bunte Herrin des Himmels«

Südlich von Bagdad, im heutigen Irak, erhebt sich ein ausgedehntes Ruinenfeld aus den frühesten Tagen der Kulturgeschichte: die Überreste der einst blühenden Hauptstadt des alten babylonischen Reiches. Hier in Babylon residierte der bedeutendste Herrscher der ersten babylonischen Dynastie, Hammurapi (1727–1685 v. u. Z.). Mesopotamien, in dem es kaum Holz, Bausteine oder Erz gab, war auf eine gut funktionierende Landwirtschaft und ein entwickeltes System des Handels einschließlich Schiffahrt angewiesen. Dazu war ein rasch vorwärtsschreitendes System von Kenntnissen notwendig, was zu einem relativ hohen Entwicklungsstand von Mathematik und Astronomie führte.

Es ist keine ganz einfache Frage, wann man vom Beginn einer wahrhaft wissenschaftlichen Astronomie sprechen kann. Aber es ist zumindest sinnvoll, eine neue Stufe der Entwicklung anzunehmen, als die Sternkundigen – gleichzeitig Priester und Kalenderbeamte – dazu übergingen, systematisch Listen von Sternbildern aufzustellen, die geeignet waren, den Lauf des Jahres auch zu den Nachtstunden aus dem Stand der Gestirne abzulesen. Solche Listen von Sternbildern, später als »Dekane« bezeichnet, finden wir bei den Ägyptern bereits um 2000 v. u. Z. Dabei handelt es sich – wie wir von Inschriften auf Sargdeckeln aus jener Zeit wissen – um insgesamt 36 Sterne oder Sternbilder, deren erstes Sichtbarwerden in der Morgendämmerung (heliakischer Aufgang) die Bestimmung der Jahreszeit gestattete. Außerdem machte es die Bestimmung der Positionen verschiedener Dekane während der Nachtstunden möglich, die Zeit zu nächtlicher Stunde anzugeben.

Die Dekane liegen allesamt südlich der Ekliptik in einem Gürtel. Vom heliakischen Aufgang eines Dekans bis zum heliakischen Aufgang des folgenden Dekans vergehen genau 10 Tage. Aus dieser Beobachtung ergibt sich eine Jahreseinteilung in 36 »Wochen« von 10 Tagen Dauer. Innerhalb einer Nacht gehen nacheinander 12 Dekane auf, wenn man von der Zeit der Dämmerung am Abend und am Morgen absieht. Dadurch ist die Nacht in 12 gleiche Teile, die »Stunden«, geteilt. Die Dekane sind also gleichsam Sternuhren. Man mußte nur wissen, welcher der Dekane als erster am Anfang der Nacht über den Horizont steigt und in welcher Reihenfolge die Dekane angeordnet sind.

Zu den ältesten überlieferten Zeugnissen der Himmelskunde bei den Babyloniern zählt eine Serie von Venusbeobachtungen, die auf eine systematische Beobachtungstätigkeit hinweist. Den babylonischen Priesterastronomen war bereits bekannt, daß es sich beim Abend- und Morgenstern um dasselbe Gestirn handelt – eine keineswegs selbstverständliche Erkenntnis, die sogar bei den Griechen erst relativ spät zu finden ist.

Die alten Venusbeobachtungen stellen eine über 21 Jahre konsequent fortgeführte Reihe dar, die schließlich zu der Einsicht führte, daß die »bunte Herrin des Himmels« – wie die Venus bei den Babyloniern genannt wurde – nicht willkürlich, sondern nach ganz bestimmten Zeitfolgen am Abend- und Morgenhimmel sichtbar ist. Sehr wahrscheinlich stammen die babylonischen Venusbeobachtungen aus demselben Jahrtausend, in dem die Ägypter ihre Dekane einführten. Die Venusbeobachtungen im alten Babylon lieferten wichtige Daten für die zeitliche Orientierung, spielten jedoch in der babylonischen Kalenderrechnung offenbar keine nennenswerte Rolle.

Natürlich war es auch für die Babylonier ein zwingendes Gebot, die Zeiten von Aussaat und Ernte genau zu kennen. Der alte Kalender, der bereits unter der Dynastie des Königs Hammurapi galt, war dazu nicht geeignet. Die wichtigste Jahresform war damals das Mondjahr mit 354 Tagen, das in 12 Monate zu abwechselnd 29 und 30 Tagen eingeteilt wurde. Eine ständige Verschiebung der Daten gegenüber den Jahreszeiten war dabei natürlich nicht zu vermeiden. Deshalb führte man mehr oder weniger willkürliche Schaltungen durch. Mitunter folgten drei oder vier Schaltjahre aufeinander, und erst wenn die Ungereimtheiten zwischen Kalendermonaten und astronomischen Fakten allzu augenfällig wurden, erfolgten »Gegenschaltungen«. Mit der besseren Kenntnis der Sonnen- und Mondbewegung konnte jedoch ein festes Schaltschema geschaffen werden: Die babylonische Zeitrechnung basierte seit jener relativ späten Zeit (etwa dem 2. Jahrhundert v. u. Z.) auf dem Lunisolarjahr, das durch einen Zyklus von 19 Jahren bestimmt wurde. 12 Jahre davon sind in 12 Monate eingeteilt und die restlichen 7 Jahre in 13 Monate. Dieser Einteilung liegt die Tatsache zugrunde, daß 235 synodische Monate ($12 \cdot 12 + 7 \cdot 13 = 235$) recht genau 19 tro-

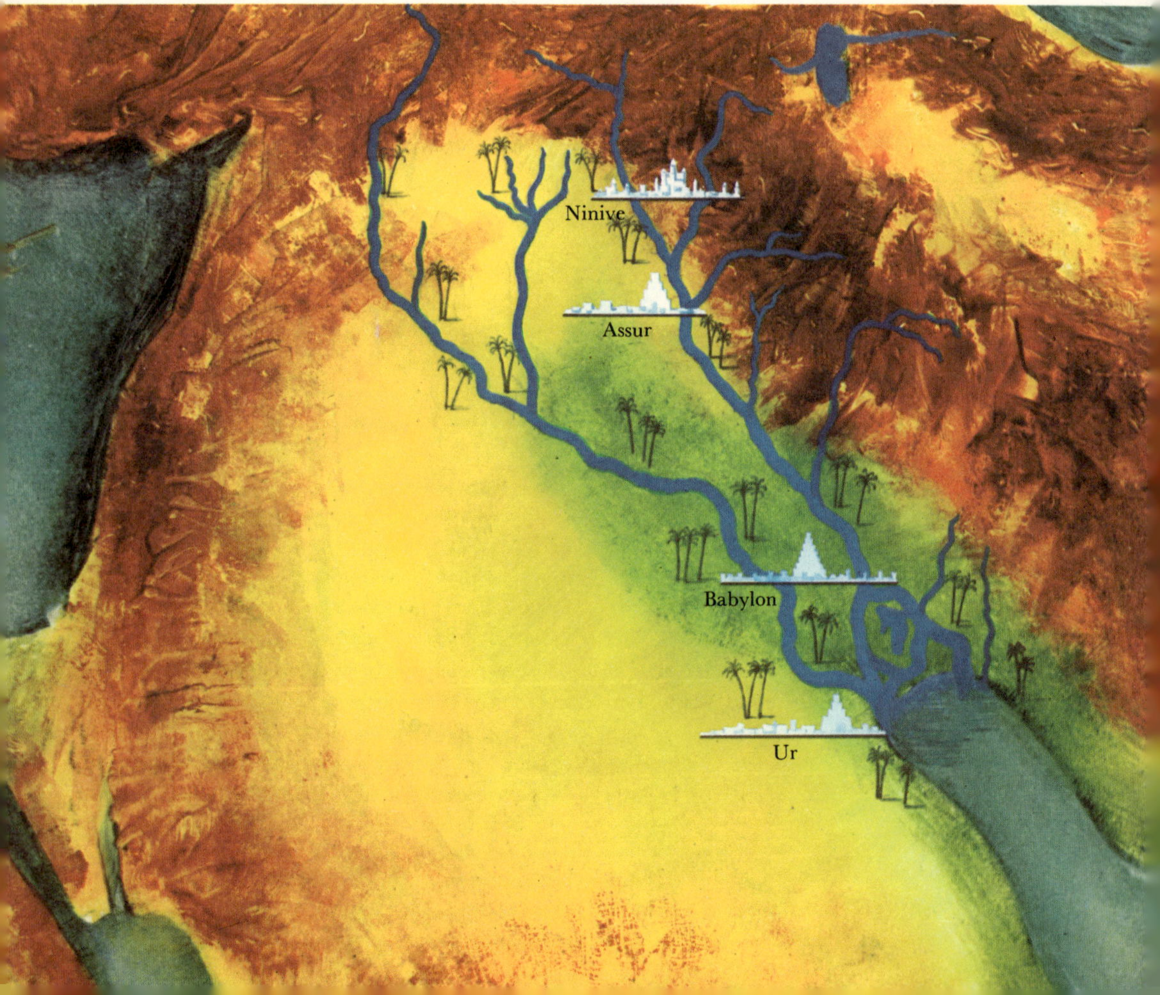

Hier entstand vor Jahrtausenden die Astronomie: die ersten Hochkulturen der Menschheit an Euphrat und Tigris in Vorderasien

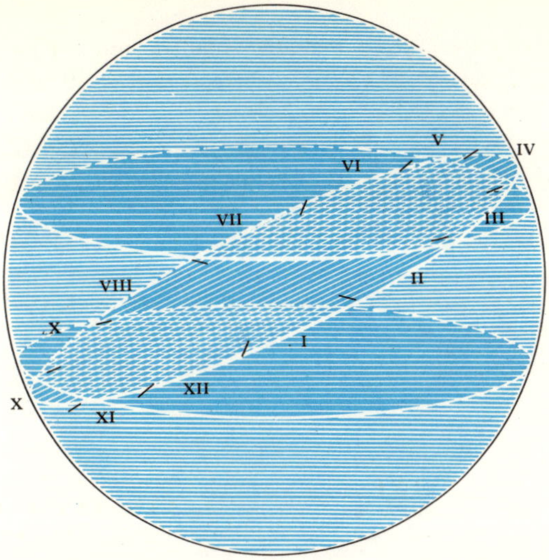

Die Zonen der Ea, Anu und Enlil und die Bahn der Sonne nach mulApin

pischen Jahren entsprechen. Die Abweichung beträgt nur 124,7 Minuten. Solange aber diese Kenntnisse fehlten, wurden bestimmte Monate zweckmäßigerweise mit dem Aufgang bestimmter Sterne verknüpft, ähnlich wie es die Ägypter mit ihren Dekanen taten.

Die Sterne wurden drei »Wegen« zugeteilt: dem Enlil, dem Anu und dem Ea. Die genaue Untersuchung der Lage der verschiedenen Wege zeigte, daß die Babylonier bereits den Himmelsäquator als Bezugskreis benutzten. Es wurde angenommen, daß sich die Sonne während des Frühlings und des Herbstes im Anuweg (15° nördlich des Himmelsäquators bis 15° südlich davon) befindet, im Sommer aber im Enlilweg (nördlich des Anu) und im Winter im Eaweg (südlich des Anu) aufhält. Das kommt der Erkenntnis gleich, daß sich die Sonne im Jahreslauf auf einer gegen den Äquator geneigten Bahn bewegt.

Finsternisse und Priesterprophetien

Im Zusammenhang mit der Bestimmung der Monatslänge wurde der Beobachtung des Mondes eine besondere Bedeutung beigemessen. Charakteristisch für die babylonischen Mondbeobachtungen sind sorgfältig gesammelte empirische Fakten, die mathematisch verarbeitet wurden. Die babylonischen Sternkundigen bemühten sich stets darum, Rechenregeln abzuleiten, die auf möglichst einfachen Annahmen über die Bewegung der Himmelskörper basierten. Dabei bemerkten sie, daß die Sonne nicht mit konstanter Geschwindigkeit auf der Ekliptik umläuft. Der Tierkreis (allerdings noch nicht in der später bekannten Anordnung der Sternbilder) wurde deshalb in zwei Abschnitte unterteilt, die mit unterschiedlichen konstanten Geschwindigkeiten durchlaufen werden.

Beim Mond jedoch ließ sich so einfach nicht verfahren; hier mußte eine regelmäßig zu- und abnehmende Geschwindigkeit angenommen werden. Die zum Teil äußerst sorgfältigen Rechnungen (die Dauer des synodischen Monats wurde z. B. auf 7 Sexagesimalstellen genau berechnet) ermöglichten den Babyloniern schließlich die Vorhersage von Mondfinsternissen.

Eine Mondfinsternis kann bekanntlich nur dann eintreten, wenn bei Vollmond eine ekliptiknahe Stellung des Mondes vorliegt, wenn der Mond also während der Vollmondphase in der Nähe eines Bahnknotens steht. Die sorgfältige Registrierung der Breitenbewegung des Mondes einerseits, die von den Babyloniern als lineare Zackenfunktion dargestellt wurde, und die sehr präzise Kenntnis der Dauer des synodischen Monats andererseits gestatteten es, im voraus jene Zeitpunkte zu bestimmen, da der Vollmond bei sehr kleiner ekliptikaler Breite eintritt. Außerdem ist den Babyloniern auch die Tatsache bekannt gewesen, daß sich die Stellungen des Mondknotens stets nach etwas mehr als 18 Jahren und 11 Tagen wiederholen (Saroszyklus). Auch diese Kenntnis wurde von den Astronomen des Altertums zur Vorhersage von Finsternissen verwendet.

In diesem Zusammenhang muß gesagt sein, daß die astronomischen Beobachtungen in Babylon, übrigens ebenso wie im alten Ägypten, nur von den Priestern durchgeführt werden konnten. Die Priester, die durch das alleinige Monopol auf astronomisches Wissen in der Lage waren, bestimmte Voraussagen über den Ablauf von Naturvorgängen zu machen, nutzten ihr Privileg zugunsten ihrer Herrschaft aus; sie umgaben ihre durch Beobachtung gewonnenen Erkenntnisse mit dem Heiligenschein priesterlicher Prophetengabe.

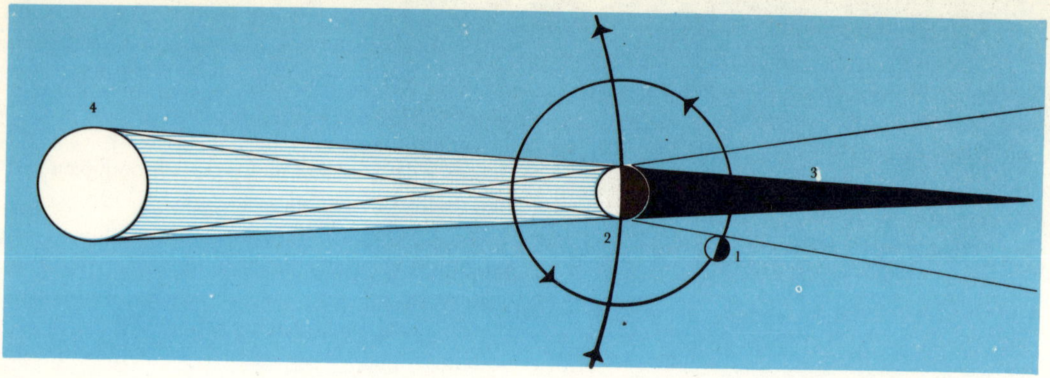

Entstehung einer Mondfinsternis. Gelangt der Mond (1) bei seinem Umlauf um die Erde (2) vollständig in den Kernschatten (3) der Erde, so ereignet sich für die der Sonne (4) abgewandten Bewohner der Erdhalbkugel eine totale Mondfinsternis. Durchmißt der Mond den Kernschatten nur teilweise, so tritt eine partielle Verfinsterung ein. Wird der Mond hingegen lediglich vom Halbschatten der Erde erfaßt, so kommt es zu einer für das bloße Auge unmerklichen Verfinsterung, einer sogenannten Halbschattenfinsternis.

Anhand der Quellen lassen sich mehrere Voraussagen von Mondfinsternissen nachweisen, die historisch erstaunlich früh gegeben wurden. Der im 7. Jahrhundert v. u. Z. lebende Astrologe Nadinu hat uns zwei kurze Berichte hinterlassen, die sich möglicherweise auf dieselbe Finsternis beziehen. In dem ersten Bericht wird die Finsternis angekündigt, in dem zweiten die Beobachtung des Ereignisses geschildert. Auch die astrologische Deutung des Phänomens fehlt hier nicht: »Das Herz meines Königs möge sich freuen«, meint Nadinu, womit er auf eine positive Bedeutung der Finsternis für seinen Herrn anspielt. Da die Babylonier damals noch keine Theorie der Mondbewegung besaßen, beruht die Vorhersage sehr wahrscheinlich auf der Anwendung von Finsternisperioden.

Die babylonische Astronomie, deren schöpferi-

Welcher »Typ« von Finsternis jeweils zustande kommt, hängt von dem Abstand des Mondes (1 – Mondbahn) zum Schnittpunkt seiner Bahn mit der Ekliptik, dem sog. Bahnknoten, ab: Steht der Mond während der Vollmondphase (Opposition) unmittelbar im Knoten, so ergibt sich eine totale Finsternis, weicht er jedoch um einen bestimmten Winkelbetrag nördlich oder südlich vom Bahnknoten ab, so erleben wir eine partielle Finsternis. 2 – Verlauf des Kernschattens der Erde; ☊ – aufsteigender Knoten; ☋ – absteigender Knoten

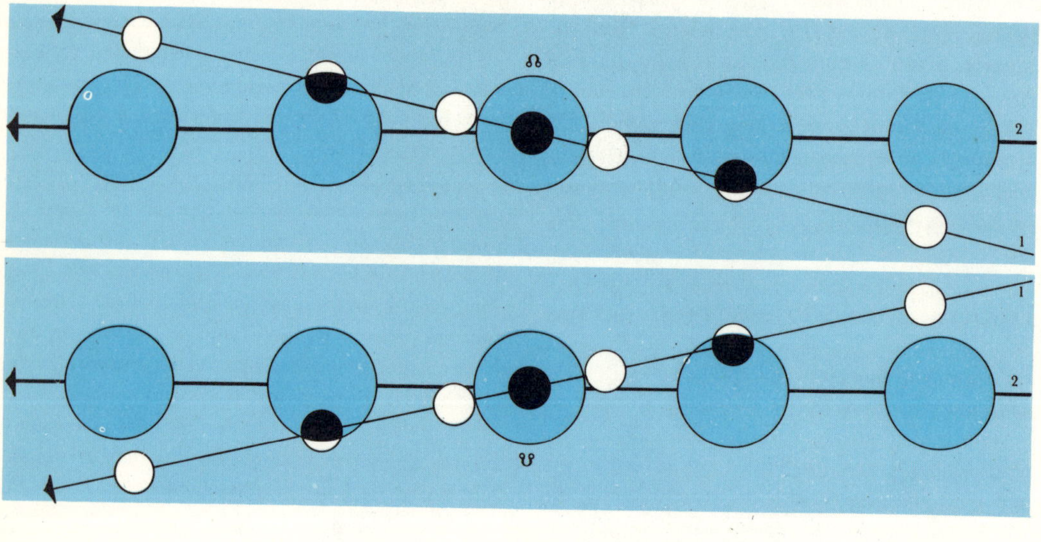

sche Entwicklung gegen 200 v. u. Z. ihren Abschluß fand, gehört nach der älteren chinesischen und indischen Himmelskunde ohne Zweifel zu den ersten geschichtlichen Höhepunkten der Erforschung der Vorgänge am Himmel. Unermüdliche Beobachtungstätigkeit, gepaart mit scharfsinniger theoretischer Bearbeitung des Materials, schufen wesentliche Voraussetzungen und Grundlagen der wissenschaftlichen Astronomie.

Was in der Astronomie der Babylonier nahezu völlig fehlt, ist jedoch die systematische Einordnung der erworbenen Erkenntnisse in ein Gesamtbild der Welt. Die Erde wurde von den Babyloniern als Scheibe aufgefaßt, auf deren bergbekränztem Rand der Himmelsdom ruht. Eine Karte aus der Perserzeit, die als Tontafel erhalten blieb, gibt uns ein Bild von den Vorstellungen der Babylonier: Im Mittelpunkt der abgebildeten Fläche thront Babylon, so wie China nach der damaligen Vorstellung der Chinesen im Mittelpunkt der Erdscheibe lag. Einige Einzelheiten, wie Flüsse und Städte, folgen; dann kommen der Ozean und – stilisiert – die »fernen Weltgegenden«. Eine dieser Gegenden trägt den Vermerk, »Land, wo man die Sonne nicht sieht«. Handel und Reisetätigkeit hatten offenbar bereits die Kenntnis von Orten gebracht, die jenseits des nördlichen Wendekreises lagen.

Von Babylon nach Griechenland

Der berühmte griechische Naturphilosoph Thales von Milet (640–562 v. u. Z.) zählt zu den hervorragenden Sternkundigen der Antike. Über den Eifer, mit dem er sich dem Studium der Sterne verschrieben hatte, berichtet der etwa in der ersten Hälfte des 3. Jahrhunderts v. u. Z. lebende griechische Philosophiehistoriker Diogenes Laertius: »Als er einst, um die Sterne zu beobachten, begleitet von einem alten Weib, seine Wohnung verließ, fiel er in eine Grube. Da rief das Weib dem Aufschreienden die Worte zu: „Du kannst nicht sehen, Thales, was dir vor Füßen liegt, und wähnst zu erkennen, was am Himmel ist?"«

Thales soll u. a. eine Sternkunde für Seefahrer verfaßt haben, worauf Kallimachos mit den Jamben hinweist:

»Man sagt, des Wagens Sternchen hat er auch entdeckt,
Die Führer auf der See für die Phönizier.«

Gewiß handelt es sich hierbei um eine Übertreibung, denn die auffallende Gruppe fast gleichheller Sterne, die im Volksmund auch heute noch als »Wagen« bekannt ist und einen Teil des Sternbilds Große Bärin (Ursa major) darstellt, dürfte schon von alters her bekannt gewesen sein.

Aufmerksamkeit verdient ein Bericht von Herodot (um 400–425 u. Z.) über Thales. Danach soll Thales für das Jahr, in dem die Schlacht am Halys stattfand, eine Verfinsterung der Sonne vorhergesagt haben, die tatsächlich eintraf und heute mit der Finsternis vom 28. Mai des Jahres 584 v. u. Z. identifiziert wird. Es ist aber bekannt, daß es damals noch keine griechische Theorie gab, die für eine solche Vorhersage geeignet sein konnte. Andererseits wissen wir, daß der aus einer kleinasiatischen Küstenstadt stammende Thales verschiedene

Sonnenmythos im Alten Ägypten: Die Nacht übergibt die Sonne dem Tag.

Totale Sonnenfinsternis im alten Babylon. Im Vordergrund des Bildes ist eine babylonische Kultstätte zu erkennen, die auch als »Sternwarte« diente.

Reisen unternahm. Dabei kam er wohl in engeren Kontakt mit ägyptischen Priestern. Offenbar lernte er von jenen Priesterastronomen eine babylonische Methode zur Vorhersage von Finsternissen kennen. Anders ist sein prophetischer Erfolg jedenfalls nicht erklärbar.

Zahlreiche Hinweise lassen darauf schließen, daß sich die Resultate der ägyptischen und babylonischen Astronomie über die gesamte antike Welt ausgebreitet hatten. Dafür gibt es eine Vielzahl von Belegen. Herodot weiß beispielsweise auch zu erzählen, daß die Griechen die Einteilung des Tages in zwölf gleiche Teile von den Babyloniern übernommen haben. Einige Forscher behaupten, daß die große Bedeutung, die der Zahl von den Pythagoräern in bezug auf die gesamte Natur beigemessen wird, ein schlagender Beweis für den enormen Einfluß des babylonischen auf das griechische Denken sei. Anfangs ist die griechische Astronomie in der Tat stark geometrisch orientiert. Die Bahnen der Objekte des Himmels werden als Kreise oder rotierende Sphären gesehen. Erst später bildete sich eine geometrisch-algebraische Astronomie bei den Griechen heraus. Anders die Babylonier: Sie hatten eine rechnende Astronomie. Zahlen, Perioden und Verhältnisse von Perioden spielten bei ihnen die entscheidende Rolle. Genau diese Werte benötigten auch die Pythagoräer. Sie strebten z. B. nach der Bestimmung des »Großen Jahres«, des gemeinschaftlichen Vielfachen aller Planetenumlaufzeiten. Die Bestimmung der Umläufe nimmt aber – zumal bei den äußeren Planeten

Jupiter und Saturn – sehr viel Zeit in Anspruch. Es ist also wahrscheinlich, daß die Pythagoräer die babylonische Astronomie kannten und aus dieser rechnenden Astronomie den Wert der Zahlen für die Naturerkenntnis ableiteten und verabsolutierten.

Mit Recht kann man also behaupten, daß es die babylonische Astronomie mit ihren langjährigen Beobachtungen und mit der sorgfältig betriebenen Anhäufung von wertvollem Beobachtungsmaterial gewesen ist, die das Fundament für die griechische Astronomie legte und somit den Weg zum ersten astronomischen Weltbild der Geschichte ebnete.

Planet	Babylonier	Ptolemäus	Moderner Wert
Merkur	115,877672	115,878161	115,877484
Venus	583,9097	583,9333	583,9214
Mars	779,9951	779,9428	779,9362
Jupiter	398,88962	398,88642	398,88407
Saturn	378,1018	378,0930	378,0919

Die synodischen Umlaufzeiten der Planeten in Tagen nach babylonischen Beobachtungen, nach Ptolemäus und nach modernen Angaben

BILDERBUCH UND RÄDERWERK

Die Wege, auf denen Menschen Einsichten in die Dinge des Himmels erlangen, scheinen mir beinahe ebenso des Staunens wert wie diese Dinge selbst.

Johannes Kepler

Ein riesiger Kalenderstein der Azteken (»Stein der Sonne«) aus dem 15. Jahrhundert. Den Sonnengott in der Mitte umgeben die Symbole der vier bisherigen, in Katastrophen untergegangenen Sonnen. Der nächste Kreisbogen besteht aus 20 Feldern, die 20 Tage des aztekischen Kalenders darstellend. Das 18 Monate dauernde Jahr hatte demzufolge 360 Tage. Fünf dicke Punkte deuten die restlichen Tage des Jahres an, an denen der Sonnengott durch Menschenopfer »gestärkt« werden mußte, um mit neuer Kraft wirken zu können.

Bilderbuch des Himmels

Bei seinem Flug über Länder und Meere kam Perseus, der Sohn des Gottes Zeus und der Königstochter Danae, eines Tages auch nach Äthiopien. Da erblickte er unter sich am Gestade des Meeres ein junges Mädchen, angeschmiedet an einen Felsen. Verzweifelt standen Kepheus und Kassiopeia, der König von Äthiopien und dessen Frau, in der Nähe und rangen die Hände, denn das Mädchen war ihre Tochter Andromeda.

Kassiopeia war schuld am Unglück ihrer Tochter. In ihrem Hochmut hatte sie sich an Schönheit den Meeresjungfrauen, den Nereiden, gleichgestellt. Darüber hatten sich die Nymphen bei Amphritite, der Gattin des Meeresgottes Poseidon, beklagt. Dieser schickte ein gewaltiges Meeresungeheuer, um die Meeresjungfrauen zu rächen. In seinem grenzenlosen Zorn verwüstete das Untier das Reich des Königs Kepheus. Es verschlang Tiere und Menschen, ohne daß sich Kepheus über die Ursache dieser schrecklichen Ereignisse im klaren war. Erst ein Orakel des Zeus, das er befragte, gab ihm die Gewißheit, daß dies die Strafe für den Hochmut der Kassiopeia war. Es gebe nur einen Weg – so meinte Zeus – um dem Wüten des Unheilbringers ein Ende zu bereiten: das Opfern der Königstochter Andromeda! Diese müsse dem Meeresungeheuer zum Fraß vorgeworfen werden, damit es sich beruhige und weitere Verwüstungen unterlasse. Falls dieses Opfer nicht gebracht werde, bleibe von Äthiopien und seinen Bewohnern nichts übrig.

Kepheus rief seine Berater zu sich. Sie waren alle der Meinung, daß Kepheus umgehend das ver-

Die sieben hellen Sterne des populären »Großen Wagen« als Sternbild »Sieben Ochsen« bei den Römern

langte Opfer bringen sollte: »Eine Tochter kann dir wieder geboren werden«, meinten sie, »aber woher willst du neue Untertanen nehmen? Und ohne Untertanen bist du ohne Macht!« Darauf gab der König Befehl, seine Tochter zu ergreifen und an einen Meeresfelsen zu schmieden. Das Volk, das von dem grausamen Entschluß erfuhr, wurde unruhig und verlangte, nicht Andromeda, sondern Kassiopeia solle sterben, da sie das ganze Unglück verschuldet hatte. Die Priester aber meinten: »Die Befehle des Zeus sind unumstößlich!«

So harrte Andromeda, an die Felsklippe geschmiedet, des drohenden Unheils. Just in dieser Lage fand Perseus die Königstochter. Er fragte sie nach dem Grund ihres unfreiwilligen Aufenthalts. Als sie nach einigem Zögern Auskunft gab, tauchte aus den Tiefen das Meeresungeheuer auf. Es bewegte sich rasch auf die Gestade zu, an denen die Königstochter gefesselt lag. Ihr sicheres Ende schien gekommen. Da sprach Perseus zu dem Königsehepaar: »Versprecht ihr mir, daß ich eure Tochter zur Frau bekomme, wenn ich sie aus der Gefahr befreie, so will ich den Kampf mit dem Meeresungeheuer aufnehmen; denn der Befehl des Zeus ist ungerecht.« Nachdem ihm das Königspaar die Tochter versprochen hatte, nahm Perseus den Kampf mit dem gefährlichen Untier auf. Er stürzte aus Wolkenhöhe auf das Ungeheuer herab und brachte ihm mit seinem gewaltigen Sichelschwert Wunde um Wunde bei, bis ein Strom schwarzroten Blutes aus dem Rachen des wütenden Untiers floß. Vor den Augen der Meeresjungfrauen, die das Schauspiel aus der Ferne verfolgten, versank das Scheusal in den Fluten.

Der Jubel des Volkes, der daraufhin am Strand ertönte, drang bis über die Wolken in den Palast des Zeus. Der Herrscher des Himmels, voller Zorn über den Ungehorsam, ergriff einen Blitzstrahl, um ihn zur Erde zu schleudern. Da erst wurde er gewahr, daß es ja sein Sohn Perseus war, der den Befehl mißachtet hatte und nun Andromeda in seinen Armen hielt. Nach einer Weissagung des Gottes Uranos sollte Perseus ein Mädchen zur Frau bekommen, die er vom Tode errettet hatte. War nicht Andromeda dieses Mädchen? Aus dem Geschlecht von Perseus und Andromeda – so hatte Uranos auch prophezeit – würde jener Held Herkules hervorgehen, der dazu bestimmt war, Zeus im Kampf gegen die Giganten beizustehen. So mußte Zeus seinem Sohn den Ungehorsam verzeihen. Perseus und Andromeda aber wurden Mann und Frau, wie es König Kepheus und Königin Kassiopeia versprochen hatten.

Diese altgriechische Heldensage von der Befreiung der Andromeda durch Perseus läßt uns unwillkürlich an den gestirnten Himmel denken. Wenn mit dem Abschied des Sommers die frühe Dunkelheit der Herbstabende auf der Nordhalbkugel der Erde naht, dann erblicken wir in großer Höhe über dem Südosthorizont das langgestreckte Sternbild Andromeda, dem in der Richtung der täglichen scheinbaren Himmelsdrehung das Sternbild Perseus unmittelbar nachfolgt. Inmitten der Milchstraße, fast im Zenit, thront das auffällige »Himmels-W«, das den Namen Kassiopeia trägt. Nur wenig westlich davon befindet sich das Sternenviereck des Kepheus.

Der Mensch unserer Zeit, der in einer sternklaren Nacht den Blick zum Himmel erhebt, fragt oft zuerst nach bestimmten Sternbildern, von denen er gehört hat. Für die Menschen früherer Zeiten waren die Sternbilder etwas sehr Wesentliches. Mit ihrer Hilfe war überhaupt erst eine Orientierung am Himmel möglich. Ohne Sternbilder hätte sich eine Sternkunde nicht ausbilden lassen. Die Sternbilder zählen deshalb zu den frühesten Errungenschaften der Menschen. Sie sind nichts anderes als der Versuch des Menschen, ihm bekannte irdische Gestalten und Geschehnisse an den »Himmel zu versetzen« und mit seiner Phantasie die wahllos angeordneten Lichtpünktchen in Figuren zusammenzufassen. Dabei bildeten sich verschiedene Typen von Sternbildern heraus: Konturenbilder, bei denen die Verbindungslinien von Stern zu Stern die Silhouette einer bestimmten Figur ergeben; Gruppenbilder, bei denen jedem Stern ein ganzes Objekt zugeordnet wird. Typische Konturenbilder sind die Bärin oder der Orion, typische Gruppenbilder das Siebengestirn oder das heute nicht mehr bekannte Bild der Sieben Ochsen.

Die Astronomen haben sich in unserem Jahrhundert darauf geeinigt, keine neuen Sternbilder am Himmel mehr einzuführen und die Grenzen der bereits überlieferten durch bestimmte Koordinaten anzugeben, um im Zweifelsfall alle astronomischen Objekte bestimmten Sternbildern zuordnen zu können. Nach dieser internationalen Übereinkunft gibt es am nördlichen und am südlichen Sternhimmel zusammengenommen 88 Sternbilder. Man ist überrascht, wenn man bei einer genauen Überprüfung herausfindet, daß genau die Hälfte davon, nämlich 44 Bilder, bereits in der griechischen Antike bekannt gewesen sind und sich zum überwiegenden Teil sogar noch weiter zurück verfolgen lassen. Schon die Griechen haben also einen beträchtlichen Teil ihrer Sternbilder übernommen, und zwar vor allem von den Babyloniern. Gerade diese Tatsache zählt zu den überzeugendsten Argumenten für den starken Einfluß der babylonischen Astronomie auf die Sternforschung der Griechen. Dies gilt vor allem für die Sternbilder des Tierkreises, den die Babylonier bereits um 700 v. u. Z. gekannt haben. Die Bahn der Sonne wurde von den Babyloniern in vier Abschnitte geteilt und das Jahr in zwölf schematische Monate, so daß sich die

Die Sternbilder Jungfrau (Virgo), Löwe (Leo), Rabe (Corvus), Wasserschlange (Hydra) und Kleiner Hund (Canis minor) in der babylonischen Astronomie

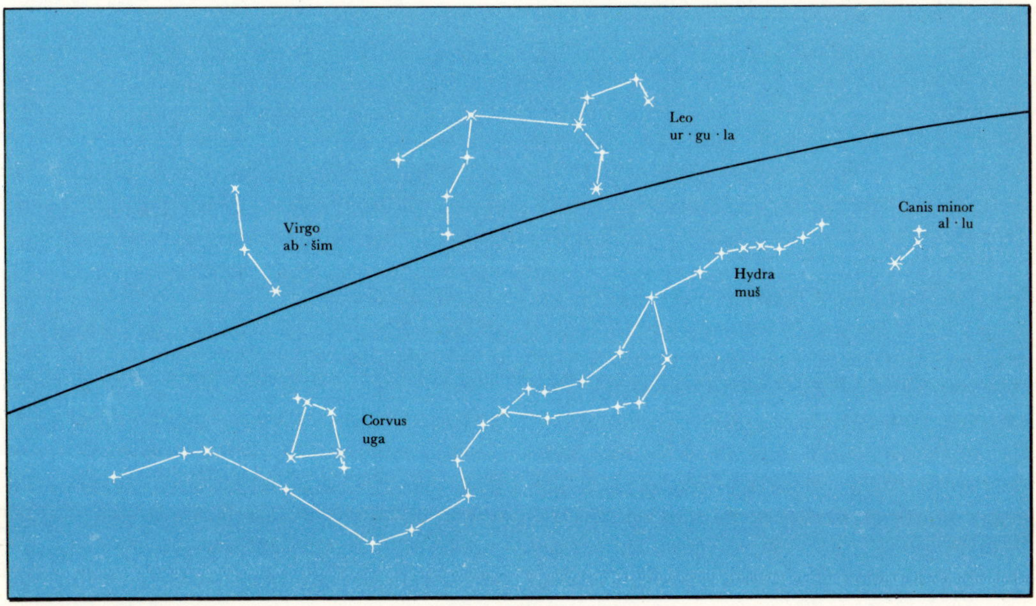

Die »Große Bärin« – Beispiel eines Konturensternbildes

Sonne in jedem der vier Teile jeweils drei Monate aufhält. Die Sternbilder, die sie dabei durchmißt, erinnern zum überwiegenden Teil an die späteren griechischen Bezeichnungen.

Gu.an.na im Babylonischen heißt »Stier des Himmels« und ist identisch mit dem griechischen Sternbild Stier. Mas.tab.ba.gal.gal sind »Die großen Zwillinge«, denen bei den Griechen das gleichnamige Sternbild entspricht. Der Hauptstern der Jungfrau, der heute noch die griechische Bezeichnung Spica (Ähre) trägt, hieß bei den Babyloniern ab.šin und war »die Ähre der Göttin Sala«. Die Waage und der Skorpion gehen ebenfalls auf babylonische Ursprünge zurück. Auf einem babylonischen Grenzstein, der aus der Kassitenzeit stammt, findet sich die Abbildung eines merkwürdigen Fabelwesens mit einem Hunde- und einem Menschenkopf und mit zwei Schwänzen. Als bogenschießender Kentaur taucht dann dieses Fabelwesen auf dem ägyptischen Tierkreis von Dendera wieder auf. Es unterliegt keinem Zweifel, daß es sich hierbei um das griechische Sternbild Schütze handelt. Auf ähnliche Weise läßt sich nachweisen, daß der Steinbock und die Fische auf die babylonische Sternkunde zurückgehen.

Gewiß gibt es auch viele Beispiele dafür, daß dieselben auffallenden Gruppen von hellen Sternen bei den verschiedenen Völkern zu verschiedenen Zeiten mit unterschiedlichen Namen belegt wurden. So sind beispielsweise die sieben Sterne des Sternbildes Großer Wagen oftmals mit anderen Namen versehen worden. Das ist nicht verwunderlich, denn die Gruppe der sieben beinahe gleichhellen Sterne springt jedem aufmerksamen Betrachter des Himmels förmlich in die Augen. Die Römer sahen in dieser Gruppe von Lichtpünktchen die Sieben Ochsen (Septem triones). Die Tschuktschen in Nordostsibirien wiederum erblickten in diesen Sternen sieben Schlingenwerfer, die sich auf der Jagd nach Rentieren befinden.

Die letzten Beispiele zeigen bereits, daß die am Himmel gekürten Bilder direkt mit dem Leben der Völker verbunden waren. Dies trifft auch auf den griechischen Sternbildhimmel zu, obwohl man diesen Zusammenhang nicht immer vordergründig bestätigt findet. Erforscher der Namen von Sternbildern haben in mühseliger Kleinarbeit die Herausbildung der Sternbilder rekonstruiert. Dabei stellten sie fest, daß von Anbeginn bestimmte Motive dominieren, die in engem Zusammenhang mit der unmittelbaren gesellschaftlichen Praxis der Völker stehen.

Der klassische griechische Sternbildhimmel liefert den besten Beweis dafür: Von den 44 Bildern, die uns der Dichter Aratos in seinen »Sternbildern und Wetterzeichen« überlieferte, stellen 12 menschliche Gestalten dar, 23 sind Tier- und Fabelwesen, sieben sind Gegenstände und zwei können unter die Mischwesen zwischen Mensch und Tier eingereiht werden. Auffallend ist der Umstand, daß die Menschenbilder und die Tierdarstellungen oft eine handelnde Einheit bilden. Im Tierkreis folgt z. B. bei Aratos der Drache auf die Heldengestalt des Herkules, der Skorpion auf den Schlangenträger, der Stier auf den Fuhrmann, der Ziegenfisch auf den Wassermann, der Adler auf den Schützen, der Große Hund auf den Hasen und auf den Kentauren der Wolf.

Diese auffallende Relation zwischen Menschen und Tieren wird verständlich, wenn man davon ausgeht, daß sich am Sternbildhimmel bedeutungsvolle Ereignisse aus dem Leben der alten Völker widerspiegeln. Unter dieser Voraussetzung verwandelt sich die scheinbare Zusammenhanglosigkeit in eine sinnvolle Anordnung. Die Sternbilder haben ein Hauptmotiv: Tierbeherrschung durch den Menschen.

Es war eine der frühesten Leistungen des Menschen der Urgesellschaft, daß er es lernte, das Tier zu besiegen, obschon es ihm in vieler Hinsicht eindeutig überlegen ist: Es kann schneller laufen, besser klettern, fliegen oder schwimmen – und doch machte der Mensch es sich untertan. In der auffallend häufigen Wiederkehr von Tier-Mensch-Kombinationen widerspiegelt sich also einer der ersten Siege des Menschen im Kampf mit der Natur.

Nicht zufällig finden wir auch im Kreis der griechischen Sagenwelt dieselbe hervorstechende Häufigkeit von Kämpfen der Helden mit Tieren, die z. T. in Gestalt legendärer Fabelwesen auftreten. Wenn der Fuhrmann, der mit dem Stier sogar einen hellen Stern gemeinsam hatte, nach alten Darstellungen seine Füße auf Horn und Nacken des Tieres setzt und es dadurch niederbeugt, so mag sich darin sogar die Domestikation der Tiere widerspiegeln, die der Epoche von Ackerbau und Viehzucht in der Sklavenhalterordnung ihr Gepräge gibt. Auf seinem Arm hält derselbe Fuhrmann außerdem noch die Ziege und zwei Zicklein.

Auch Herkules, der Sage nach der größte Bezwinger von Tieren unter allen Heldengestalten der griechischen Mythologie, setzt seinen Fuß auf das Haupt des besiegten Drachen.

Gerade die Deutung des Zusammenhangs zwischen Tier- und Menschenbildern am Himmel als die »Verstirnung« von gesellschaftlich bedeutsamen Errungenschaften bestätigt, daß die Gestalten der griechischen Sagen letztlich Gestalten des griechischen Lebens waren. In ihnen ist die »Weisheit über den Menschen in sinnliche Bilder verwandelt«. Mit anderen Worten: Eine der wichtigsten Quellen für die in Sagenform überlieferten Kunstwerke der Alten war ihre eigene Geschichte und die Historie ihrer Vorväter. Es ist bekannt, daß die Begründer des Marxismus die griechischen Epen geradezu als Quellen für die Erforschung der antiken Geschichte betrachteten. Der »ewige Reiz«, der von diesen Kunstwerken aus der »geschichtlichen Kindheit der Menschheit« (K. Marx) ausgeht, liegt nicht zuletzt darin, daß sie uns in poetischer Form fesselnde und künstlerisch reife Mo-

Der griechische Held Herkules bezwingt den Drachen.

mentaufnahmen der Wirklichkeit einer fernen Vergangenheit vermitteln.

Himmelsbeobachtungen waren auch bei den anderen alten Kulturvölkern eine unmittelbare Folge der Notwendigkeit, eine für die Praxis brauchbare Orientierung in der Zeit zu schaffen. Von diesem Bemühen im alten China gibt uns der »Drei-Zyklen-Kalender« des Liu Hsin zahlreiche Informationen; dabei handelt es sich um ein handbuchartiges Werk, aus dem wir u. a. ersehen können, daß auch die Chinesen, ähnlich wie die Babylonier, das Lunisolarjahr benutzten und einen 19jährigen Schaltzyklus verwendeten.

Wegen der Überzeugung, daß irdisches und himmlisches Geschehen eng miteinander verwoben sind, wurden alle besonderen Himmelserscheinungen wie Planetenkonstellationen, Finsternisse usw. sorgfältig beobachtet und aufgezeichnet. Die Beamten des chinesischen Hofes hatten Weisung, alle »Regelwidrigkeiten« zu melden, damit Maßnahmen zur Aussöhnung mit dem Himmel eingeleitet werden konnten.

Die alte Astronomie in Indien beschränkte sich vorwiegend auf Probleme der Zeitrechnung, wobei eine besondere Vorliebe für große Perioden zu beobachten ist, die wir in ähnlicher Form auch bei den Chinesen finden. Mit diesen großen Perioden sind zahlreiche spekulative Vorstellungen verbunden, die das Bestreben, aber auch das Unvermögen erkennen lassen, auf der Grundlage des spärlichen gesicherten Wissens zum Verständnis des Weltganzen vorzustoßen. Die Inder faßten beispielsweise 360 Jahre zu einem »Jahr der Götter« und 12000 dieser Jahre zu einem großen Jahr zusammen. Nach Ablauf von 1000 »Großen Jahren« sollte der »Tag des Brahma« vergangen sein, dem eine ebenso lange Nacht folge. Anschließend würde – so meinten die indischen Philosophen – das gesamte Weltgeschehen bis ins Detail von vorn beginnen. Später übernahm die indische Astronomie viele Einzelheiten aus dem Kenntnissystem der Griechen.

Venustafel aus einer Mayahandschrift des 12. oder 13. Jahrhunderts mit Daten der heliakischen Auf- und Untergänge für drei Jahrhunderte (Codex Dresdensis, Tafel 27, Förstemann 48)

Eine nahezu unabhängige Entwicklung haben die mittelamerikanischen Völker, insbesondere die Maya, aufzuweisen. Räumlich weit entfernt von den alten Kulturzentren, standen sie vor derselben Aufgabe wie diese. Die aus den ersten Jahrhunderten u. Z. stammenden zahlreichen gemeißelten Bilderschriftzeichen geben uns vor allem von einem ausgefeilten System der Zeitrechnung Kunde, das noch in Gebrauch gewesen ist, als im Mittelalter die Spanier Mexiko auf dem Seeweg erreichten. Die Tage wurden dabei fortlaufend numeriert, ohne daß auf andere Zeitmarken mit astronomischer Bedeutung Bezug genommen wurde. Jedoch wurde die Lage der einzelnen Tage innerhalb eines Rundjahres von 365 Tagen und ebenso innerhalb einer Periode von 260 Tagen, des sogenannten Tzolkin, angegeben. Die Einteilung des Jahres war vom Mondlauf unabhängig. Die Maya kannten vielmehr 18 Monate, die jeweils 20 Tage dauerten, und einen Kurzmonat von 5 Tagen.

Auf der Suche nach Prinzipien

Während der vielen Jahrhunderte, in denen die babylonische Sternkunde zur hohen Blüte gediehen war, hatten sich wesentliche Veränderungen in Ökonomie, Politik und sozialer Struktur vollzogen. Neben Bronze fand auch das Eisen Eingang in die Produktion. Infolge der fortschreitenden gesellschaftlichen Arbeitsteilung und der daraus resultierenden Steigerung der Arbeitsproduktivität hatten die produzierten Güter immer stärker den Charakter von Handelsobjekten, also von Waren angenommen. Damit wuchs auch die Rolle der Küstenländer gegenüber den alten Binnen- und Stromkulturen. So erklärt sich die überragende Rolle der Küstenstädte in Griechenland einschließlich

Sternwarte im alten Indien mit einem Stufenbau, der als Zeiger einer riesigen Sonnenuhr diente

der griechischen und phönizischen Pflanzstädte im Schwarzmeer- und Mittelmeerraum. Reiche Kaufleute und Handwerker spielten eine dominierende Rolle in diesen Städten, während gleichzeitig der Einfluß der Sklavenhalteraristokratie zurückging. Der Sklave war nicht mehr Haussklave wie ehedem, sondern vor allem »beseeltes Werkzeug« (Aristoteles); er war Produzierender und außerdem selbst Handelsobjekt, d. h. lebende Ware.

Für Bereiche, die damals nicht unmittelbar mit der Produktion verbunden waren, für die Wissenschaft und die Kunst, wurden nun mehr Menschen frei. Der Kreis der Produzenten von Wissen wuchs an. Der Übergang von der Sklavenhalteraristokratie zur Sklavenhalterdemokratie, der politischen Leitung der neuentstandenen gesellschaftlichen Verhältnisse, bedeutete natürlich nicht, daß irgendwo die Grundzüge der Sklaverei durchbrochen worden wären. Es war eine »Demokratie« für die herrschende Klasse. Und ausschließlich aus ihren Kreisen entstammten nach wie vor diejenigen, die sich mit der Entwicklung von Kunst und Wissenschaft beschäftigten.

Anders als bei den Babyloniern oder Ägyptern stand bei den Griechen das Bemühen im Vordergrund, die bereits angehäuften Fakten über die Natur miteinander in Zusammenhang zu bringen und zu einem rational begründeten Weltbild zu verschmelzen. Grundlage dieses charakteristischen und besonders für die Entwicklung der Astronomie entscheidenden Zuges bei den griechischen Forschern und Denkern war die Philosophie, die damals alle Teilgebiete der noch wenig gegliederten Wissenschaft umfaßte.

In der Astronomie bestand die große Leistung der Griechen darin, daß sie ein Programm entwickelten, nach dem die vielfältigen Himmelserscheinungen aus wenigen obwaltenden Grundsätzen hergeleitet werden konnten. Das Endergebnis dieses Bestrebens war das geozentrische Weltbild der antiken Astronomie.

Die Griechen hatten damit begonnen, vom Kosmos zu sprechen – ein Begriff, der »Schmuck« und »Ordnung« zugleich bedeutet. Anfangs mögen die antiken Denker damit lediglich den Himmel mit seinen flimmernden Sternbildern bezeichnet haben. Aber bald gebrauchten sie dieses Wort auch bewußt als Ausdruck der Überzeugung, daß die Welt etwas Geordnetes darstellt, der Erkenntnis des menschlichen Verstandes zugänglich. Erde, Wasser, Luft und Himmel erscheinen – wenn auch anfangs naiv – sogar schon zahlenmäßig miteinander verbunden: Ein Meteor soll neun Tage benötigen, um vom Himmel zur Erde zu fallen, und dann nochmals neun Tage, um von dort bis zum Grund des Tartaros, in die »Schattenwelt«, zu gelangen.

Seinen tiefsten Ausdruck findet das Streben der griechischen Denker nach der »Erfassung« der Welt darin, daß sie sich als erste in ausgeprägter Form eine Fülle tiefsinniger Gedanken über das Universum als Ganzes machen. Mit gutem Grund kann davon gesprochen werden, daß in der griechischen Antike die Anfänge der eigentlichen Kosmologie liegen. Dabei mußten die antiken Denker natürlich weit über die ihnen bekannten Fakten hinausgehen und Ideen von unerhörter Kühnheit entwickeln.

Ein eindrucksvolles Beispiel dafür, wie dies geschah, finden wir bei den materialistischen Denkern Leukipp von Abdera (um 500–400 v. u. Z.) und Demokrit von Abdera (um 460–360 v. u. Z.) sowie in künstlerischer Darstellung und Zusammenfassung bei Lukrez (98–55 v. u. Z.) in dessen berühmtem Lehrgedicht »Über die Natur der Dinge« (De rerum natura). Hier wird bereits das großartige Bild eines unendlichen und unbegrenzten Raumes entworfen, der mit einer unendlichen Menge von bewegter Materie erfüllt ist. In einem Gedankenexperiment zeigt Lukrez, daß es unsinnig sei, von einem durch die Fixsternsphäre begrenzten endlichen Universum zu sprechen, was beispielsweise Aristoteles von Stagira (384 bis 322 v. u. Z.) und Eudoxos (400–340 v. u. Z.) in ihren Werken tun. In der Nähe des vermeintlichen Weltrandes – so meint Lukrez in Anlehnung an Überlegungen von Demokrit und Leukipp – fliege ein Speer, den ein Athlet in Richtung auf die Fixsternsphäre geschleudert habe, infolge seiner eigenen Trägheit entweder durch die Fixsternsphäre hindurch, oder er werde von ihr zurückgestoßen. In beiden Fällen aber sei der »Weltrand« gar kein »Weltrand«; denn wenn der Speer ihn als ein materielles Hindernis trifft, so muß der Weltrand selbst einen Ort im Raum haben, sich also im Kosmos befinden. Somit kann er den Kosmos nicht begrenzen. Im anderen Fall reiche der Weltraum ohnehin weiter. So lasse sich der Raum gedanklich immer weiter fortsetzen, ad infinitum – bis ins Unendliche.

Diese Unendlichkeitslehre kann von Lukrez aus durch die gesamte Kosmologie verfolgt werden. Sie läßt sich später bei Nikolaus von Cues (1401 bis 1464) und Giordano Bruno (1548–1600) in erweiterter und vertiefter Form wiederfinden und reicht bis zu den heutigen Vorstellungen von einem räumlich und zeitlich unendlichen Kosmos.

Die Gedankentiefe und theoretische Konsequenz, durch die sich die antiken griechischen Denker von den altbabylonischen Sternkundigen unterscheiden, kennzeichnen den offenkundigen Fortschritt der Vorstellungen über die Welt als Ganzes.

Platons Lehre und die Astronomie

Platon war einer der einflußreichsten Denker der Antike. Er lebte von 428 bis 348 v. u. Z. in der sogenannten attischen Periode der griechischen Kultur. Diese Zeit erhielt ihren Namen nach der Vormachtsstellung, die Athen damals in Griechenland besaß.

Nach dem Peleponnesischen Krieg (431–404 v. u. Z.) hatte in Athen wieder die Sklavenhalteraristokratie gesiegt. Ein namhafter Wortführer der Aristokratie war Sokrates. Seine idealistisch-religiöse Ethik lieferte die theoretische »Begründung« dafür, daß die Aristokratie und nicht der hierfür »völlig ungeeignete Pöbel« herrschen müsse.

Platon

Platon war ein Schüler des Sokrates. Er begründete später die objektiv-idealistische Schule der Philosophie und befand sich deshalb in schärfstem Gegensatz zu den griechischen Materialisten, die er als gottlos beschimpfte.

Für Platons philosophische Vorstellungen war die »Hebammenkunst« des Sokrates von größter Bedeutung. Darin hatte Sokrates gelehrt, wie man neue Gedanken »gebären« könne. Für die griechischen Materialisten waren die Empfindungen des Menschen ein notwendiges Bindeglied zwischen den Dingen der Natur und dem erkennenden Subjekt. Platon hingegen behauptete, die sinnlichen Dinge seien bestenfalls geeignet, »Meinungen« zu erzeugen, aber niemals Wissen. Wissen könne nicht den Naturerscheinungen gelten, sondern nur geistigen Wesenheiten. Im Grunde genommen wird hier, wie bei jeder Art objektiv-idealistischer Philosophie, die rationale Stufe der Erkenntnis verabsolutiert.

In Platons »Staat«, einem Buch das unverhohlen für die Sklavenhalteraristokratie eintrat, wird dargelegt, welche Wissenschaften wem zu lehren seien. Die Mathematik beispielsweise müsse den Philosophen, den eigentlichen Herrschern im »Idealstaat«, gelehrt werden. Die Astronomie nütze nicht nur dem Landwirt und dem Seemann, sondern auch dem Krieger. Die dem »Volk« Angehörenden, die breiten Massen der Sklaven und juristisch Freien, könnten keinen Nutzen aus der Beschäftigung mit der Wissenschaft ziehen. Die von ihnen ausgeübten manuellen Tätigkeiten machten sie für die »Reinigung des Seelenauges« blind.

Daß Platons philosophische Auffassungen auch die Entwicklung der Astronomie stark beeinflussen mußten, liegt auf der Hand.

Das Kreisbahndogma

Die Himmelskörper, insbesondere die Planeten, waren für Platon im Grunde nichts anderes als Lichter, die das Denken der »Weltseele« zum Ausdruck bringen. Alle Himmelskörper konnten daher nur auf der geometrisch vollkommensten aller denkbaren Bahnen angebracht sein, auf vollkommenen Kreisen. Später hat sich im Gefolge solcher Anschauungen die allgemein akzeptierte Forderung herausgebildet, daß alle beobachteten Erscheinungen am Himmel auf Kreisbewegungen zurückzuführen seien, die außerdem noch gleichförmig durchlaufen würden. Die beobachteten Bewegungen sollten mit bestimmten, aus dem Wesen der Gestirne abgeleiteten Eigenschaften in Übereinstimmung gebracht werden. Diese Eigenschaften wurden also zur Basis von Hypothesen. Die »Anomalien« – die überhaupt erst als Folge dieser Betrachtungsweise als solche erschienen – mußten »gerettet« werden. Man sprach vom »Retten der Erscheinungen«. Es ist klar, daß es sich hierbei nicht um ein »Retten« der Phänomene im Sinne des Messens einer Theorie an der Praxis handelte. In Wirklichkeit wurde ein Dogma »gerettet« – das Dogma der gleichförmigen Kreisbewegung.

Um welche Unregelmäßigkeiten in den Planetenbewegungen ging es? Bei den Planeten waren schon seit langem die merkwürdigen »Schleifen« bekannt. Die Planeten bewegen sich – davon kann sich auch der heutige Beobachter leicht überzeugen – im allgemeinen unter den Fixsternen entgegen der Richtung der täglichen scheinbaren Drehung des gesamten Himmels. Zeitweise aber laufen sie auch von Ost nach West. Bei der Beobachtung der Sonnenbewegung hatten außerdem bereits die Babylonier die unterschiedliche Winkelgeschwindigkeit während des Umlaufs auf dem Tierkreis bemerkt. Später wurden auch bei den Planeten unterschiedliche Winkelgeschwindigkeiten entlang ihrer scheinbaren Bahn entdeckt. Diese beiden »Anomalien« mußten also durch geeignete Darstellungen beseitigt werden, denn sie standen nicht mit der Forderung nach gleichförmiger Kreisbewegung, die als die vollkommenste Bewegungsform galt, im Einklang.

In diesem Zusammenhang wendet sich Platon gegen alle Versuche, die Bewegung der Himmelskörper zu erklären oder gar zu begründen. Demgegenüber wird geltend gemacht, daß die Bewegung der Himmelskörper lediglich rein mathematisch zu errechnen und somit zu beherrschen sei. Platon schreibt der »wahren Astronomie« sogar ausdrücklich die Aufgabe zu, sich nicht auf die »sinnlichen Wahrnehmungen und das gesamte unstet wandelnde Sein« zu beziehen, sondern auf die »jenseits des sichtbaren Himmels« vorhandenen Dinge, auf die »wahre Langsamkeit und Schnelligkeit an sich in ihren wahren Zahlenverhältnissen«.

Man muß sich diesen philosophischen Hintergrund der griechischen Astronomie stets vergegenwärtigen, wenn man die spätere Entwicklung verstehen will. Das Kreisbahndogma hat die Vorstellung der Astronomen bis ins 17. Jahrhundert hinein bestimmt. Erst Kepler gelang es, den Bann zu brechen, die elliptische Gestalt der Planetenbahnen zu entdecken und naturwissenschaftlich zu beweisen.

Schleifenbewegung des Planeten Mars 1975/76

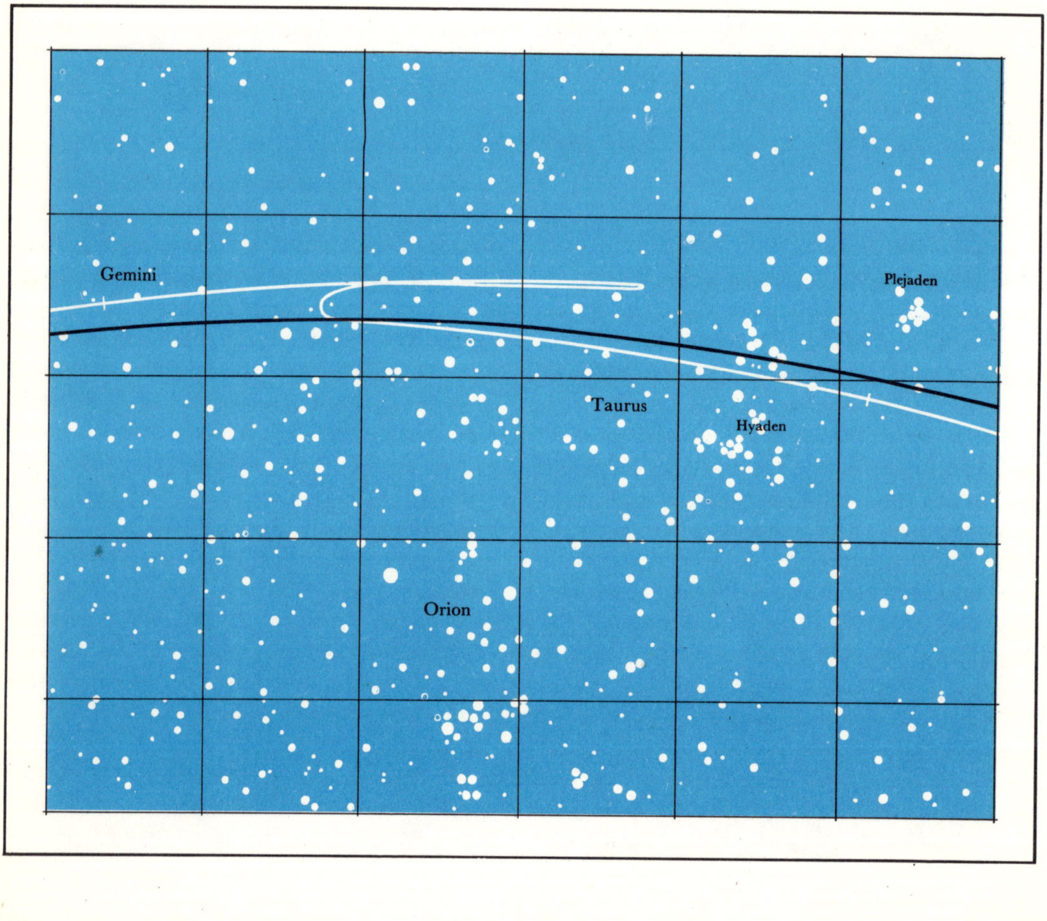

Reisen bildet. Das wußten bereits die antiken griechischen Astronomen, die sich den reichen und wertvollen Wissensschatz der Chaldäer und Ägypter an Ort und Stelle aneigneten. Eudoxos aus Knidos (etwa 407–357 v. u. Z.) war schon in seiner Jugend nach Athen gereist, um Platon zu hören. Später führten ihn ausgedehnte Reisen nach Ägypten, Kyzikos und Propontis und somit zu den Quellen wertvoller astronomischer Kenntnisse.

Eudoxos war beispielsweise schon bekannt, daß in bestimmten zeitlichen Abständen Planetenschleifen wiederkehren, die mit der Stellung der Planeten zur Sonne verbunden sind. Nimmt ein Planet wieder die gleiche Stellung relativ zur Sonne ein, so sagt man, er hat einen synodischen Umlauf vollendet. Um nun die Schleifenbewegung zu erklären, stellte sich Eudoxos die Planetenbewegung als das Ergebnis von zwei gleichförmigen Kreisbewegungen vor. Beide Kreise bewegen sich in entgegengesetzter Richtung schräg zueinander, wobei ein voller Umlauf der synodischen Umlaufzeit des Planeten entspricht, dessen Bewegung dargestellt werden soll. Dies ist die Grundvorstellung der homozentrischen Sphären des Eudoxos. Da die Bewegung des äußeren Kreises auf den inneren übertragen werden muß, denkt sich Eudoxos zwei Kugeln mit entsprechend markierten Großkreisen. Die Rotationsachse der inneren Kugel soll in der äußeren gelagert sein. Der Planet ist mit dem Äquator der innersten Kugel verbunden. Die beiden mit synodischer Umlaufzeit bewegten Kreise erzeugen eine Bahn, die in ihrem Aussehen einer liegenden Acht (Hippopede, grch. Pferdefußfessel) entspricht und die Schleife darstellt. Die Doppelschleife wird nun von einem dritten Großkreis, der mit siderischer Umlaufzeit in der Ebene der Ekliptik rotiert, herumgeführt. Dadurch wird die Überlagerung von siderischer und synodischer Umlaufzeit bewirkt. Da außerdem eine tägliche Rotation stattfindet, wird diese noch durch eine vierte Sphäre, die sich um die Himmelspole bewegt, überlagert.

Für jeden Wandelstern entwickelte Eudoxos nun ein solches Schema. Für die Darstellung der Bewegungen von Merkur, Venus, Mars, Jupiter, Saturn sowie Sonne und Mond benötigte er insgesamt

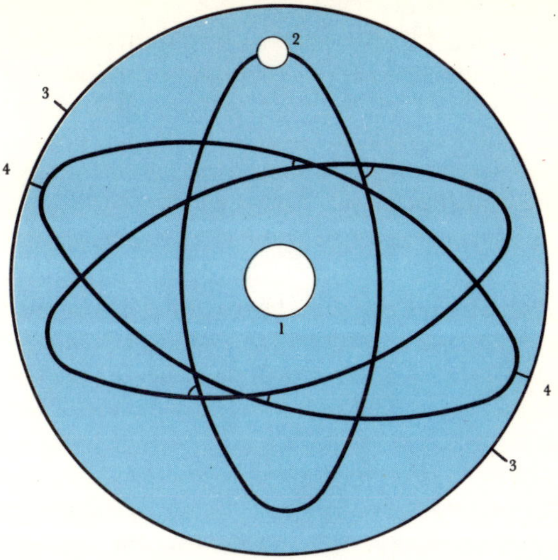

Die homozentrischen Sphären des Eudoxos, mit deren Hilfe die verschiedenen Bewegungen der Planeten erklärt werden sollen. 1 – Erde; 2 – Planet; 3 – Himmelspole; 4 – Äquator der inneren Kugel

26 Sphären. Die 24stündige Rotation wird für jeden Planeten wiederholt. Allein schon daraus kann man ersehen, daß Eudoxos rein kinematisch vorgegangen ist. Es ging ihm lediglich um eine geeignete Art der Darstellung; er verband damit keineswegs die Vorstellung, daß die Planetenbewegung tatsächlich so vor sich geht.

Die ungleichmäßig schnelle Bewegung der Himmelskörper auf ihrer Bahn findet in diesem Modell der homozentrischen Sphären keine Berücksichtigung, obwohl sie für die Sonne sehr wahrscheinlich bereits im 5. Jahrhundert v. u. Z. bekannt war. Kalippos ergänzte daher das Modell des Eudoxos, so daß es schließlich 33 Sphären enthielt.

Das kosmologische System des Aristoteles

Dies war der Stand einer von Platon geformten systembildenden Astronomie, die Aristoteles (um 384–322 v. u. Z.), nach Engels der »universellste Kopf« unter den altgriechischen Denkern, vorfand.

Aristoteles von Stagira, ein enzyklopädischer Gelehrter, der sich ebenso gründlich mit Philosophie, Ethik und Politik wie mit Naturwissenschaft, Geschichte und Psychologie beschäftigte, kommt unter anderem das Verdienst zu, die idealistische Auffassung Platons, dessen Schüler er war, in verschiedenen Punkten scharf kritisiert und dadurch der griechischen Wissenschaft wesentliche Impulse vermittelt zu haben.

Im Unterschied zu Platon vertrat Aristoteles die Ansicht, daß wir das wirklich Existierende durch unsere Sinne erfahren können und nicht in einer imaginären jenseitigen Welt zu suchen haben. Dies war ein bedeutender materialistischer Gedanke in der Philosophie des Aristoteles, der sich praktisch in einer empirischen Einstellung gegenüber den Naturwissenschaften niederschlug. Freilich ist er kein Materialist, wie etwa Demokrit von Abdera oder Heraklit von Ephesos (um 540–480 v. u. Z.), denn seinen materialistischen Denkansätzen liegt letztlich eine idealistische Konzeption zugrunde. Das positive Resultat von Aristoteles' Kritik an Platons Philosophie indes ist unverkennbar: »Wenn ein Idealist die Grundlagen des Idealismus eines anderen Idealisten kritisiert, so gewinnt dabei stets der Materialismus«, schrieb Lenin in diesem Zusammenhang.

Aristoteles ging es in der Astronomie um eine Zusammenführung von Physik und Mathematik, wobei die Bewegung aller Himmelskörper in einem einheitlichen Gesamtsystem dargestellt werden sollten. Die Kugeln des Eudoxos erhielten durch Aristoteles einen neuen Status: Aus ihnen wurden ineinandergelagerte Äthersphären. Ganz außen ist ein »erster Beweger« tätig, der selbst ruht, aber die Sphären in Bewegung setzt. Jede Sphäre führt außerdem eine eigene Bewegung aus, aus der sich jeweils die Besonderheiten der Bewegung der Planeten erklären. Die Summe der Bewegungen wird jeweils auf die nächstliegende innere Bewegung übertragen. Die Zusammenfügung zu einem einheitlichen »Planetensystem« brachte zwangsläufig erhebliche Komplikationen mit sich, denn es mußten zusätzliche Sphären eingeführt werden, die verhinderten, daß die spezifischen Bewegungen eines Planeten ebenfalls mit auf den nächsten übertragen werden. Diese »rückrollenden Sphären« hatten also dafür zu sorgen, daß alle für den einzelnen Planeten nicht charakteristischen Bewegungen, die mit übertragen worden waren, wieder rückgängig gemacht wurden. Dadurch schwoll das Gesamtsystem auf insgesamt 55 Sphären an. Es stellte die erste Verbindung eines physikalischen und eines mathematischen Systems der Planeten dar.

Allerdings offenbarte sich bald, daß diese Synthese nicht aufrechtzuerhalten war, sofern man von der Astronomie verlangte, daß sie die Planetenörter vorhersage. Dazu war das System der homozentrischen Sphären nicht fähig. Zwangsläufig fielen in der weiteren Entwicklung mathematische und physikalische Astronomie wieder auseinander – für fast 2000 Jahre! Der Astronomie wurde fortan allein die Aufgabe zugeschrieben, die Bewegungsabläufe am Himmel durch geeignete Verfahren anzugeben. Die Frage, wie diese Bewegungen physikalisch tatsächlich erfolgen, und somit auch die Frage, ob die erdachten mathematischen Konstruktionen Wahrheitsgehalt besitzen oder nur geeignete Modelle zur Darstellung der Bewegungsabläufe sind, galt geradezu als nichtastronomisch.

Wegbereiter des Ptolemäus

Neue geistreiche Überlegungen der griechischen Gelehrten, die dabei zum Teil an frühere Versuche anknüpften, lieferten im 3. Jahrhundert v. u. Z. wirksame Beiträge dazu, das Problem der Bewegung des Himmels mit Hilfe mathematischer Berechnungen in den Griff zu bekommen.

Nach der Theorie des Euklid-Schülers Apollonius von Perga (um 262–190 v. u. Z.) bewegen sich die Planeten ähnlich wie ein Punkt auf einem Wagenrad: Er kommt bei gleichmäßiger Vorwärtsbewegung des Rades nur zeitweise nach vorn, dazwischen treten auch Rückwärtsbewegungen und Stillstände ein. Nach Apollonius sollten sich die Planeten mit konstanter Winkelgeschwindigkeit auf Kreisen bewegen, die jedoch nicht mit dem Weltzentrum identisch sind. Vielmehr laufen die Mittelpunkte dieser Kreise auf der Peripherie eines konzentrischen Kreises um die Mitte der Welt, die mit der Erdmitte identisch ist. Der kleine Aufkreis wurde Epizykel, der große Kreis Deferent genannt. Der Mittelpunkt des Epizykels läuft mit der siderischen Periode des Planeten auf dem Deferenten um, während sich der Planet auf dem Epizykel mit der synodischen Periode bewegt. Obwohl es notwendig war, für jeden einzelnen Planeten gesonderte Werte von Durchmessern, Winkelgeschwindigkeiten sowie Neigungen von Epizykeln und Deferenten anzugeben, bestand der unbestreitbare Fortschritt darin, daß alle Planetenbewegungen aus einem einzigen Prinzip abgeleitet wurden.

Zu den größten Astronomen des Altertums zählt »jener nie genug zu rühmende Hipparch« (um 190–125 v. u. Z.), dessen überragende Bedeutung für die Entwicklung des abgeschlossenen geozentrischen Weltbildes der Antike gelegentlich mit der Rolle Tycho Brahes für die Erkenntnisse Johannes Keplers fast 2000 Jahre später verglichen wird. Die Beobachtungen, die Hipparch mit einfachen Instrumenten wie Gnomon, Astrolabium und Armillarsphäre ausführte, waren epochemachend.

Als Hipparch mit Hilfe von Mondfinsternissen die Örter von Fixsternen berechnete, fand er, daß der Stern Spika im Sternbild Jungfrau, verglichen mit älteren überlieferten Beobachtungen, seine Stellung gegenüber jenem Punkt am Himmel, in dem die Sonne zum Herbstanfang steht, um rund 2° geändert hatte. Obwohl Hipparch die alten Beobachtungen nicht für allzu genau hielt, wagte er es doch, aus diesen Daten den kühnen Schluß zu ziehen, daß der Schnittpunkt zwischen Himmelsäquator und Ekliptik sich um mindestens 1° je Jahrhundert auf dem Tierkreis verschiebt. Er hatte damit die Präzession entdeckt, die durch eine Taumelbewegung der Erdachse hervorgerufen wird und den vollen Umlauf der Äquinoktien auf dem Tierkreis in 25 700 Jahren zur Folge hat (jährliches Fortrücken 50,40 Bogensekunden).

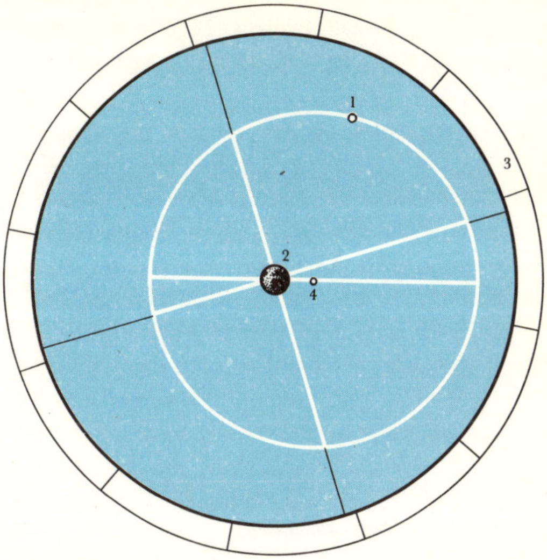

Die Theorie der Sonnenbewegung (1) nach Hipparch. Die Erde (2) befindet sich bezüglich der Fixsternsphäre (3) in der Weltmitte, aber der Mittelpunkt (4) der Sonnenbahn liegt exzentrisch.

Epizyklische Bewegung eines Planeten. Der Planet läuft auf einem kleinen Kreis (Epizykel), dessen Mittelpunkt auf einem größeren Kreis (Deferent) umläuft. Der Mittelpunkt des Deferenten ist mit dem Weltzentrum (Erdmittelpunkt) identisch. Resultierend ergibt sich die beobachtete Schleifenbewegung der Planeten.

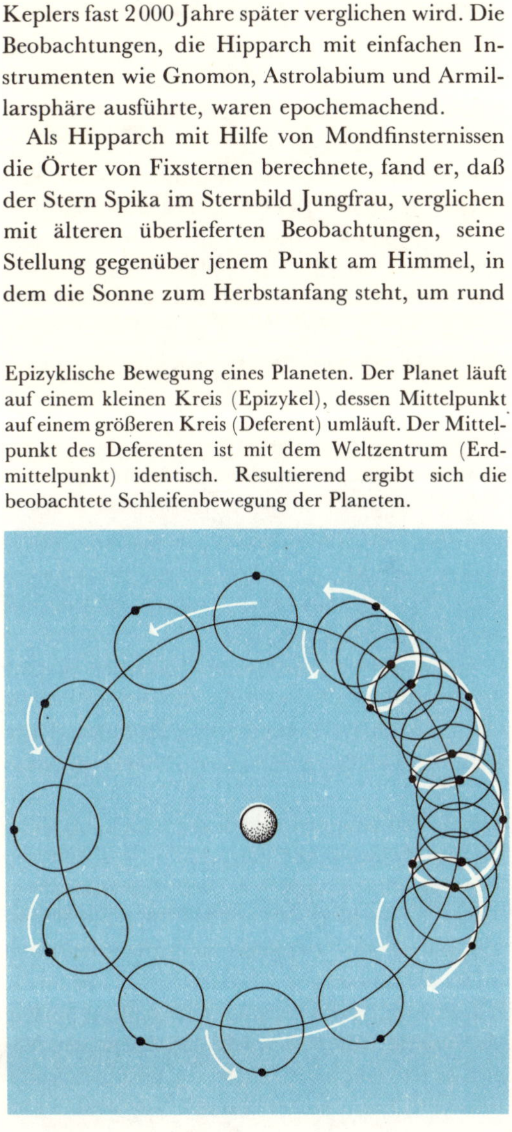

Im Jahre 134 v. u. Z. beobachtete Hipparch einen Stern, der zuvor nie gesehen worden war und sich außerdem relativ rasch unter den anderen Sternen fortbewegte. Wahrscheinlich hat es sich dabei um einen Kometen gehandelt. Hipparch wurde durch diese Entdeckung zu der Frage veranlaßt, ob solche Erscheinungen häufiger vorkommen und nicht eventuell überhaupt alle Sterne ihren Ort mit der Zeit verändern. Er beschloß daher, ein Verzeichnis aller beobachtbaren Sterne zusammenzustellen und zur Kennzeichnung der Sterne sowohl ihren Ort als auch ihre Helligkeit zu benutzen. Dieser Sternkatalog des Hipparch umfaßt insgesamt 1022 Sterne des nördlichen und südlichen Sternhimmels und stellt den ersten Fixsternkatalog der Geschichte dar. Er wurde von dem

Römer Plinius (23–79 u.Z.) als »gottwidriges Werk« bezeichnet. Der Katalog ermöglichte zahlreiche Erkenntnisse über Veränderungen am Himmel. Schon Ptolemäus, der den Katalog in seinem »Almagest« überlieferte, machte von dieser Erbschaft des Hipparch klugen Gebrauch.

Große Wichtigkeit erlangten Hipparchs Beobachtungen der Sonnenbahn und ihrer besonderen Punkte: Herbst- und Frühlings-Äquinoktium sowie die Sonnenwendpunkte. Hipparch stellte aufgrund genauer Beobachtungen fest, daß die einzelnen Jahreszeiten Frühling, Sommer, Herbst und Winter unterschiedlich lang sind, obwohl die Punkte auf der Ekliptik, die ihren Beginn bezeichnen, gleichweit, nämlich 90° voneinander entfernt liegen. Wie konnte dieser Widerspruch aufgelöst werden?

Hipparch ging bei der Darstellung der Sonnenbahn von der Annahme aus, daß die Sonne ihre Kreisbahn gleichförmig durchläuft und unterteilte den Kreis der Sonne entsprechend der Dauer der Jahreszeiten. Dann verband er die Punkte mit den 90° voneinander entfernten Jahrespunkten auf der Ekliptik. Das Zentrum der Bahn des Sonnenkreises

	Nach Hipparch	Tatsächlicher Wert
Frühling	94,5 Tage	$92^d\ 19^h$
Sommer	92,5 Tage	$93^d\ 15^h$
Herbst	88 Tage	$89^d\ 20^h$
Winter	90 Tage	89^d

Dauer der Jahreszeiten

ist dann zwangsläufig nicht mit dem Zentrum der Ekliptik identisch; es nimmt eine exzentrische Stellung ein (Exzentrizität: ein Vierundzwanzigstel des Bahnradius). Die Erde steht zwar im Mittelpunkt der Welt, aber nicht im Zentrum der Sonnenbahn.

Damit hatte Hipparch eine Möglichkeit gefunden, ungleichförmige Bewegungen mit Hilfe von Exzentern durch gleichförmige Bewegungen darzustellen. Auch diese Leistung war eine kostbare wissenschaftliche Erbschaft, die beim krönenden Abschluß und Gipfelpunkt der altgriechischen Astronomie eine wichtige Rolle spielte.

Darstellung der Sonnenbewegung nach Hipparch. Die Abbildung veranschaulicht, daß es für die Darstellung der Sonnenbewegung gleichgültig ist, ob man eine Epizykeltheorie oder eine Exzentertheorie zugrunde legt. Die resultierende (fett gezeichnete) Bahn ist dieselbe. 1 – Erde, 2 – Sonne, 3 – Exzentermittelpunkt

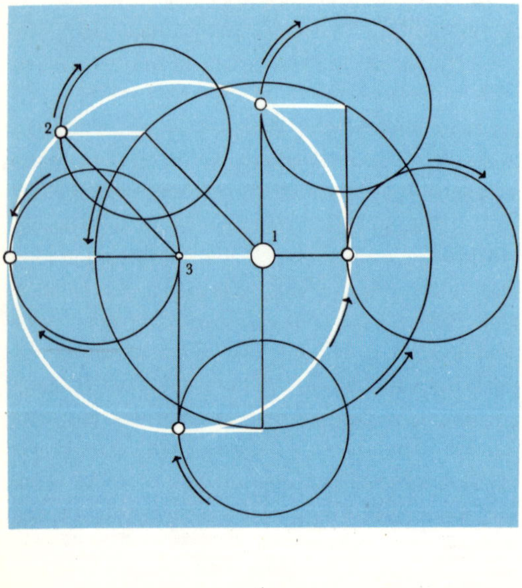

»Syntaxis mathematike« des Claudius Ptolemäus

Der Name des griechischen Mathematikers, Astronomen, Astrologen, Meteorologen und Geographen Claudius Ptolemäus gilt heute als Inbegriff der griechischen Astronomie.

Ptolemäus lebte in der hellenistischen Periode der griechischen Kultur, die vom 3. Jahrhundert v.u.Z. bis zum 2. Jahrhundert u.Z. datiert. Diese letzte Epoche der griechischen Kultur vor ihrem allmählichen Zerfall ist durch das Wirken Alexanders des Großen geprägt, dessen Reich aus Griechenland, Persien und Ägypten bestand. Obwohl dieses Großreich nach dem Tode Alexanders bald zerfiel, hat es zu einer Verschmelzung der Kulturen, insbesondere der griechischen und der orientalischen, beigetragen.

Die Stadt, in der Ptolemäus über 40 Jahre lebte und wirkte, das 332 v.u.Z. am Delta des Nils gegründete Alexandria, spielte eine überragende Rolle als Zentrum des Handels, der Kunst und

Himmelsbeobachter mit Instrumenten etwa im 2. Jahrhundert u.Z. Rechts ein aus einer Papyrusrolle gefertigtes »Sehrohr«

Wissenschaft. Im 2. Jahrhundert v.u.Z. besaß Alexandria beinahe eine Million Einwohner!

Die Stadt verfügte unter anderem über eine Einrichtung, der wir hier erstmals in der Geschichte begegnen: ein staatliches Forschungsinstitut größten Ausmaßes – anders kann man das bald nach der Gründung der Stadt geschaffene Museion nicht nennen. Dieses wissenschaftliche Forschungs- und Dokumentationszentrum ersten Ranges beherbergte Stätten zur Sternbeobachtung, botanische Anlagen und Tierparks, Hörsäle für die Lehre und eine in ihrem Umfang einmalige Bibliothek mit nicht weniger als 400000 Papyrusrollen, die alles greifbare Wissen einschließlich der literarischen Werke des gesamten Mittelmeerraums und des Vorderen Orients umfaßten. Die Atmosphäre dieser mächtigen und lebendigen Stadt war ein ausgezeichneter Nährboden für das Entstehen der Werke von Claudius Ptolemäus.

Über das Leben des Ptolemäus ist so gut wie nichts bekannt. Geboren ist er etwa im Jahre 83 u.Z., gestorben etwa 161 u.Z. Im Zusammenhang mit seinen umfangreichen astronomischen Studien führte er auch Beobachtungen aus. Dabei bemühte er sich ständig um die Verbesserung der vorhandenen Daten, wenn auch seine Beobachtungsintensität mit Sicherheit nicht an die des Hipparch heranreichte. Von Ptolemäus stammen zahlreiche grundlegende Werke, so die Geographike Hyphegesis (Geographie), die das antike Erdbild überlieferte, die Optika, das Sammelwerk griechischen Wissens über Perspektive, Spiegellehre und Brechung und das Viererbuch Tetrabiblos, in dem die babylonische Planetenastrologie mit der ägyptischen Fixsternastrologie zum Standardwerk der Sterndeutung »zusammengeschmol-

Claudius Ptolemäus

zen« ist, auf das sich selbst die heutigen Astrologen noch berufen.

Das für die Astronomie wichtigste Werk des Ptolemäus ist die mathematische Zusammenstellung »Syntaxis mathematike«, die im Zuge der späteren Überlieferungen durch die Araber mit dem heutigen Namen »Almagest« versehen wurde. Es ist das bedeutendste Werk und der Abschluß der antiken Astronomie zugleich. Ptolemäus hat alle wesentlichen Errungenschaften seiner Vorgänger in dieses Werk einfließen lassen und ihm zahlreiche grundlegende eigene Erkenntnisse hinzugefügt. Es ist ein »Monument antiken Wissens«, dem größte Achtung gebührt. Ptolemäus verstand es, das geozentrische Weltsystem mathematisch soweit durchzubilden, daß unter Anwendung der von ihm ausgearbeiteten Theorie die Vorhersage der Planetenpositionen – im Rahmen der damals erreichbaren Beobachtungsgenauigkeit – für sehr lange Zeiträume möglich wurde.

Während die Exzenter- und Epizykelidee, die Sonnentheorie sowie die Anfänge einer Mondtheorie bereits vorlagen, gebührt Ptolemäus das Verdienst, die Planetentheorien erst geschaffen zu haben. Diese bedeutende Leistung hebt er am Beginn des 9. Buches mit den Worten hervor: »Wenn wir uns die Aufgabe gestellt haben, auch für die fünf Wandelsterne ... den Nachweis zu führen, daß ihre scheinbaren Anomalien alle vermöge gleichförmiger Bewegungen auf Kreisen zum Ausdruck gelangen, weil nur diese Bewegungen der Natur der göttlichen Wesen entsprechen, während Regellosigkeit und Ungleichförmigkeit ihnen fremd sind, so darf man wohl das glückliche Vollbringen eines solchen Vorhabens als eine Großtat bezeichnen, ja in Wahrheit als das Endziel der auf philosophischer Grundlage beruhenden mathematischen Wissenschaft.«

Ptolemäus war sich demnach sowohl der Größe als auch der Schwierigkeit seiner Aufgabe bewußt. Bei der Arbeit bemerkte er, daß die erste Ungleichheit der Planetenbewegung, die ungleichförmige siderische Umlaufgeschwindigkeit, durch einen Epizykel oder einen entsprechenden einfachen Exzenter nicht darzustellen war. Es ergab sich folgender verzwickter Sachverhalt: Einerseits mußten die Exzentrizitäten bezüglich der Winkelgeschwindigkeit um das Zentrum verdoppelt werden, andererseits durfte die Exzentrizität der Bahn des Epizykels für die Wiedergabe der zweiten Anomalie keinerlei Veränderung erfahren. Wie waren diese beiden Forderungen miteinander in Einklang zu bringen?

Vereinfachte Darstellung des Weltsystems nach Ptolemäus. Die Erde ist das Zentrum der durch die Fixsternsphäre begrenzten Welt.

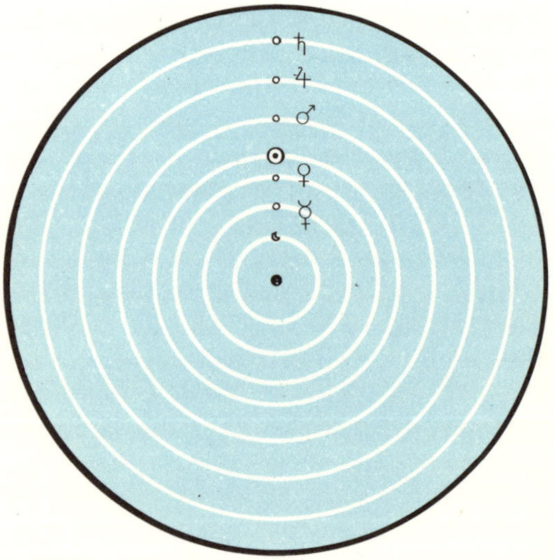

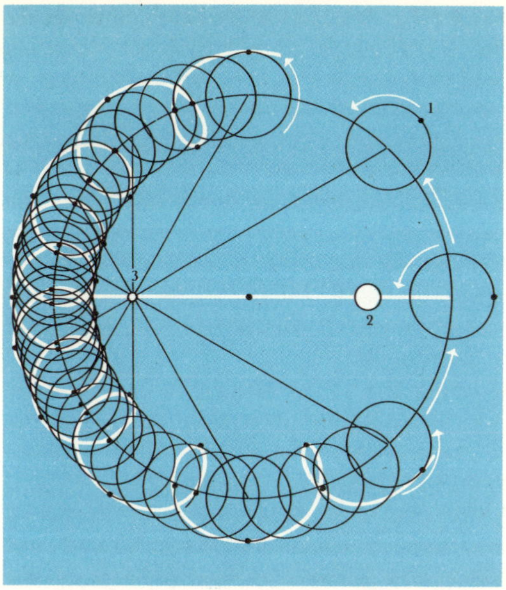

Die Entstehung der Schleifenbewegung der Planeten nach Ptolemäus. Der Planet (1) bewegt sich auf einer kreisförmigen Bahn (Epizykel), deren Mittelpunkt jedoch nicht mit dem Erdmittelpunkt (2 – Erde) identisch ist. Dieser befindet sich in einem »Ausgleichspunkt« (3). In der Einführung dieses Punctum aequans sah übrigens Copernicus eine Verletzung der strengen Forderung nach Zurückführung aller Bewegungen auf gleichförmig durchlaufene Kreisbahnen. Für ihn war der Ausgleichspunkt eines der Motive zur Erneuerung der Astronomie.

Ptolemäus fand folgende Lösung: Er verdoppelte die Exzentrizität des Kreises für die Wiedergabe der ersten Anomalie, indem er die Winkelgeschwindigkeit nicht mehr auf den Mittelpunkt des Exzenters, sondern auf einen abseits davon liegenden Punkt bezog. Der Punkt liegt im allgemeinen ebenso weit jenseits des Exzentermittelpunktes, wie der Punkt, in dem die Erde steht, diesseits davon liegt. Dieser Punkt heißt punctum aequans oder Ausgleichspunkt. Die Ausgleichsbewegung erfolgt in der siderischen Periode gleichförmig um A, so daß die Leitstrahlen stets in gleichen Zeiten gleiche Winkel überstreichen. Auf E bezogen, erfolgt die Bewegung natürlich ungleichförmig, sie stellt die Bewegung des Epizykelmittelpunktes dar. Der jeweilige Planet durchläuft den Epizykel gleichförmig in der synodischen Periode.

Damit hatte Ptolemäus das gesamte Rüstzeug zur Verfügung, mit dem er sein Werk ausführen konnte. Für jeden Planeten entwickelte er nun die Theorie seiner Bewegung.

Zu den hier geschilderten Tatsachen der Planetenbewegung kommt hinzu, daß die Planeten auch eine Breitenbewegung ausführen, so daß auch diese noch zutreffend wiedergegeben werden mußte, was Ptolemäus durch die Annahme bestimmter Neigungen der verschiedenen Kreise erreichte. Damit nun diese Theorie für Vorhersagen von Planetenörtern geeignet war, machte es sich notwendig, aus den theoretischen Werten für die verschiedenen Planeten Tafeln abzuleiten, aus denen die Positionen der Planeten unter den Fixsternen für alle gewünschten Zeitpunkte hervorgingen. Auch diese Aufgabe hat Ptolemäus für seine Zeit hervorragend gelöst. Für die von ihm entwickelten »Handlichen Tafeln«, die bis ins Mittelalter hinein in Benutzung gewesen sind, schuf er außerdem eine Fülle von trigonometrischen Hilfsmitteln; er verbesserte die hauptsächlich von Hipparch überlieferten Beobachtungsgrößen, d. h. die Perioden und Größenverhältnisse einschließlich der Daten der Sonnentheorie. Dies alles hat er erst gegen Ende seines Lebens, also lange nach der Abfassung des »Almagest«, vollbracht. Im Hauptwerk

Die Einführung des Ausgleichpunktes (1) durch Ptolemäus ließ sich nicht umgehen, wenn Ptolemäus die Erscheinungen »retten« wollte. Der Deferent, auf dem sich der Epizykelmittelpunkt eines Planeten bewegt, liegt durch die Einführung des Ausgleichspunktes exzentrisch zum Weltmittelpunkt; d. h., die Erde (2) liegt ebenfalls nicht in der Weltmitte.

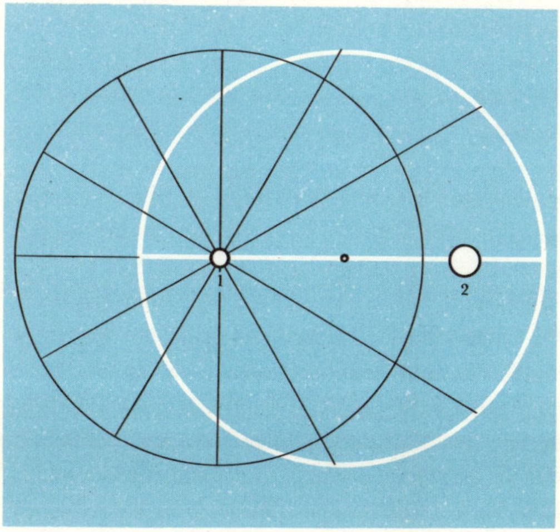

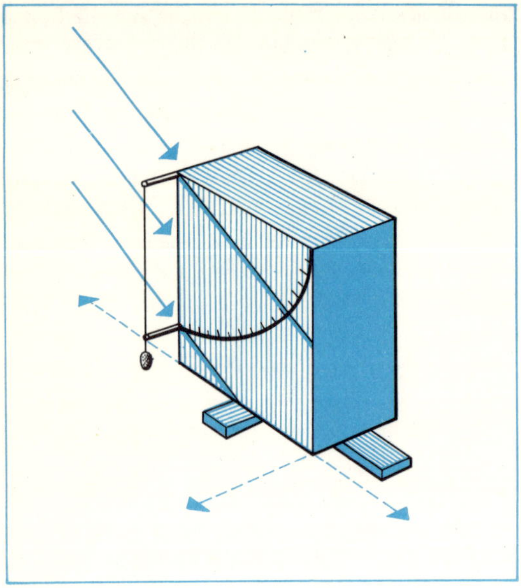

Meßgerät des Ptolemäus zur Bestimmung von Sonnenhöhen

selbst sind die Daten viel enger an die Überlieferung angelehnt. Seinen eigenen Sonnenbeobachtungen z. B. traute er nur dann, wenn die erhaltenen Werte mit denen des Hipparch übereinstimmten. So groß war sein Respekt vor dem bedeutenden Vorgänger. Dadurch sind allerdings auch einige Fehler in den »Almagest« gelangt, die später beseitigt werden mußten.

Unzeitgemäße Ideen – zeitgemäße Ideen

Man hat oft gefragt: Mußte die Entwicklung der antiken Astronomie, an der so hervorragende Denker und Beobachter beteiligt waren, unbedingt zum geozentrischen Weltbild führen? Warum konnten sich andere Denkansätze nicht durchsetzen?

Tatsächlich hat es mehrere Versuche gegeben, die kosmischen Erscheinungen ohne die Annahme einer Mittelpunktstellung der Erde zu erklären. In diesem Zusammenhang verdienen nicht allein die aus Syrakus stammenden Pythagoräer Hiketas und Ekphantos (beide im 4. Jahrhundert v. u. Z.) Erwähnung, sondern vor allem die gleichfalls zur pythagoräischen Schule gehörigen Philolaos, Herakleides Pontikos und Aristarch von Samos.

Philolaos von Kroton (Ende des 5. Jahrhunderts v. u. Z.) meinte, daß die beobachteten Anomalien der Planetenbewegung nur scheinbar und durch eine Bewegung der Erde verursacht sein könnten. Nach Philolaos sollen sich Erde, Sonne und alle Planeten um ein gemeinsames Zentralfeuer bewegen, das aber unsichtbar ist, weil es sich stets auf der gleichen Seite der Erde befinde.

Eine ähnliche Auffassung soll Herakleides Pontikos (um 390–310 v. u. Z.) vertreten haben; er sprach von einer »irgendwie bewegten Erde« und einer »irgendwie ruhenden Sonne«, wodurch die beobachteten Erscheinungen ebenfalls erklärt werden könnten.

Höhepunkt der nichtgeozentrischen Weltbilder der Antike ist die Auffassung des Aristarch von Samos (um 320–250 v. u. Z.). Von ihm stammt unter anderem der historisch früheste Versuch, das Verhältnis der Entfernungen zweier kosmischer Körper von der Erde zu bestimmen. Aristarch ging hierbei von der Tatsache aus, daß Sonne, Mond und Erde jeweils im ersten und letzten Viertel des Mondes ein rechtwinkliges Dreieck bilden. Die in enger Wechselwirkung zu astronomischen Fragestellungen sehr früh entstandene Trigonometrie gestattete ihm, das Verhältnis der Entfernungen Erde–Mond zu Erde–Sonne als Kosinus des Winkels zu bestimmen, den die Richtung Erde–Mond mit der Richtung Erde–Sonne bildet. Aristarch hatte diesen Winkel zu 87° gemessen, für seine Zeit eine erstaunliche Leistung. Da der von ihm gemessene Winkel um rund 3° zu klein war, erhielt er als Verhältnis von Mond- zu Sonnenentfernung 1:19, während das tatsächliche Verhältnis etwa 1:390 beträgt. Für Aristarch allerdings genügte das Meßergebnis, um daraus den treffenden Schluß zu ziehen, daß die Sonne viel größer sein müsse als der Mond. Wahrscheinlich hat ihn dieses Resultat entscheidend in seiner Annahme bestärkt, daß nicht die Erde, sondern die Sonne im Zentrum der Welt steht.

Bedauerlicherweise sind wir über Aristarchs heliozentrisches Weltbild nur indirekt durch einen

Aristotelisch-scholastisches Weltbild (aus der Schedelschen Weltchronik, Nürnberg 1493)

kurzen Hinweis des berühmten Mathematikers Archimedes von Syrakus (um 287–212 v. u. Z.) in dessen »Sandrechnung« informiert.

Aristarch behauptete, daß der Fixsternhimmel ebenso wie die Sonne unbeweglich seien, während sich die Erde auf einer Kreisbahn um die Sonne bewege, die im Mittelpunkt dieses Kreises ruht. Die Fixsternsphäre sei so weit vom Mittelpunkt entfernt, daß selbst die Ausdehnung der Erdbahn dagegen verschwindend klein sei.

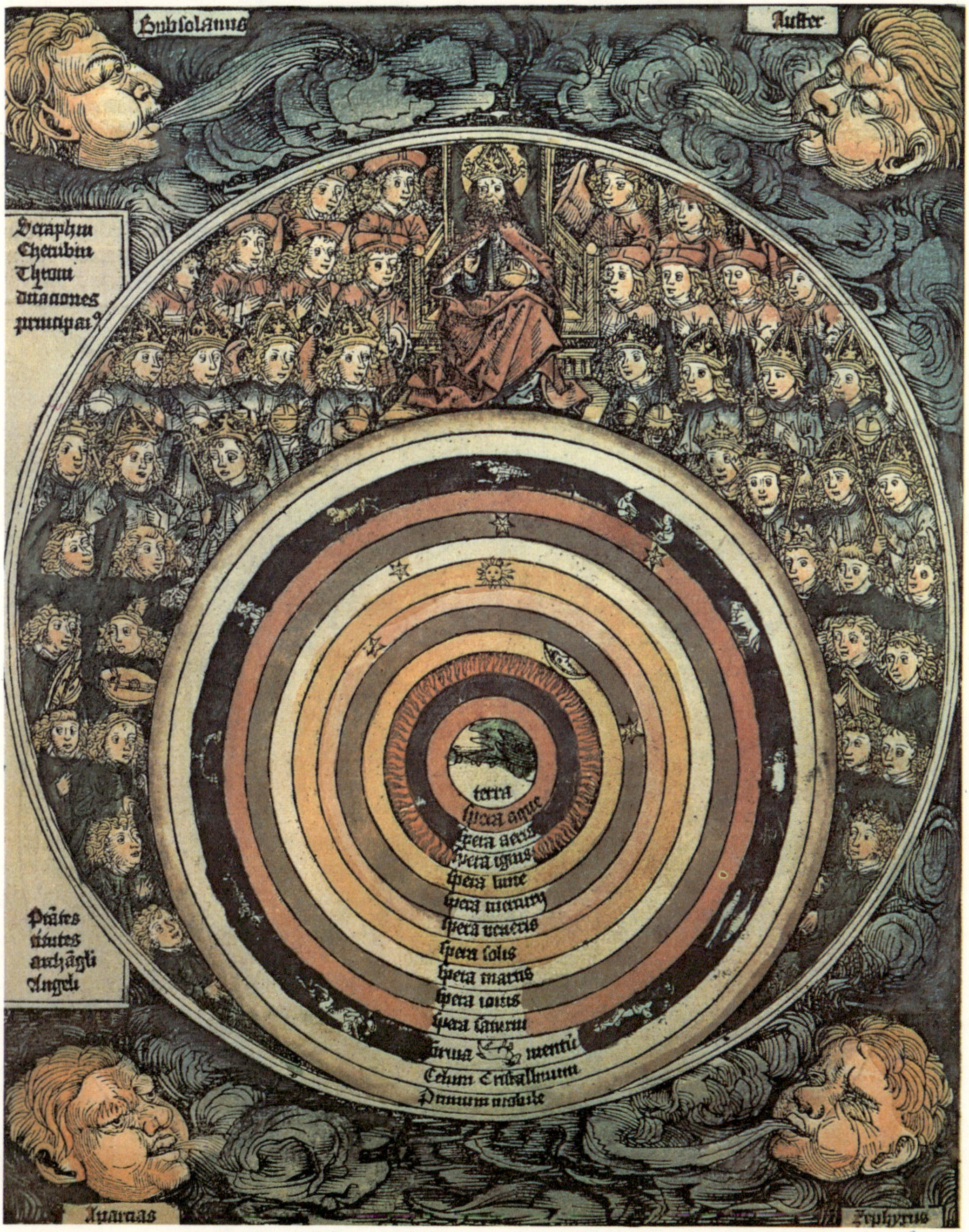

Analysiert man die ökonomische, soziale, politische und ideologische Situation der Antike, so ist nicht zu übersehen, daß diese heliozentrischen Ideen »unzeitgemäß« waren und sich daher nicht durchsetzen konnten: Das geozentrische System hatte den Augenschein für sich – tatsächlich konnte sich jedermann durch eigenes Beobachten davon überzeugen, daß sich alle Sterne des Himmels um die Erde bewegen. Das geozentrische System erfuhr darüber hinaus eine immense Stütze durch die noch nicht auf empirische Forschung gegründete Physik des Aristoteles, die damals und noch für lange Zeit in höchstem Ansehen stand.

Nach Aristoteles bewegen sich alle Körper zu ihrem »natürlichen Ort«. Für die »schweren Körper« ist dies das Weltzentrum, für die »leichten Körper« die Weltperipherie. Da die »schweren Körper« – wenn sie sich selbst überlassen werden – sämtlich in Richtung zum Erdmittelpunkt fallen, konnte dies nur bedeuten, daß der Mittelpunkt der Erde mit dem Weltzentrum identisch ist. Würde man sich die Erde beispielsweise dahin versetzt denken, wo sich der Mond befindet, so würden die schweren Körper nach der Theorie des Aristoteles keineswegs auf die Erdoberfläche fallen, sondern im Gegenteil von der Oberfläche weg in Richtung auf das Weltzentrum stürzen. Das geozentrische System erscheint also geradezu als eine zwangsläufige Folge der Aristotelischen Theorie des »natürlichen Ortes«.

Ptolemäus läßt an der Bedeutung der »Physik« des Aristoteles für die Mittelpunktstellung der Erde auch gar keinen Zweifel. Er verweist darauf, daß alle schweren Körper auf die Erde fallen und fährt dann fort: »Das bequemste Beweismittel des Falls nach der Mitte dürfte einzig und allein in dem Umstand zu finden sein, daß ... auf ausnahmslos allen ihren Punkten die Richtung und der Fall der mit Schwere behafteten Körper... unter allen Umständen... lotrecht zu der durch den Einfallspunkt gelegten, neigungslosen (Tangential-)Ebene verläuft, denn aus diesem Verhalten geht klar hervor, daß diese Körper, wenn sich ihnen in der Erdoberfläche nicht ein unüberwindliches Hindernis entgegenstellte, durchaus bis zum Mittelpunkt selbst gelangen würden.« Gegen diese Argumente hatten die damaligen Heliozentriker keine Chance. Es gab kein einziges heliozentrisches Modell, das die relativ hohe Perfektion und theoretische Durcharbeitung des ptolemäischen Systems auch nur annähernd erreichte. Keines der heliozentrischen Systeme war in der Lage, mit dem des Claudius Ptolemäus etwa in bezug auf die Vorhersage von Planetenkonstellationen erfolgreich zu wetteifern.

Abgesehen von den sozialen und ideologischen Gräben, die in der Antike und im Mittelalter einer Verbreitung heliozentrischer Ansichten letztlich entgegenstanden, waren es die historisch gegebenen Schranken der Erkenntnis, die die Entwicklung und allgemeine Anerkennung des heliozentrischen Weltbildes verhinderten. Daß sich die großartigen Denkansätze und Konzeptionen der materialistischen Philosophen um Demokrit seinerzeit nicht entfalten und durchsetzen konnten, erklärt sich aus der Begrenztheit des damaligen Wissens und den entgegengesetzten Interessen der herrschenden Klasse, die ihren weltanschaulichen Ausdruck in den damals vorherrschenden idealistischen philosophischen Systemen fanden.

So wie die heliozentrischen Ideen, historisch gesehen, ihren ersten Gipfelpunkt in Aristarch besaßen, hatte die materialistische Philosophie in der griechischen Antike ihren ersten Kulminationspunkt mit Demokrit von Abdera (um 460–360 v. u. Z.) erreicht. Ein Vergleich zwischen beiden Denkern ist insofern angebracht, als sie ähnliche Grundanschauungen vertraten. Es ist nämlich festzustellen, daß bei Aristarch – ähnlich wie bei Demokrit – Himmel und Erde eine materielle Einheit bilden. Da diese weltanschauliche Konzeption der gültigen Religionsauffassung widersprach, kann nicht überraschen, daß diese Konzeption auf den erbitterten Widerstand der Verfechter der Religion stieß. Wie Anaxagoras von Klazomene (um 500 bis 428 v. u. Z.), der in Athen öffentlich erklärt hatte, die Himmelskörper seien nur glühende Gesteinsmassen, die sich durch ihre Umlaufbewegung erhitzen, mußte sich auch Aristarch gegen den Vorwurf der Gottlosigkeit verteidigen, weil er es gewagt hatte, den geheiligten Herd der Weltmitte – die Erde – als in Bewegung befindlich anzunehmen.

Nach der jahrhundertelang herrschenden Auffassung des Aristoteles waren Himmel und Erde durchaus keine Einheit, sondern – im Gegenteil –

etwas grundlegend voneinander Verschiedenes. Und wie die Mittelpunktstellung der Erde bei Aristoteles nicht einfach postuliert, sondern aus philosophischen und physikalischen Prinzipien abgeleitet wird, ergibt sich auch die Auffassung über Himmel und Erde als Folge der zeitgenössischen Physik. Da die Bewegungen der schweren und leichten Körper geradlinig sind, die der Himmelskörper aber nicht – so etwa argumentiert Aristoteles –, können die Himmelskörper weder die Eigenschaft der Schwere noch die der Leichtigkeit besitzen; sie können demnach auch nicht aus einem der vier irdischen Elemente Feuer, Wasser, Erde und Luft bestehen.

Aristoteles meint, daß die Himmelskörper auf ein fünftes Element schließen lassen, dem von Natur aus die kreisförmige Bewegung zukomme. Diese »quinta essentia«, der »Äther«, könne weder vergehen noch in eines der irdischen Elemente umgewandelt werden. Es bestehe also ein prinzipieller Gegensatz zwischen Himmel und Erde, dem »sublunaren« und dem »supralunaren« Bereich. Im sublunaren Bereich, in der »Welt unter dem Monde«, ist alles veränderlich, die Dinge sind hier nicht dauerhaft, sie entstehen und vergehen. Im supralunaren Bereich hingegen gibt es keinerlei Veränderungen, dort führen die Körper des Himmels ewig ihre Bewegungen aus, und dort verharren sie ansonsten auch auf ewig in ihrem Zustand.

Dieser von Aristoteles vorgetragenen Konzeption, wonach himmlischer und irdischer Bereich prinzipiell voneinander getrennt sind, liegen letztlich auch soziale Ursachen zugrunde. Es handelt sich hierbei um einen ideologischen Reflex der antagonistischen Klassenspaltung im antiken Sklavenhalterstaat, in dem eine unüberbrückbare Kluft zwischen dem Bereich der die Herrschaft ausübenden Freien einerseits und den maßlos geknechteten und ausgebeuteten Sklaven andererseits bestand.

Physik und Weltbild des Aristoteles sind ebenso wie das Werk des Ptolemäus in der weiteren Entwicklung der Gesellschaft und der Wissenschaft – insbesondere unter den Bedingungen der feudalistischen Gesellschaftsordnung im Mittelalter – zum Dogma erstarrt und dadurch zum Hemmschuh des Fortschritts geworden. Sie sind es aber keineswegs von Anbeginn an gewesen. Die Leistungen der griechischen Wissenschaft stellten vielmehr eine ebenso erstaunliche wie notwendige Stufe im historischen Prozeß der Erkenntnis dar. Die griechische Wissenschaft war der erste Kulminationspunkt einer rationellen Aneignung der Welt durch den Menschen und damit der erste epochemachende Erfolg des Menschen bei der praktischen und geistigen Auseinandersetzung mit der Natur.

القول على الوجه الأول من برج السرطان وللقمر من نظر الزهرة

ZUMITTEN THRONT DIE SONNE

Denn solange die Erde stille stand, stand alle wahre Astronomie stille... sowie aber der Mann erschien, der die Sonne stille stehen hieß, in dem Augenblick fing die Astronomie an fortzuschreiten.

Georg Christoph Lichtenberg

Das Ende der »großen Pause«

Als Copernicus im Jahre 1473 geboren wurde, bahnten sich in großen Teilen der Welt grundlegende Wandlungen an. Die scheinbar so festgefügte Ordnung der Feudalgesellschaft geriet allenthalben aus den Fugen. Die Ursache der »frischen Zugluft«, die überall zu spüren war, lag letztlich in tiefgreifenden sozialökonomischen Wandlungen der Gesellschaft.

Sichtbares Kennzeichen dieser Entwicklung war vor allem die Tatsache, daß sich in den wenigen Zentren von überregionaler Bedeutung, den Residenzen von weltlichen und geistlichen Würdenträgern, Königen, Kaisern oder Bischöfen, allmählich neue Schichten der feudalen Gesellschaft bildeten: die Händler und Handwerker. Rascher als die übrigen Teile der Feudalgesellschaft entwickelten sich die Städte. Durch das städtische Zunfthandwerk wurden technischer Fortschritt und Warenverkehr gefördert. Dadurch stieg nicht allein die wirtschaftliche Bedeutung der Städte, sondern auch ihr politischer Rang. Die Warenwirtschaft hatte natürlich einen außerordentlich belebenden Einfluß auf den Handel, wobei der Fernhandel in den Vordergrund rückte. Die Handelsreisen förderten wiederum eine Fülle neuer geographischer, botanischer, völkerkundlicher Kenntnisse zutage und weckten neue Bedürfnisse.

Die Situation ist in verschiedener Hinsicht mit jenen Bedingungen und Umständen vergleichbar, die rund 1000 Jahre zuvor in den griechischen Städten geherrscht hatten. Allmählich geriet die Rolle der Städte ins Bewußtsein der Menschen. Die Bewohner der Städte begannen, sich ihren

Die antiken Planetengötter in orientalischem Gewande

Nürnberg im 15. Jahrhundert

griechischen und römischen Vorvätern mehr verbunden zu fühlen als den Gutshöfen, Burgen und ländlichen Herrschaftsbereichen ihrer Gegenwart. So bildete sich jene aufgeschlossene Atmosphäre der Besinnung auf die in Vergessenheit geratenen Leistungen der Antike heraus, die »die größte progressive Umwälzung, die die Menschheit bis dahin erlebt hatte« (Friedrich Engels), einleitete.

Die in der Renaissance erstarkende neue Klasse, das Bürgertum, hatte zur Naturwissenschaft ein grundlegend anderes Verhältnis als der herrschende Feudaladel. Dies sollte sich im weiteren Verlauf der Entwicklung noch unübersehbar herausstellen. Das neue Verhältnis zu den Naturwissenschaften lag vor allem in der Verbundenheit des Bürgertums mit Handwerk und Handel begründet, die den Naturwissenschaften spürbare Impulse vermittelten. In dieser Situation kam es auch zu einem neuen Aufschwung der Astronomie.

Mit dem Niedergang der antiken Staaten war die Sternkunde für viele Jahrhunderte in ihre »große Pause« eingetreten. Schon im Ausklang der großen griechischen Kulturepoche hatten all jene Elemente übermächtig in die Wissenschaft wieder Einzug gehalten, die sie anfangs stolz verbannt hatte: In der Astronomie begann die Astrologie wieder zu wuchern, die Mathematik sank in Zahlenmystik zurück, und das kraftvolle philosophische Denken im ständigen Widerstreit von Materialismus und Idealismus verflachte in der alles beherrschenden christlichen Religion. Die Kugelgestalt der Erde wurde von den Kirchenvätern geleugnet, und eine seichte Variante des ptolemäischen Weltsystems wurde zum herrschenden religiösen Weltbild: Gott als Schöpfer der Erde und des Himmels schwebt auf einer mittelalterlichen Darstellung, die sich in einer Lutherbibel befindet, schutzgebietend über der als Scheibe gedachten Wohnstatt des Menschen. Nicht, daß keine klugen Köpfe mehr über die Natur gedacht und geforscht hätten, nicht, daß totale geistige Windstille herrschte! Das einseitige Bild des »finsteren Mittelalters« trifft nicht den Kern; aber gemessen an dem Errungenen zeigte sich nur allzu deutlich, daß die Weiterentwicklung der Wissenschaft an gesellschaftliche Bedürfnisse geknüpft ist, die Jahrhunderte hindurch fehlten.

Daß die beginnende Wissenschaft der Renaissance überhaupt wieder an die antiken Leistungen anknüpfen konnte, ist vor allem das historisch hoch bedeutsame Verdienst der arabischen Kulturwelt. Die arabische Halbinsel gelangte zwar nie unter den direkten Einfluß der griechischen Kultur, aber als die arabischen Stämme im 7. und 8. Jahrhundert einen raschen Einigungsprozeß durchmachten, entstanden günstige Voraussetzungen für die Entwicklung einer einheitlichen arabischen Kultur, in deren Rahmen auch die Wissenschaft zu hoher Bedeutung kam. Besonders die Dynastie Abasiden (ab 570) und der Kalif al Ma'mun (813–833) förderten Wissenschaft und Kunst. Das von al Ma'mun gegründete »Haus der Weisheit« hatte vornehmlich die Aufgabe, die griechischen Werke der Wissenschaft und Kunst ins Arabische zu übersetzen. Der Leiter der Einrichtung, Salm, beschäftigte sich beispielsweise mit der Übertragung der »Großen Zusammenstellung« von Ptolemäus.

Unter den zahlreichen griechischen Werken zur Astronomie, die von den Arabern wiederentdeckt und genutzt wurden, befindet sich auch die Schrift von Aristarch über die Entfernungen und Größen von Sonne und Mond; es fehlt jedoch die »Sandrechnung« des Archimedes (287–212 v. u. Z.) und damit auch der einzige Hinweis auf das heliozentrische System dieses Denkers.

Die arabischen Gelehrten haben die griechischen Schriften keineswegs nur passiv bewahrt, sondern auch eifrig studiert und selbst nach Kräften an der weiteren Entwicklung der dort niedergelegten Ideen gearbeitet. Dabei gelangten sie zwar nicht zu einem wesentlich anderen Weltbild, aber sie waren mitbeteiligt an der schöpferischen Unruhe, die sich ausbreitete, als man feststellte, daß die Voraussagen der Planetenörter nach dem ptolemäischen System mit den beobachteten Örtern nicht übereinstimmten. Die arabische Astronomie des frühen Mittelalters hat somit einen wertvollen Beitrag zu jenem weitreichenden Neubeginn der Astronomie geleistet, der erst unter den gesellschaftlichen Verhältnissen zu Beginn der Renaissance in Europa in Gang kommen konnte.

Ratschlag an Gott

Ausschlaggebend für diesen Neubeginn in der Astronomie war die Tatsache, daß zwischen den tatsächlichen Sternörtern am Himmel und den Berechnungen nach der ptolemäischen Theorie unerklärbare Differenzen auftraten. Auf die Dauer konnten diese ganz erheblichen Unstimmigkeiten umso weniger hingenommen werden, als genaue Sternörter, beispielsweise für die Entwicklung des Seehandels, von immer größerer praktischer Bedeutung wurden. Prinzipiell waren zwei Wege zur Beseitigung des Dilemmas denkbar: Entweder verbesserte man die alte Theorie durch wohlüberlegte Korrekturen, oder man verwarf sie total und ersetzte sie radikal durch eine andersgeartete. Das war die Frage: Reformation des Überlieferten oder Revolution?

Unter den Männern, die in Europa die Wissen-

Arabischer Himmelsglobus, Sternwarte Meragh, 1687

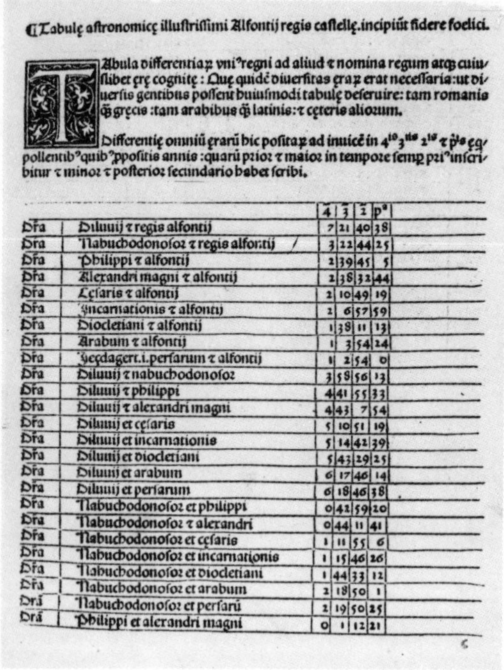

Tabule astronomice illustrissimi Alfontij regis castelle. incipiunt sidere foelici.

Tabula differentiarum vnius regni ad aliud ⁊ nomina regum atque cuiuslibet ere cognite: Que quidem diuersitas erarum erat necessaria: ut diuersis gentibus possent huiusmodi tabule deseruire: tam romanis quam grecis: tam arabibus quam latinis: ⁊ ceteris aliorum.

Differentie omnium erarum hic positarum ad inuicem in 4^is 3^is 2^is ⁊ p^is equipollentibus quibus compositis annis: quarum prior ⁊ maior in tempore semper prius inscribitur ⁊ minor ⁊ posterior secundario habet scribi.

		4	3	2	p
Dra	Diluuij ⁊ regis alfontij	7	21	40	38
Dra	Nabuchodonosor ⁊ regis alfontij	3	22	44	25
Dra	Philippi ⁊ alfontij	2	39	45	5
Dra	Alexandri magni ⁊ alfontij	2	38	32	44
Dra	Cesaris ⁊ alfontij	2	10	49	19
Dra	Incarnationis ⁊ alfontij	2	6	57	59
Dra	Diocletiani ⁊ alfontij	1	38	11	13
Dra	Arabum ⁊ alfontij	1	3	54	24
Dra	Yezdagert. i. persarum ⁊ alfontij	1	2	54	0
Dra	Diluuij ⁊ nabuchodonosor	3	58	56	13
Dra	Diluuij ⁊ philippi	4	41	55	33
Dra	Diluuij ⁊ alexandri magni	4	43	7	54
Dra	Diluuij et cesaris	5	10	51	19
Dra	Diluuij et incarnationis	5	14	42	39
Dra	Diluuij et diocletiani	5	43	29	25
Dra	Diluuij et arabum	6	17	46	14
Dra	Diluuij et persarum	6	18	46	38
Dra	Nabuchodonosor et philippi	0	42	59	20
Dra	Nabuchodonosor ⁊ alexandri	0	44	11	41
Dra	Nabuchodonosor et cesaris	1	11	55	6
Dra	Nabuchodonosor et incarnationis	1	15	46	26
Dra	Nabuchodonosor et diocletiani	1	44	33	12
Dra	Nabuchodonosor et arabum	2	18	50	1
Drã	Nabuchodonosor et persarum	2	19	50	25
Drã	Philippi et alexandri magni	0	1	12	21

Ausschnitt aus den Alfonsinischen Tafeln

schaft Astronomie zu neuem Leben erweckten, verdienen insbesondere die beiden aus der »Wiener Schule« stammenden Meister Georg Purbach (1423 bis 1476) und Johannes Müller (Regiomontanus 1436–1461) Erwähnung. Johannes Müller, der im Jahre 1463 das erste Lehrbuch der Trigonometrie herausbrachte, suchte nach einer besseren Grundlage für die Kalenderrechnung; er berechnete die Ephemeriden von Sonne, Mond und Planeten; er nahm eine genaue Beobachtung des Kometen von 1472 vor und strebte nach einer exakten Bestimmung der Planetenörter.

In Übereinstimmung mit Georg Purbach vertrat Johannes Müller die Auffassung, daß die beinahe völlig zum Erliegen gekommene astronomische Beobachtungskunst neu belebt werden müsse und eine ernsthafte Auseinandersetzung mit den Meisterwerken der antiken Astronomie erforderlich sei, die daher in unverfälschter Gestalt wieder zugänglich gemacht werden müßten. Sowohl Purbach in seiner »Neuen Planetentheorie« als auch Regiomontanus ließen bereits vorsichtige Zweifel an der Richtigkeit des ptolemäischen Systems anklingen. Ein Symptom hierfür ist die immer deutlicher erhobene Forderung, daß ein neuer »Almagest« geschrieben werden müsse.

Bessere Werte für die Planetenörter konnte man aber auf der Grundlage des geozentrischen Systems nur erhalten, wenn man die geometrischen Konstruktionen veränderte. Ein Beispiel hierfür sind die sogenannten Alfonsinischen Tafeln, die auf Geheiß des Königs Alfons X. von Kastilien im 12. Jahrhundert durch etwa 50 Gelehrte erarbeitet wurden, weil die Abweichungen von den alten, nach Ptolemäus berechneten Werten zu offenkundig geworden waren. Als Alfons X. das Ergebnis sah, soll er den bezeichnenden Ausspruch getan haben: »Wenn mich Gott bei der Erschaffung der Welt zu Rate gezogen hätte, so würde ich ihm größere Einfachheit empfohlen haben.« Übrigens brachte ihm dieser Ausspruch den Vorwurf der Gotteslästerung ein. Die Korrekturen gegenüber Ptolemäus waren geringfügig, wie neuere Überprüfungen zeigten.

Das eigenartige Weltbild eines Kardinals

Zu den bedeutendsten Wegbereitern eines neuen Weltbildes gehört der katholische Philosoph und Wissenschaftler Nicolaus Cusanus (1401–1464). Als Sohn eines deutschen Winzers in Cues, einem Dorf an der Mosel, geboren, avancierte er im Jahre 1448 schließlich zum Kardinal der römischen Kirche. Cusanus, der sich mit dem Erbe der altgriechischen Philosophie vertraut machte, übte nachhaltigen Einfluß auf die Entwicklung der Renaissance-Philosophie aus. Obgleich einerseits noch stark in der Tradition des Mittelalters verwurzelt, hatte er andererseits bereits einen offenen Blick für die sich anbahnenden sozialen und wissenschaftlichen Entwicklungen.

Besonders bedeutsam für die weitere philosophische und wissenschaftliche Entwicklung wurde seine These vom Zusammenfallen der (im Endlichen einander ausschließenden) Gegensätze im Unendlichen. Diese These, die einen fruchtbaren Ansatz dialektischer Betrachtungsweise enthält, ist eng mit der pantheistischen Tendenz in Cusanus' Philosophie verbunden. Gott, der hier allerdings noch nicht so mit der Natur identifiziert wird, wie das beim voll ausgeprägten Pantheismus der Fall ist, wird von Cusanus als das Absolute und Unendliche aufgefaßt, das sich im Gegensatz und in Wechselbeziehung zu allem Endlichen befindet. Dasselbe Sein, das dem Menschen in der Welt in endlicher Gestalt begegnet, macht als unendliches Sein Gott aus. Die Unterschiede und Gegensätze, die im Bereich des Endlichen auftreten, gleichen sich nach Meinung von Cusanus in der Unendlichkeit aus. Mit anderen Worten: Gott, aufgefaßt als das Unendliche, ist demnach das Zusammenfallen der Gegensätze alles Endlichen und erscheint dergestalt in Form des Universums.

Auf den ersten Blick könnte man den Eindruck haben, bei den eben skizzierten Überlegungen des Cusaners handele es sich um eine ziemlich abstrakte dialektische Konstruktion, die für unsere Thematik kaum von Belang ist. In Wirklichkeit verhält es sich jedoch so, daß Cusanus gerade auf dieser philosophischen Grundlage für seine Zeit völlig neuartige kosmologische Vorstellungen entwickelte. Er setzte sich furchtlos über die scholastische, am geozentrischen Weltbild des Ptolemäus orientierte Kosmologie hinweg und wurde somit in gewisser Weise zum Vorläufer des Copernicus.

Für Cusanus, der an entsprechende Ideen der griechischen Atomisten und der Pythagoräer anknüpft, ist das Weltall unendlich. Aus dieser These, die er auch mathematisch zu beweisen versucht, zieht er die für die damaligen Verhältnisse geradezu unerhörte Schlußfolgerung, daß es unsinnig ist, ernsthaft von einer Mittelpunktstellung der Erde zu sprechen. Entgegen dem geheiligten Dogma der mittelalterlichen Kirchenlehre wagt er zu behaupten, daß unsere Erde Kugelgestalt hat, sich um ihre eigene Achse dreht und lediglich ein Stern unter unzähligen anderen Sternen ist, der ebenso wie diese eine Kreisbahn durchläuft. Jeder Punkt im All besitzt nach seiner Überzeugung die gleiche Entfernung zu Gott, so daß jeder Punkt logischerweise gleichermaßen als Mittelpunkt des Universums aufzufassen ist.

Aus diesem Standpunkt folgt, daß Cusanus die aristotelische Ansicht von einem prinzipiellen Unterschied oder Gegensatz zwischen Himmel und Erde nicht akzeptiert. Er befindet sich in einem tiefen Gegensatz zur mittelalterlich-scholastischen Auffassung, nach der es – in Analogie zur hierarchischen Gliederung der feudalen Gesellschaftsordnung – zwischen Welt und Gott oder zwischen Mensch und Gott zahlreiche vermittelnde Stufen gibt, wenn er die Ansicht äußert, daß alles Endliche im gleichen (!) Verhältnis zum Unendlichen, also zu dem hier in gewissem Maße idealistisch-pantheistisch verstandenen Gott stehe.

Aus allem erklärt sich, daß dieser kühne Ansatz zu einer philosophisch-weltanschaulich fundierten, völlig neuartigen Kosmologie auf den erbitterten Widerstand der gesamten klerikal-feudalen Reaktion stieß. Seine hohe Stellung in der Hierarchie der katholischen Kirche, sein Festhalten an der idealistischen Zahlensymbolik und anderen Elementen religiöser Mystik trugen wohl dazu bei, die erzreaktionären Dunkelmänner über den unbotmäßigen Charakter seiner Kosmologie zu täuschen und ihn wenigstens vor solchen Repressalien zu schützen, denen wenig später die Gegner des ptolemäisch-aristotelischen Weltbildes ausgesetzt waren.

Für die weitere Entwicklung und vor allem für die Begründung kosmologischer Vorstellungen war außerdem von nicht zu unterschätzender Bedeutung, daß Cusanus im Interesse zuverlässigen Erkenntnisgewinns als einer der ersten zur Anwendung des Experiments, zur exakten Beobachtung der Natur und zu ernsthaftem Studium der Mathematik aufforderte.

Ein »Riese an Denkkraft...«

Zu den herausragenden Persönlichkeiten, die in der Renaissance entschlossen gegen kirchliche Autorität und scholastische Dogmatik ankämpften, gehört der als Philosoph, Naturforscher, Techniker und Künstler gleichermaßen bedeutende Italiener Leonardo da Vinci (1452–1519). Im Unterschied zu dem knapp 50 Jahre älteren Cusanus, mit dem er insofern weitgehend übereinstimmte, als auch er entschieden für das Studium und die praktische Anwendung der Mathematik eintrat und die systematische Durchführung naturwissenschaftlicher Experimente forderte, bezog da Vinci in philosophisch-weltanschaulicher Hinsicht eine weitgehend materialistische Position. Dieser überlegene philosophisch-weltanschauliche Ausgangspunkt ermöglichte es ihm, Theologie und Scholastik, Astrologie und Alchemie wesentlich klarer und treffender anzugreifen als seine unmittelbaren Vorläufer und Zeitgenossen. Das zeigt sich nicht zuletzt in seiner radikalen Ablehnung des mittelalterlich verstümmelten aristotelisch-ptolemäischen Weltbildes.

Da Vinci wandte sich in seinen »Tagebücher(n) und Aufzeichnungen« entschieden und mit beißender Ironie gegen die geistige Diktatur der katholischen Kirche, die »einen Handel mit Betrügereien« betreibe, sich Anspruch auf den alleinigen Besitz der Wahrheit anmaße und die neuen naturwissenschaftlich begründeten Anschauungen über die Natur und die Erde mit Feuer und Schwert gnadenlos bekämpfte. Leonardo da Vinci lehnte die mittelalterliche Vorstellung von der Erde als Mittelpunkt der Welt kategorisch ab. Gestützt auf grundsätzliche philosophisch-weltanschauliche Überlegungen und naturwissenschaftlich-mathematische Argumente äußerte er die Überzeugung, daß unsere Erde »weder inmitten des Sonnenkreises noch inmitten des Weltalls« liege, »sondern tatsächlich inmitten ihrer Elemente, die sie begleiten und mit ihr zusammenhängen«. In diesem Zusammenhang führt da Vinci weiter aus: »Und wäre einer auf dem Mond, so würde ihm diese unsere Erde ... ebenso weit unter dem Mond erscheinen, wie dieser zusammen mit der Sonne über uns ist, und würde ebenso wirken, wie der Mond auf uns wirkt.« Nach Auffassung von da Vinci »ist die Erde ein Gestirn, ganz ähnlich dem Mond«.

Friedrich Engels bezeichnete die Epoche, die in der zweiten Hälfte des 15. Jahrhunderts begann, als »eine Zeit, die Riesen brauchte und Riesen zeugte, Riesen an Denkkraft, Leidenschaft und Charakter, an Vielseitigkeit und Gelehrsamkeit«. Leonardo da Vinci gehörte ohne Zweifel zu diesen »Riesen«, die auch der Entdeckung des Himmels und damit der Ausarbeitung eines neuen Weltbildes mächtige Impulse verliehen.

Ein respektloser Beweis

In der alten polnischen Hansestadt Toruń künden viele Zeugnisse von einer wechselvollen Geschichte. Wehrmauern und Türme, alte Straßenzüge und Handelshäuser erzählen davon, daß diese Stadt des Pruzzischen Städtebundes schon vor Jahrhunderten ein lebenssprühender Handelsknotenpunkt gewesen ist. Von hier aus gingen Holz, Getreide, Stoffe und viele andere begehrte Waren weichselaufwärts nach Gdańsk und von dort in alle Winde.

Toruń bot das charakteristische Bild einer mittelalterlichen Stadt. Gegen Ende des 15. Jahrhunderts lebten hier etwa 20000 Menschen, die meisten davon allerdings außerhalb der Stadtmauern. »Man sah einander in die Fenster und guckte einander in die Töpfe, die Gassen waren zu feucht, zu eng, zu finster, die Stuben desgleichen, in dem Hausflur lagerten die Waren und Fässer, man wurde selten überfahren, oft erstochen« – so lebten die Armen.

Im Kern der Toruńer Altstadt hingegen hatten die wohlhabenden Bürger und reichen Handelsleute ihren Sitz.

In den Mauern dieser Stadt verbrachte einer der größten Astronomen der Geschichte seine Kinder- und Jugendjahre: Nicolaus Copernicus (1473–1543). Die Sw. Jana-Basilika, in der einst die polnischen Könige bei ihren Durchreisen durch Toruń an feierlichen Gottesdiensten teilnahmen, bewahrt ein altes Gemälde: Die Hände zum Gebet gefaltet, schaut ein »ruhiger, bescheidener, freundlicher Mann, der weder große Macht, noch große Amtstitel besessen hat, auf uns herab«. So ein Chronist über das Konterfei des Copernicus. Ausgerechnet von diesem frommen Mann, dem späteren Domherrn zu Frombork und treuen Diener seines Glaubens, sagte Friedrich Engels, daß er mit seinem unsterblichen Werk »der kirchlichen Autorität in natürlichen Dingen den Fehdehandschuh hinwarf«.

Über 200 Jahre später. In Rußland wird der berühmte Gelehrte Michail W. Lomonossow (1711 bis 1765) vors klerikal-reaktionäre Tribunal geführt, weil er behauptet hatte, auch auf anderen Planeten im All könnten denkende Wesen leben. »Wie kann der Mensch sich erfrechen, Behauptungen in Umlauf zu bringen, wovon die Bibel kein Wort enthält?« fragten ihn drohend die Glau-

Drehbare Sternkarte von Peter Apianus aus »Astronomicum Caesareum«

benswächter. Doch ohne sich durch die geifernden Religionsrichter beirren zu lassen, gab Lomonossow voller Ironie schlagfertig zur Antwort: »Ich schließe dies ebenso, wie ich aus den Läusen, die ich hier auf dem respektablen Barte Eurer heiligsten Heiligkeit lustwandeln sehe, den Schluß ziehe, daß auch die übrigen Bärte dieser verehrungswürdigen Versammlung sich einer ähnlichen Bevölkerung erfreuen.«

Auf den ersten Blick mag es scheinen, als habe Copernicus mit dem geistreichen »Bartbeweis« des großen russischen Gelehrten nichts zu tun. Und doch besteht zwischen beiden ein bestimmter Zusammenhang. Goethe hat in seinen Bemerkungen zum Werk des Copernicus geschrieben, daß vielleicht noch nie eine größere Forderung an die Menschheit geschehen sei, »denn was ging nicht alles... in Dunst und Rauch auf: ein zweites Paradies, eine Welt der Unschuld, Dichtkunst und Frömmigkeit, das Zeugnis der Sinne, die Überzeugung eines poetisch-religiösen Glaubens...« In diesem Sinne war der atheistische Gedanke von Lomonossow in der Tat nichts anderes als ein Teil jener bis dahin »ungeahnten Denkfreiheit und Großheit der Gesinnungen«, zu denen das Werk des polnischen Gelehrten berechtigte und aufforderte.

Was hatte es mit diesem Werk des frommen Kaufmannssohnes aus Toruń auf sich? Welch einer ungeheuren Ketzerei hatte sich Copernicus schuldig gemacht, und wie war er zu seinen völlig neuen Vorstellungen über den Himmel gekommen?

Die Lehrjahre des Copernicus

Die Zweifel an den Grundlagen des überlieferten geozentrischen Systems wurden durch jeden ergebnislosen Versuch, Ordnung in die Diskrepanzen zu bringen, nur immer stärker. In verschiedenen Zentren des wissenschaftlichen Lebens der Renaissance kamen ähnliche Ideen auf wie bei Alfons X. oder den beiden bedeutenden Astronomen Purbach und Regiomontanus. In Padua versuchte der Arzt und Astronom G. Francastoro (1478 bis 1553), genannt Hieronymus, nach 1501 gemeinsam mit G. B. Della Torre eine neue geozentrische Darstellung des Kosmos unter Vermeidung der Epizykeln; sie benötigten dazu 79 Kugelschalen. Im Jahre 1537 publizierte G. B. Amici ein Werk, in dem er ebenfalls statt mit Epizykeln wieder mit Kugelschalen operierte. C. Calgagnini postulierte eine Erdrotation um eine Achse, die mit Jahresperiode einen Kegel am Himmel beschreibt. In Deutschland wies J. Angelus (1624–1677) darauf hin, daß die allgemein verbreitete Lehre von der Bewegung der Himmelskörper die Planetenörter falsch wiedergebe. In Italien führten A. Achellini und der neuplatonische Philosoph und Humanist M. Ficino (1433–1499) eine leidenschaftliche Auseinandersetzung, wobei Achellini dem geozentrischen Bild der Welt ein sonnenzentrisches System entgegensetzte.

Der Mann, dem es im breiten Strom der entstandenen schöpferischen Unruhe gelingen sollte, die aus der Antike stammenden Ansätze eines heliozentrischen Weltsystems zu einer in sich geschlossenen programmatischen Hypothese auszubauen, wurde am 19. Februar 1473 in Toruń als Sohn eines Großkaufmannes geboren. Er war das jüngste von vier Geschwistern.

Für die Entwicklung des jungen Copernicus erlangte Lucas Watzenrode, sein Onkel mütterlicherseits, größte Bedeutung. Da der Vater des Copernicus bereits starb, als der Knabe erst 10 Jahre alt war, nahm sich Watzenrode seiner weiteren Erziehung an. Watzenrode war eine bemerkenswerte Persönlichkeit. Als er die Erziehung des jungen Copernicus übernahm, bekleidete er eine Domherrenstelle in Frombork. Später wurde er zum Bischof von Warmia gewählt. Diese Stellung besaß politischen Rang im polnischen Königreich.

Watzenrode war ein humanistisch gebildeter Mann, der die Universitäten zu Kraków, Bologna und Köln besucht hatte. In Bologna hatte er zeitweise sogar selbst Vorlesungen gehalten. Er war ein profilierter Vertreter des frühbürgerlichen Humanismus in Polen, der außerdem in den heftigen Kämpfen seiner Zeit stets für das polnische Königreich Partei ergriff. Zwar hatte der berüchtigte Deutschritterorden schon im Frieden von Toruń (1466) der Vereinigung zahlreicher westpreußischer Städte mit dem polnischen Reich zustimmen müssen, aber er gab sich mit dieser Niederlage nicht zufrieden. Deshalb galt auch nach dem Frieden von Toruń das Gebot der Wachsam-

Blick auf das heutige Toruń

keit, wie die historischen Ereignisse schon innerhalb weniger Jahre mehrfach bestätigten.

Watzenrode beabsichtigte einerseits, seinem jungen Neffen eine gute Ausbildung angedeihen zu lassen; andererseits war er zugleich daran interessiert, den jungen Copernicus zum Mitglied des Domkapitels zu machen, um im Domkapitel zu Frombork den Einfluß der deutschritterfreundlichen Kräfte zurückzudrängen. Zu diesem Zweck mußte Copernicus kanonisches Recht studieren. Watzenrode schickte ihn daher zunächst auf die polnische Landesuniversität nach Kraków.

Kraków zählte damals zu den angesehensten Heimstätten des Humanismus in Europa. Die Universität hatte enge Beziehungen zur Universität in Wien und zu den italienischen Hochschulen und zählte Studenten aus vielen Ländern zu ihren Hörern. Gelehrt wurden die neuesten Ergebnisse der sich wieder entwickelnden Wissenschaften, aber auch das Geistesgut der Antike, soweit es damals durch die noch junge Buchdruckerkunst in Europa bereits zugänglich war.

In Kraków gab es zu jener Zeit auch eine Astronomenschule, die von zwei hervorragenden polnischen Renaissance-Wissenschaftlern geführt wurde: Woijciech von Brudzewo und Jan von Glogow. Der Philosoph und Astronom Brudzewo zählte zu den bedeutendsten Vertretern der exakten Wissenschaften im Polen des 15. Jahrhunderts. Er hatte unter anderem im Jahre 1482 einen Kommentar zur Planetentheorie des Georg Purbach verfaßt. Die Vorlesungen von Brudzewo bildeten einen Anziehungspunkt für zahlreiche Hörer aus ganz Europa. Obwohl Brudzewo zu Copernicus' Zeit keine astronomischen Vorlesungen hielt, haben wir doch Grund zu der Annahme, daß er durch diesen Gelehrten etwas von den Grundlagen der Astronomie und vielleicht auch von der Problematik des Weltsystems erfuhr. Es ist bekannt, daß Copernicus bereits als Student einige der damals noch sehr kostbaren Bücher besessen hat. Darunter befanden sich auch die »Alfonsinischen Tafeln«. Nicht zuletzt deshalb ist die Wahrscheinlichkeit groß, daß er auch schon etwas von den zeitgenössischen Problemen um das astronomische Weltbild gewußt hat.

Von den beträchtlichen Abweichungen zwischen der ptolemäischen Theorie und den beobachtbaren Tatsachen konnte sich Copernicus persönlich überzeugen, als er seine Studien in Bologna fortsetzte. Dort hatte er engen Kontakt zu dem berühmten Astronomen Domenico Novaro (1454–1504), der

Nicolaus Copernicus

zu den namhaftesten Zweiflern an der Richtigkeit des Systems von Ptolemäus gerechnet wird. Gemeinsam mit Novaro führte Copernicus auch astronomische Beobachtungen aus, so z. B. die Observation einer Sternbedeckung des Aldebaran durch den Mond.

Obschon die weitere Fortsetzung der Studien in Padua der Rechtswissenschaft und Medizin galt, beschäftigte sich Copernicus auch dort viel mit philosophischen und naturwissenschaftlichen Fragen. Doch auch nach seiner Rückkehr nach Kraków stand die Astronomie im Leben des Copernicus zunächst noch nicht im Mittelpunkt seiner Tätigkeit.

»Kleiner Kommentar« eines großen Entwurfs

In jenen Jahren entwarf Copernicus ein Manuskript, das vom Umfang her eher bescheiden, hingegen dem Inhalt nach revolutionär zu nennen ist. Denn in diesem kurzen Entwurf, der etwa um das Jahr 1507 vollendet war und nur handschriftlich verbreitet wurde, sind bereits die wichtigsten Gedanken enthalten, die den Inhalt des späteren Hauptwerkes ausmachen. Leider wissen wir über die Vorgeschichte des »Commentariolus« – wie die Kurzform des lateinischen Titels lautet – so gut wie nichts. Man darf jedoch annehmen, daß der junge Domherr schon lange über die mit dem Weltsystem zusammenhängenden Fragen nachgedacht hatte und von verschiedenen zeitgenössischen Schriften und Äußerungen darin bestärkt wurde, seine aufkeimende und gänzlich neuartige Vorstellung vom Aufbau der Welt zielstrebig zu entwickeln und auch zu publizieren.

Der Hauptgedanke des »Commentariolus« ist bereits die Annahme einer Mittelpunktstellung der Sonne im »Weltsystem«. Copernicus begründet diesen radikalen Gesinnungswandel mit den immer klarer zutage tretenden Unzulänglichkeiten und Widersprüchen des ptolemäischen Systems, das weder »vollkommen genug, noch der Vernunft hinreichend angepaßt« sei. »Als ich dies nun erkannte«, äußert Copernicus weiter, »dachte ich oft darüber nach, ob sich vielleicht eine vernünftigere Art von Kreisen finden ließe, von denen alle sichtbare Ungleichheit abhinge, wobei sich alle von sich gleichförmig bewegen würden, wie es die vollkommene Bewegung an sich verlangt. Da ich die Aufgabe anpackte, die recht schwierig und kaum lösbar erschien, zeigte sich schließlich, wie es mit weit weniger und viel geeigneteren Mitteln möglich ist, als man vorher ahnte. Man muß nur einige Grundsätze... zugestehen.« Und dann folgen die gegenüber dem alten Weltsystem entscheidend veränderten Grundannahmen:

– Die Kreise, auf denen sich die Himmelskörper bewegen, haben nicht alle denselben Mittelpunkt.
– Der Mittelpunkt der Erde ist nicht der Mittelpunkt der Welt, sondern lediglich der Mittelpunkt der Mondbahn.
– Die Bahnen aller Himmelskörper umgeben die Sonne.
– Der Fixsternhimmel ist so weit entfernt, daß die Abmessungen des Planetensystems dagegen vernachlässigbar klein sind.
– Die Sonne bewegt sich nicht um die Erde, sondern die Erde dreht sich um ihre Achse und um die Sonne.

– Nicht der Fixsternhimmel dreht sich in 24 Stunden einmal um die Erde, sondern die Erde rotiert in dieser Zeit einmal um ihre Achse.
– Die Planeten bewegen sich nicht um die Erde, sondern um die Sonne. Die beobachteten Planetenbewegungen sind ein Resultat ihrer wirklichen Bewegung um die Sonne und der Bewegung der Erde um die Sonne.

Copernicus war sich natürlich darüber im klaren, daß dieser erste »Entwurf« nicht genügen konnte, um ein durch über 1000 Jahre vorherrschendes und von den feudalen Machthabern geheiligtes System zu Fall zu bringen. Sollte das heliozentrische System das geozentrische beweiskräftig und überzeugend überwinden, so mußte es diesem insbesondere an mathematischer Durcharbeitung überlegen sein und vor allem die Berechnung der Planetenörter gestatten.

Dreistab (Triquetrum), mit dem Nicolaus Copernicus beobachtete

Copernicus begann deshalb eine langwierige und mühevolle Arbeit. Mit selbstgefertigten Instrumenten verfolgte er den Lauf der Planeten am Himmel und versuchte so, die alten überlieferten Daten zu kontrollieren und – wo nötig – entsprechend zu korrigieren. Die Ergebnisse aller Beobachtungen sollten dann mathematisch verarbeitet und in einem Werk niedergelegt werden, das gleichsam den Grundgedanken des »Commentariolus« folgte, aber doch viel umfassender und präziser ausfallen mußte.

Die Überlastung mit den ständig zunehmenden Amtsgeschäften ließ aber zu einem großangelegten Werk nur wenig Zeit. Warmia, das Ermland, war ständig den Zugriffen des Deutschritterordens ausgesetzt, zumal diese militanten Ordensbrüder nach dem Tode Watzenrodes (1512) ein leichteres Spiel zu haben glaubten.

Raubte die Verwaltung der Güter des Domkapitels schon ohnehin viel Zeit, so galt es für Copernicus auch noch, die ständige Verschlechte-

rung der finanziellen Lage abzuwehren, die im Gefolge der politischen Ereignisse ein Herd von Sorgen für sein Land war. Der polnische Reichstag und die Könige wünschten für die Städte des polnischen Königreichs und für die Gebiete, die dem Orden noch verblieben waren, den polnischen Münzfuß als einheitliche Währung durchzusetzen. Auf dem Geldmarkt kursierten Münzen mit unterschiedlichem Edelmetallgehalt, auch das Gewicht der Münzen war unterschiedlich, so daß der Geldmarkt total zerrüttet war. Es blieb Copernicus nichts anderes übrig, als sich intensiv mit dem Problem der Geldentwertung auseinanderzusetzen. Im Jahre 1517 entwarf er sein erstes Gutachten über eine Reform des Münzwesens, 1519 wurde auf Bitten der Landesräte eine Erweiterung vorgenommen. Im Jahre 1522 nahm Copernicus als Vertreter des Bischofs von Warmia an der Ständeversammlung teil, wo er ausführlich über Probleme der Münzverhältnisse referierte. Sein Bestreben galt der Einführung einer im gesamten Königreich Polen gültigen Währung, einer wirksamen Kontrolle über das Münzrecht und die Stabilität der Währung. Er wies in diesem Zusammenhang ausdrücklich auf die Bedeutung solcher Maßnahmen für die Einigung Polens und für die Erleichterung des Handels hin.

Im Jahre 1520 finden wir Copernicus als Statthalter von Olsztyn, wo man ihm im sogenannten Reiterkrieg mit militärischen Aufgaben zur Abwehr der Angriffe des militanten Deutschritterordens betraute.

Ptolemäus im Verhör

Es ist erstaunlich, daß es Copernicus gelang, neben diesen aufreibenden Tätigkeiten im Dienste der Kirche und seiner polnischen Heimat eine tiefgründige Analyse des Weltsystems vorzunehmen, die schließlich in jenes große Werk einmündete, das zu den wenigen wahrhaft epochemachenden Büchern der Wissenschaftsgeschichte zu rechnen ist. Copernicus leistete diese große Arbeit ohne viel Aufhebens mit enormer Energie und Zielstrebigkeit.

Niemand weiß heute genau, wann und durch wen er den ersten Anstoß dazu erhielt; niemand weiß auch genau, wann das als »Neuer Almagest« betitelte große Werk in seinen Hauptzügen abgeschlossen gewesen ist. Vermutlich hat Copernicus nicht später als 1515 damit begonnen, sich diesem Werk zuzuwenden, das er aber erst etwa 1541 zum Abschluß brachte. Die Kunde davon breitete sich in Fachkreisen rasch aus, obwohl sich sein Schöpfer dafür nicht sonderlich engagierte.

Im Jahre 1533 ließ sich Papst Clemens VII. in Anwesenheit vieler kirchlicher Würdenträger durch einen Gewährsmann über die neue Lehre unterrichten. Das Werk erweckte höchstes Interesse. Das ist verständlich. Seit langem bereiteten Fragen des Kalenders der Kirche ernste Sorgen. Der alte julianische Kalender, der auf Julius Cäsar zurückgeht, basiert auf einer Länge des Sonnenjahres von 365,25 Tagen. Da die tatsächliche Länge des Sonnenjahres aber 365,2422 Tage beträgt, hatten sich die Differenzen inzwischen summiert und betrugen zu Copernicus' Zeit bereits 10 Tage, um die der Kalender hinter dem Lauf der Sonne zurückgeblieben war. An einer Reform des Kalenders war die Kirche also sehr interessiert und deshalb zwangsläufig an allen Werken der Astronomie, die eine Hilfe bei der Lösung dieser Probleme erhoffen ließen. Schon im Jahre 1513 war Copernicus aufgefordert worden, an einer Kalenderreform mitzuarbeiten. Damals hatte er der kirchlichen Prominenz entgegengehalten, daß der Lauf der Sonne noch zu ungenau bekannt sei, um das Problem dauerhaft zu lösen.

Mochte dies für die Kirche ein Grund sein, jedem neuen Versuch, die Sterne »in Ordnung« zu bringen, wohlwollend gegenüberzustehen. Für Copernicus lag die Sache anders. Ihm ging es neben einer widerspruchsfreien Erklärung aller am Himmel zu beobachtenden Erscheinungen nicht zuletzt um ein klares und einfaches Weltbild. Doch gerade davon konnte in seinem »Neuen Almagest« noch nicht die Rede sein.

Copernicus hatte sich jahrzehntelang mit den Leistungen der antiken Astronomie auseinandergesetzt. Als der griechische Text des »Almagest« von Ptolemäus im Jahre 1538 in Basel erstmals herauskam, gliederte er dieses Werk sofort in seine Bibliothek ein. Doch schon viel früher besaß er detaillierte Kenntnisse über das Werk seines großen Vorgängers. Eine 1515 von Gerhard von Cremona besorgte Ausgabe, die auf einer arabischen Übersetzung basierte, war zweifellos die Hauptquelle für Copernicus' Kenntnisse der geozentrischen Astronomie der Antike. Diese Ausgabe stellt jedoch ein typisches Beispiel für die große Zahl stark verstümmelter Ausgaben antiker Werke dar, die sich im Laufe der Zeit immer stärker vom eigentlichen Original entfernt hatten. Bezeichnend für die Ernsthaftigkeit, mit der sich Copernicus um die originalgetreue Reproduktion des Weltbildes von Ptolemäus bemühte, sind die zahlreichen Korrekturen, die er am Text dieser Ausgabe eigenhändig anbrachte, wobei er sich der 1496 erschienenen Auszüge aus dem »Almagest« bediente, die Regiomontanus und Purbach veröffentlicht hatten.

Für Copernicus war das Weltsystem des Ptolemäus bereits eine Verletzung der von der griechischen Astronomie selbst aufgestellten Forderung nach Rückführung aller Bewegungen auf gleichförmige Kreisbewegungen. Die von Ptolemäus vorgenommene Einführung des »punctum aequans« durchbrach seiner Meinung nach die Einhaltung dieses Prinzips. Doch gerade von der Unantastbarkeit dieser Forderung war auch Copernicus zutiefst überzeugt. In seinem Werk begründet er die Kreisförmigkeit der Bahnen aller Himmelskörper mit der Kugelgestalt der Himmelskörper – zweifellos ein Fortschritt gegenüber dem in der Antike verbreiteten Argument der »Göttlichkeit« der Gestirne.

Aber die Überzeugung des Copernicus, daß die Himmelskörper sich nur auf Kreisbahnen bewegen können, konnte natürlich für die detaillierte Ausarbeitung seines neuen Systems nicht ohne Folgen bleiben. Die komplizierten Bewegungen der Sonne, der Planeten und des Mondes, die schon den Griechen bekannten ungleichen Längen der Jahreszeiten, die erste Ungleichheit der Planetenbewegung, dies alles kann in einem auf Kreisbahnen verharrenden heliozentrischen System nicht ohne Schwierigkeiten dargestellt werden.

Copernicus sah sich deshalb gezwungen, in den für Mathematiker und Astronomen bestimmten Büchern 2 bis 6 seines Werkes recht verwickelte kinematische Konstruktionen zu verwenden, die im wesentlichen auf dem Rüstzeug der ptolemäischen Astronomie fußen. Insgesamt wurde die Zahl der Epizykel zwar etwas kleiner, aber ausgemerzt werden konnten sie nicht.

Ein eindrucksvolles Beispiel für die Übernahme der antiken Kinematik der Planetenbewegungen durch Copernicus ist bereits die Darstellung der Merkurbewegung im »Kleinen Kommentar«. Copernicus arbeitet hierbei mit zwei Epizykeln, wobei der Mittelpunkt des größeren Epizykels aber keineswegs einfach auf dem Bahnkreis entlangläuft, er führt vielmehr eine zusätzliche geradlinige Schwankung in Richtung des Bahnkreisradius aus, und zwar mit einer halbjährigen Periode. Auch diese Bewegung muß nun aber mit Hilfe von Kreisen bewerkstelligt werden. Copernicus benutzt dazu die »Geradführung« mit Hilfe zweier gleichgroßer Kreise: Der »innere Kleinkreis« enthält auf seiner Peripherie den Mittelpunkt des größeren Epizykels. Durch Wahl eines bestimmten Verhältnisses der Winkelgeschwindigkeit und der Umlaufrichtungen erreicht Copernicus, daß der Punkt P sich stets auf einer Geraden mit der doppelten Länge des Kreisdurchmessers hin und her bewegt.

So stellt Copernicus unter Benutzung von Elementen der antiken Planetentheorie die Bewegung des Merkurs dar: Der Planet läuft auf der Peripherie des zweiten Epizykels (1) um, dessen Mittelpunkt sich auf dem ersten Epizykel (2) bewegt. Der Mittelpunkt des ersten Epizykels läuft auf einem (inneren) Kleinkreis (3), dessen Mittelpunkt sich wiederum auf einem (äußeren) Kleinkreis (4) bewegt. Mittelpunkt des Bahnkreises (5), des Deferenten, um den der Mittelpunkt des ersten Epizykels dauernd hin und her schwankt, ist die Sonne.

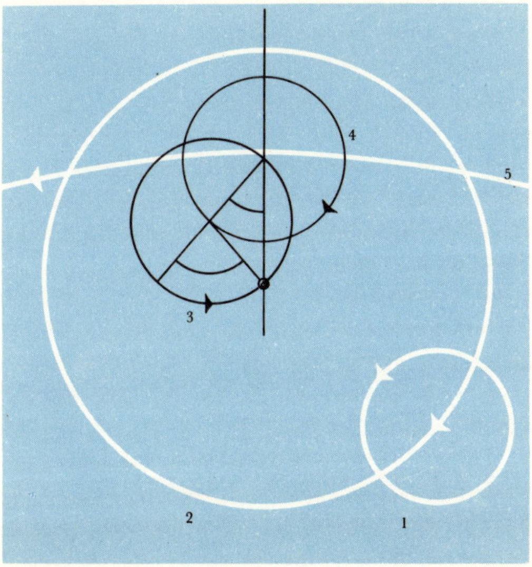

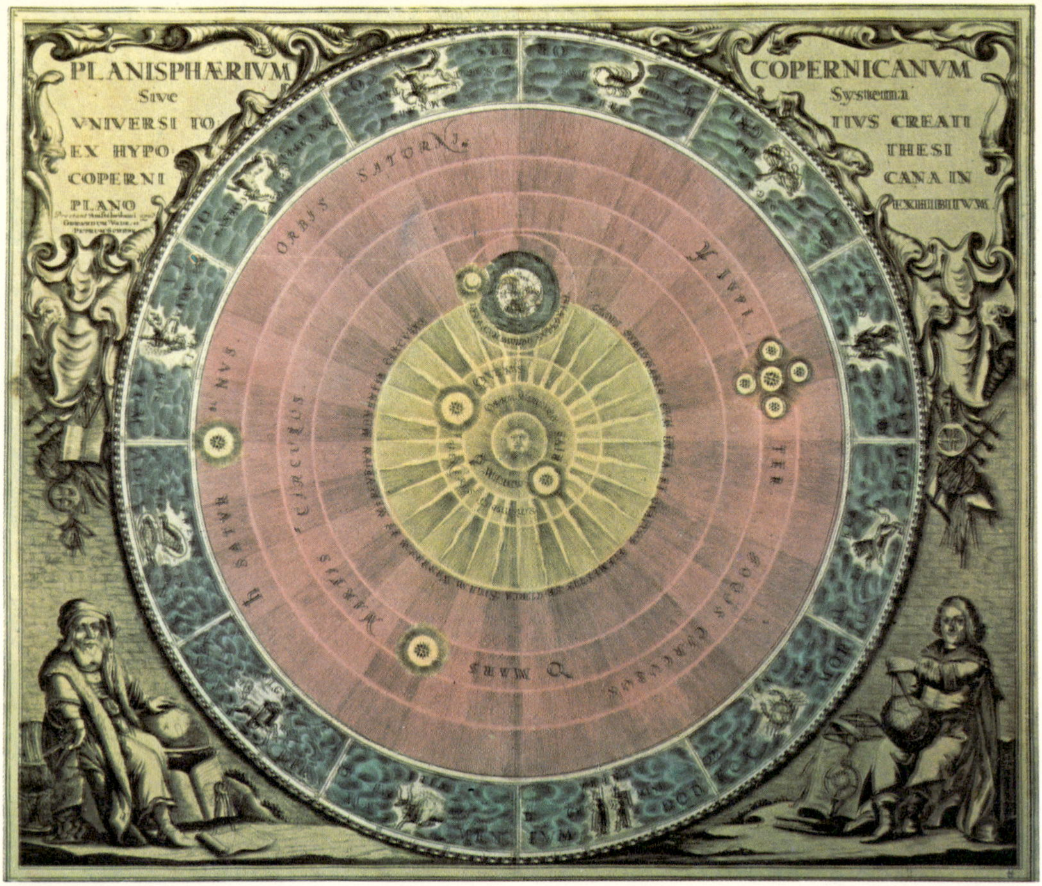

Darstellung des Weltsystems von Copernicus im Sternatlas von Cellarius

In gewisser Hinsicht mußte Copernicus also auf die antike Astronomie und deren Errungenschaften zurückgreifen. An Konsequenz übertrifft er dabei sogar Ptolemäus. Das Wesentliche am Werk des Copernicus war dies freilich nicht. Dies besteht vielmehr im Übergang zur Annahme einer sich bewegenden Erde, zur Mittelpunktstellung der Sonne und somit in der prinzipiellen Kritik am ptolemäischen System.

Besuch aus Wittenberg

Von den neuen Untersuchungen des Fromborker Domherrn hatte man allenthalben gehört, obwohl sich dieser ganz wie die Pythagoräer in der Antike verhielt und nur den Vertrautesten wenig ausführliche Mitteilungen von seinen Arbeiten gegeben hatte. Nach Rom, nach Kraków und auch nach Wittenberg war die Kunde gedrungen von den merkwürdigen Untersuchungen eines in Fachkreisen ansonsten wenig bekannten, inzwischen immerhin 66 Jahre alten Mannes aus Toruń. Auch an der Universität in Wittenberg erfuhr man von den völlig neuen Ideen des polnischen Gelehrten. Der 25jährige Mathematikprofessor Georg Joachim von Lauchen (1514– etwa 1575), der sich Rhaeticus (oder Rheticus) nannte, und sein Kollege Erasmus Reinhold hatten zwar offiziell das System des Ptolemäus zu lehren, aber sie waren begierig, die Lehre des Copernicus kennenzulernen und womöglich auch selbst zu prüfen. So begab sich Rhaeticus, ein Schüler Philipp Melanchthons, im Jahre 1539 auf eine Bildungsreise in den polnischen Norden; für kurze Zeit – so dachte er. Es wurden Jahre daraus. Für das Werk des Copernicus entscheidende Jahre!

Rhaeticus wurde ein begeisterter Anhänger und Schüler des Copernicus und vor allem ein glühender Verfechter seines Weltsystems. Schließlich erbat er die Erlaubnis, in einem ausführlichen Bericht die wesentlichen Punkte des Werkes von Copernicus bekanntzumachen.

Der anonyme Bericht erschien hintereinander in Gdańsk und Basel (1540 und 1541) und ist unter dem Kurztitel »Narratio prima« bekannt geworden, was soviel heißt wie »Erster Bericht«. Erst nach der Herausgabe dieses Buches scheint Copernicus seinen Widerstand gegen eine Veröffentlichung des gesamten Werkes endgültig aufgegeben zu haben.

Die mit der Veröffentlichung verbundenen Arbeiten und Formalitäten übernahm nun Rhaeticus, der sich auch um eine Druckerei bemühte. In der durch die Reformation den Astronomen bereits wohlbekannten und berühmten Stadt Nürnberg kannte er unter anderen den Buchdrucker Johann Petreius, der gute Erfahrungen im Druck wissenschaftlicher Schriften besaß. Rhaeticus hatte bei Petreius bereits einen Bericht über seine Reise zu Copernicus drucken lassen und auch das baldige Erscheinen des Originalwerkes angekündigt.

In Nürnberg überwachte Rhaeticus noch den Beginn der Drucklegung des Hauptwerkes von Copernicus. Die weitere Aufsicht überließ er seinem Freund, dem protestantischen Theologen Andreas Osiander (1498–1552). Dieser war mit dem Gedankengut des Werkes durchaus vertraut. Er hatte sogar mit Copernicus im Briefwechsel darüber gestanden. Osiander meinte, daß dem Werk ein vermittelndes und versöhnliches Vorwort wohl anstehen würde, denn dadurch könne man unliebsamen Einsprüchen von seiten der Kirche entgehen. Copernicus wies ein solches Ansinnen jedoch zurück. Wer konnte ahnen, daß es Osiander wagen würde, gegen den ausdrücklichen Willen und ohne Wissen von Copernicus eine Einleitung abzufassen, in der das neue Weltbild lediglich als vage Hypothese hingestellt ist, als eine für bestimmte praktische Bedürfnisse nützliche theoretische Hilfskonstruktion. Da Osiander seinen Namen nicht unter die Vorbemerkung setzte, mußte für den Leser zwangsläufig der Eindruck entstehen, als stamme sie von Copernicus selbst, zumal dessen eigenes Vorwort in der Erstausgabe fehlte. »Es ist . . . nicht erforderlich«, war dort zu lesen, »daß diese Hypothesen wahr, ja nicht einmal, daß sie wahrscheinlich sind, sondern es reicht schon allein hin, wenn sie eine mit den Beobachtungen übereinstimmende Rechnung ergeben.«

Erst über 300 Jahre später gelangte das Vorwort von Copernicus an die Öffentlichkeit. Auch die Einsprüche der Freunde des Copernicus, allen voran natürlich Rhaeticus und Tiedemann Giese, vermochten an der augenscheinlichen Fälschung Osianders nichts mehr zu ändern. Copernicus hat davon aber sehr wahrscheinlich nichts mehr erfahren; denn als das Buch im Jahre 1543 aus Nürnberg nach Frombork gelangte, lag er bereits schwerkrank darnieder; Copernicus starb am 24. Mai 1543.

Sein Buch aber, das nun den Titel trug »De revolutionibus orbium coelestium« (Über die Umläufe der himmlischen Kreise), wirkte weiter wie nur wenige in der Geschichte der Naturwissenschaften. Es enthielt das revolutionäre Programm, mit dem die Astronomie in die Neuzeit ihrer Entwicklung eintrat.

Die kopernikanische Wende

Wie Engels in seiner Einleitung zur »Dialektik der Natur« feststellte, datiert die moderne Naturforschung wie die ganze neuere Geschichte von jener Epoche an, die er als »die größte progressive Umwälzung« bezeichnete, »die die Menschheit bis dahin erlebt hatte«.

Beweis hierfür sind die unvergleichlichen Fortschritte, die nun in der Wissenschaft und überhaupt auf allen Gebieten des gesellschaftlichen Lebens gemacht wurden. Gestützt auf das städtische Bürgertum, hinter dem in Gestalt des späteren Proletariats bereits die Vorboten zukünftiger Klassenkämpfe hervortraten, entwickelten sich durch die mehr oder weniger vorangetriebene Entmachtung des alten Feudaladels die großen absoluten Monarchien, in denen die modernen europäischen Nationen und die moderne bürgerliche Gesellschaft zur Entfaltung gelangten. »Die Schranken des alten Orbis terrarum (des Erdkreises – d. Verf.)

wurden durchbrochen, die Erde wurde eigentlich jetzt erst entdeckt und der Grund gelegt zum späteren Welthandel und zum Übergang des Handwerks in die Manufaktur, die wieder den Ausgangspunkt bildete für die moderne große Industrie. Die geistige Diktatur der Kirche wurde gebrochen; die germanischen Völker warfen sie der Mehrzahl nach direkt ab und nahmen den Protestantismus an, während bei den Romanen eine von den Arabern übernommene und von der neuentdeckten griechischen Philosophie genährte heitre Freigeisterei mehr und mehr Wurzel faßte und den Materialismus des 18. Jahrhunderts vorbereitete.« So schrieb Engels in der Einleitung zur »Dialektik der Natur«.

Auch die Naturforschung, die damals noch hart um das elementare Recht ihrer von Kirche und Religion unabhängigen selbständigen Existenz kämpfen mußte, bewegte sich mitten in der allgemeinen Revolution und war selbst durch und durch revolutionär. Die Naturwissenschaften entwickelten sich mit Riesenschritten und gewannen zusehends an Kraft und Einfluß.

Unter den verschiedenen naturwissenschaftlichen Disziplinen war es vor allem die Astronomie, in der im 15. und 16. Jahrhundert, bedingt durch die praktischen Bedürfnisse der frühkapitalistischen Entwicklung, ein bedeutender Aufschwung astronomischer Forschungen einsetzte. Die Entfaltung der Produktion und des Handels, insbesondere der Übergang zur Hochseeschiffahrt, machten es im Interesse einer möglichst zuverlässigen Orientierung in Raum und Zeit erforderlich, von den Sternörtern Tabellen mit hohem Genauigkeitsgrad zu schaffen und eine das Kalenderproblem lösende Reform durchzuführen.

Die Bedeutung des von Copernicus begründeten heliozentrischen Systems reichte weit über die Astronomie hinaus und führte in der Folge zu einer Revolutionierung des ganzen naturwissenschaftlichen Denkens. Unter Bezug auf das im Jahre 1543 erschienene Hauptwerk des Copernicus stellte Engels daher mit vollem Recht fest, daß die Herausgabe dieses »unsterblichen Werkes« in der Tat »der revolutionäre Akt« war, der »die Emanzipation der Naturforschung von der Theologie einleitete«.

Die Lehre des Copernicus ließ besonders deutlich hervortreten, wie eng der Zusammenhang zwischen den grundlegenden Fragen der Astronomie und der Weltanschauung ist. Seitdem zeigt es sich, daß die Entscheidung zwischen Ptolemäus und Copernicus, zwischen Geozentrismus und Heliozentrismus, letztlich eine Entscheidung zwischen religös-idealistischem Weltbild einerseits und naturwissenschaftlich-materialistischem Weltbild andererseits bedeutet. Die kühnen Ideen des polnischen Gelehrten, die eine bis dahin nicht gekannte dramatische Zuspitzung der philosophisch-weltanschaulichen Auseinandersetzung mit sich brachten, führten zu einer derart tiefgreifenden Umwälzung in den Anschauungen von der Welt, daß völlig zu Recht von einer kopernikanischen Wende gesprochen wird.

Friedrich Engels hat in seiner Einschätzung über das Werk des Domherrn von Frombork geschrieben: »Der revolutionäre Akt, wodurch die Naturforschung ihre Unabhängigkeit erklärte, ... war die Herausgabe des unsterblichen Werks, womit Copernicus, schüchtern zwar und sozusagen erst auf dem Totenbett, der kirchlichen Autorität in natürlichen Dingen den Fehdehandschuh hinwarf.« In den Naturwissenschaften hatte es wohl nie zuvor ein Buch gegeben, das so scharf mit dem Überkommenen brach. Copernicus selbst vermochte gewiß nicht alle Folgen zu übersehen. Das konnten seine Zeitgenossen auch nicht, und selbst die Gelehrten am päpstlichen Stuhl hatten einstweilen nichts gegen den »Versuch« des polnischen Gelehrten einzuwenden. Das heißt aber keineswegs, daß Copernicus etwa kaum gewußt hätte, welchen Schritt er ging. Gerade die von seiner Hand stammende Widmungsadresse an den Papst ist ein beredtes Zeugnis für seine tiefe Überzeugung von der Wahrheit des neuen Systems. Daß dies ein »mißtönender Ohrenschmaus« für die vielen sein mußte, »die die Meinung von der Unbeweglichkeit der Erde auf Grund des Urteils vieler Jahrhunderte für bestätigt« annehmen, war Copernicus durchaus klar. Auch Einsprüche kirchlicher Kreise sah Copernicus voraus. Schließlich hatten maßgebliche Vertreter der christlichen Lehre schon vor der Veröffentlichung des Buches, allein aufgrund der Informationen durch den »Commentariolus«, scharfe Ablehnung geäußert. Martin Luther bezog sich dabei auf die Bibelstelle des Alten Testaments, wo im 10. Kapitel des Buches Josua zu lesen steht:

»Damals, an dem Tage, als der Herr die Amoriter den Israeliten preisgab, redete Josua mit dem Herrn und sprach in Gegenwart Israels: Sonne, stehe still zu Gibeon und Mond im Tal Ajalon!... So stand die Sonne still mitten am Himmel und eilte nicht, unterzugehen, beinahe einen ganzen Tag.« Also, mußte sich die Sonne vorher bewegt haben, schlossen die Bibel-Ausleger. Luther äußerte mit dem Blick auf Copernicus: »Der Narr will die ganze Kunst Astronomia umkehren; aber die Heilige Schrift sagt aus, daß Josua die Sonne still stehen hieß und nicht die Erde.« Und Philipp Melanchthon sprach von »verrückten Sachen« des »sarmatischen Sternforschers«. »Wahrlich, weise Herrscher sollten die Zügellosigkeit der Geister zähmen.« Auch diese Äußerung datiert aus der Zeit vor dem Erscheinen des Buches »de revolutionibus«. Die Antwort des Copernicus in der Widmung an den Pontifex Maximus ist deutlich genug: »Wenn aber vielleicht Schwätzer kommen, die, obgleich in allen mathematischen Wissenschaften unwissend, sich dennoch ein Urteil darüber anmaßen und es wagen sollten, wegen einer Stelle der Schrift, die sie zugunsten ihrer These übel verdreht haben, dieses mein Werk anzugreifen, so mache ich mir nichts aus ihnen, und zwar in solchem Maße nicht, daß ich sogar ihr Urteil als ein dummdreistes verachte.«

Sehr geschickt verweist Copernicus dann gegenüber dem Papst auf den Nutzen seines Werkes für die Kirche. Mathematiker müßten einsehen, daß »diese unsere Arbeiten auch an dem kirchlichen Staate mitbauen, dessen höchste Stelle Deine Heiligkeit jetzt einnimmt«. Und dann spielt Copernicus auf die für die Kirche so wichtige Kalenderproblematik an, die nur deshalb unerledigt geblieben sei, »weil die Länge des Jahres und des Monats und die Bewegungen der Sonne und des Mondes für noch nicht hinreichend genau bestimmt erachtet wurden«. Mit der radikalen Umstellung auf die Sonne als Zentrum der Welt waren aber noch keineswegs alle Widersprüche ausgeräumt. Die von Erasmus Reinhold aufgrund des kopernikanischen Weltsystems berechneten »Prutenischen Tafeln« brachten gegenüber den »Alfonsinischen« keinen durchgreifenden Gewinn. Die Kompliziertheit des Systems war zwar geringer als die des ptolemäischen, aber keineswegs hatte sich jene Einfachheit herstellen lassen, die Copernicus ursprünglich vorgeschwebt hatte. Und schließlich – gegenüber den wissenschaftlichen Widersachern des Systems fehlte der entscheidende Beweis für die Umlaufbewegung der Erde – die periodische Verschiebung der Fixsterne im Laufe eines Jahres als Spiegelung der Erdbewegung, die Fixsternparallaxe. Anhänger des Systems sahen darin eine Aufforderung! Überzeugt von der Richtigkeit der Lehre des Copernicus setzten sie alles daran, immer präzisere Meßinstrumente und raffiniertere Verfahren zu ersinnen, um die nach ihrer Ansicht vorhandenen, aber äußerst winzigen Verschiebungen der Fixsternörter nachzuweisen. Doch schon bald sollte es sich erweisen, daß die Entscheidung für oder gegen Copernicus keineswegs nur eine wissenschaftliche Frage war.

Das große Buch des stillen Revolutionärs von Frombork begann seinen langen Weg durch Länder und Zeiten.

ARMILLÆ ÆQVATORIÆ MAXIMÆ, SESQVIALTERO CONSTANTES circulo.

EXPLI-

VON DER WELTHARMONIE ZUM WELTGESETZ

Das Alte sagt: So wie ich bin, bin ich seit je.
Das Neue sagt: Bist du nicht gut, dann geh.

Bertolt Brecht

Der Forscher von Uranienburg

Am Abend des 11. November 1572 blickte der 25jährige dänische Sternliebhaber Tycho Brahe – anders kann man ihn bis dahin noch nicht nennen – mit gewohnter Aufmerksamkeit zum Himmel. Wie erstaunt war er, als er dort im Sternbild Kassiopeia einen hellen Stern sah, der keineswegs dorthin »gehörte«. Einer der hellen Planeten konnte es nicht sein, und ein Fixstern – so hell wie die Venus – hatte nie zuvor dort gestanden. Das Ereignis erregte größtes Aufsehen in breiten Kreisen. Der »Neue Stern« (Nova), zu dessen aufmerksamsten Beobachtern Tycho zählte, verlor mit der Zeit an Helligkeit und verblaßte schließlich, etwa ein Jahr, nachdem er erschienen war. In der Schrift »De nova Stella« (Über den neuen Stern) beschrieb Tycho seine Wahrnehmungen. Besonderes Augenmerk hatte er auf die Vermessung der Sternposition verwendet. Er hatte keinerlei Ortsveränderung feststellen können. Daraus schloß er, daß der neue Stern der Fixsternsphäre angehören mußte. Aber war das nicht jene Sphäre, in der es nach Aristoteles keinerlei Veränderungen gab? Wie konnte dort ein Stern aufleuchten und wieder verschwinden? – Tycho hatte den ersten unabweisbaren empirischen Widerspruch zwischen Aristotelischer Theorie und Wirklichkeit aufgedeckt.

Um die von seinen Verwandten gewünschte Ausbildung in der Jurisprudenz zu erlangen, unternahm Tycho weite Reisen durch ganz Europa. Dabei verbrachte er auch einige Tage in Kassel bei dem für die Sternkunde begeisterten Landgrafen Wilhelm IV. von Hessen. Noch ehe Tycho in seiner Heimat wieder eintraf, war Friedrich II. von Däne-

Große Armillarsphäre von Tycho Brahe zur Messung von Winkelabständen der Gestirne (aus Brahes »Astronomiae instauratae mechanica«, Wandsbek 1598)

Modell von Uranienburg, der Sternwarte Tycho Brahes auf der Insel Hven

mark durch den Landgrafen nachdrücklich auf Tycho aufmerksam gemacht worden. Friedrich könnte sich – so hatte Wilhelm geschrieben – »einen unsterblichen Namen« erwerben, wenn er Tychos wissenschaftliche Vorhaben unterstützte. Zu Tychos Überraschung stellte ihm Friedrich daraufhin die Sundinsel Hven auf Lebenszeit zur Verfügung. Außerdem übernahm er alle Kosten für erforderliche Instrumente, Gebäude und Mitarbeiter. Im Jahre 1576 wurde der Grundstein zu einer der berühmtesten Sternwarten aller Zeiten, einer wahren Hochburg der beobachtenden Astronomie, gelegt. Die »Uranienburg«, so nannte Tycho Brahe die bald fertiggestellte Forschungsstätte, ist das erste Beispiel eines eigens für astronomische Beobachtungen errichteten Bauwerks der neueren Zeit. Neben den unmittelbar für die Beobachtungsinstrumente vorgesehenen Baulichkeiten und den Wohn- und Bibliotheksräumen sowie dem Wirtschaftsgebäude wurden auch eine mechanische Werkstatt, eine Buchdruckerei und eine Papiermühle angelegt. Angefangen von der nächtlichen Sternbeobachtung bis zum Druck der Forschungsergebnisse war alles in dieser einzigartigen »Wissensfabrik« möglich.

Zu jener Zeit beschäftigte ein neues Ereignis am Himmel Sternforscher, Sterndeuter, Philosophen, Poeten und auch Scharlatane: der Komet von 1577, eine auffallende Erscheinung mit prachtvollem Schweif.

Die »Uranienburg« war schon teilweise einsatzbereit, und neben anderen Zeitgenossen wendete sich auch Tycho dem neuen Objekt zu. Obwohl es noch keine Akademien und gelehrte Gesellschaften gab, entwickelte sich – begünstigt durch die lange Sichtbarkeitsdauer des Schweifsterns – eine briefliche Diskussion unter den Gelehrten, ein schriftlicher Austausch von Beobachtungsergebnissen. Tycho hatte es mit der Publikation seiner Beobachtungsergebnisse nicht eilig. Er verglich in Ruhe die seinigen mit denen anderer Gelehrter. Besonders interessierte ihn auch hier – wie schon bei der Nova – die Frage nach der Parallaxe des Kometen. Dies war verständlich: Seit alters galt die Auffassung, Kometen seien gar keine Himmelskörper. Ptolemäus z. B. erwähnt sie im »Almagest« überhaupt nicht. Unter den Gelehrten war allgemein die Ansicht vorherrschend, daß die »Haarsterne« eine Art Ausdünstung der Atmosphäre darstellten und somit der sublunaren Weltgegend zugerechnet werden müßten, wo sich nach überlieferter und geheiligter Auffassung einzig und allein Veränderungen abspielen konnten.

Doch Tycho folgte nicht den verbreiteten Vorurteilen. Er prüfte alle Messungen sorgfältig, seine eigenen und die der anderen. Das Ergebnis ließ nur einen Schluß zu: Der Komet konnte sich nicht in der sublunaren Region befinden, denn in diesem Falle hätte er eine erhebliche Parallaxe besitzen müssen. Auch dieser Komet mußte jener Weltgegend angehören, in der sich nach Aristoteles keinerlei Veränderungen abspielen. Doch das war noch nicht alles: Der Schweifstern bewegte sich zudem so durch die Sphären, daß er die planetentragenden Schalen zwangsläufig durchstoßen mußte. Von einer Hemmung seiner Bewegung war aber nicht das geringste zu bemerken.

Von nun an konnten die geheimnisvollen Schweifsterne als außeratmosphärische Körper des Planetensystems, als Mitglieder des Sonnensystems betrachtet werden. Diese Auffassung setzte sich jedoch keineswegs unmittelbar durch – Galilei z. B. sprach stets ironisch von den Tychonischen »Affenplaneten«, wenn er die Kometen meinte.

Aber noch eine weitere Konsequenz von nicht geringerer Bedeutung hatte die Analyse der Kometenbewegung durch Tycho Brahe: Sie bahnte den Weg für die Vorstellung von den Planeten als frei schwebenden Körpern, wie wir sie erstmals bei Johannes Kepler finden.

Brahes Kompromiß

Die Jahre unbeschwerter Beobachtungen in der Uranienburg auf der Insel Hven gingen zu Ende, als nach dem Tode Friedrichs II. von Dänemark

Azimutalquadrant von Tycho Brahe

Großer Halbkreis Tycho Brahes

Christian die Königsnachfolge antrat. Der neue Herrscher hatte keinerlei Interesse an der Erforschung des Himmels, was für Tycho bald unangenehme Folgen zeitigte: Seine Einkünfte wurden geringer, sein Einfluß schwand, so daß er sich 1597 entschloß, Dänemark zu verlassen.

Tycho Brahe ging für zwei Jahre nach Hamburg; dann folgte er einem Ruf an den Hof Rudolphs II. nach Prag, wo er eine neue Sternwarte aufzubauen begann.

Wie stellte sich Brahe zum heliozentrischen Weltsystem des Copernicus?

Brahe war vor allem Beobachter. Die für die damaligen Verhältnisse vorzügliche instrumentelle Ausstattung der ihm zur Verfügung stehenden Sternwarten sowie sein außerordentliches Geschick ließen den dänischen Astronomen zum führenden Beobachter seiner Zeit werden. Die Genauigkeit seiner Beobachtungen war verblüffend. Spätere Nachprüfungen ergaben Abweichungen in Deklination und Rektaszension um nur höchstens 2 Bogenminuten. Man muß sich einmal vorstellen, wie winzig dieser Bruchteil eines Grades am Himmel ist! Eine Bogenminute macht nur den 30. Teil des Vollmonddurchmessers aus. Und diese Genauigkeit erreichte Tycho durch einfache Peilung nach dem Visierprinzip über Kimme und Korn! Die Beobachtung der Sonne gestattete Brahe eine verbesserte Bestimmung der Länge des Jahres, die er zu 365 Tagen 5 Stunden 48 Minuten 45 Sekunden ermittelte. Die Differenz zum modernen Wert der Länge des tropischen Jahres beträgt nur eine Sekunde!

Bei der Bestimmung der geographischen Breite seines Beobachtungsortes aus der Messung von Sonnenhöhen fand Brahe einen systematischen Unterschied zu den Ergebnissen nach der sogenannten Polhöhenmethode, bei der die Messung der Stellung des Polarsterns zugrunde gelegt wird. Aus der nur 4 Bogenminuten großen Abweichung zog er den Schluß, daß dies durch die Strahlenbrechung verursacht werde. Zum Unterschied von anderen, die ähnliche Wirkungen festgestellt hatten, versuchte Brahe, den Einfluß der Strahlenbrechung zu erfassen und in Tabellen darzustellen, um ihn bei den Beobachtungen in Rechnung stellen zu können.

Die sorgfältige Beobachtung der Mondbewegung führte Brahe zur Entdeckung von neuen Eigenheiten der Mondbahn, die als Ungleichheiten bezeichnet werden.

Große Bedeutung hatten auch die Braheschen Positionsbeobachtungen der Fixsterne. Noch bedeutsamer aber als seine sonstigen Beobachtungen, vor allem für die weitere Entwicklung folgenschwerer waren die Planetenforschungen, die Brahe betrieb. Ihnen widmete er größte Aufmerksamkeit.

Brahe war keineswegs ein »Sterngucker«, der nur Zahlen auf Zahlen häufte. Er trachtete auch danach, aus seinen Beobachtungen allgemeine Vorstellungen über den Weltenbau abzuleiten. Zweifellos war dieses Bestreben ebenso wie die ausgedehnte Beobachtungstätigkeit Brahes letztlich ein Resultat des neuen Schwungs, der durch Copernicus in die Astronomie gekommen war; aber Brahe war deshalb keineswegs ein Anhänger des kopernikanischen Weltbildes. Schon von seinen Lehrern Hommel in Leipzig und Peucer in Wittenberg hatte er nichts Positives über das heliozentrische Weltsystem gehört. Die wenigen, aber von der Kirche eifrig zitierten Stellen, in denen ein offenkundiger Widerspruch mit der Bibel vorlag, beeindruckten den konservativen Denker und Christen Tycho Brahe. In einem Brief an den Mathematiker Rothmann, der bei Wilhelm von Hessen im Dienst stand und ein Anhänger des Weltsystems von Copernicus war, hob Tycho folgendes Argument gegen die Erdbewegung hervor: Wenn sich die Erde tatsächlich von West nach Ost dreht, dann muß eine Kanonenkugel, die in Richtung der Erddrehung geschossen wird, viel weiter fliegen als ein in entgegengesetzter Richtung abgefeuertes Geschoß. Rothmann antwortete darauf, daß sowohl die Kanone als auch das Geschoß an der Erdbewegung teilnehmen und somit das Argument hinfällig sei. Doch das war nach der von Aristoteles stammenden Bewegungsauffassung undenkbar.

Diese gegen Copernicus gerichteten Überlegungen führten Tycho jedoch nicht zur Anerkennung des ptolemäischen Weltsystems. Als Präzisionsbeobachter standen ihm die Mängel der alten

Tycho Brahe mit seinem großen Mauerquadranten bei einer Beobachtung mit drei Gehilfen. Im Hintergrund sind verschiedene Szenen aus seiner Sternwarte Uranienburg zu erkennen.

EFFIGIES TYCHONIS BRAHE O.F.
ÆDIFICII ET INSTRUMENTORUM
ASTRONOMICORUM STRUCTORIS.
A°. DOMINI 1587, ÆTATIS SUÆ 40.

Lehre deutlich vor Augen. Als Ausweg aus diesem Dilemma konstruierte Brahe ein Kompromißsystem, das weder durchweg kopernikanisch noch konsequent ptolemäisch war, sondern Elemente beider Systeme enthielt und nach seiner Meinung die Tatsachen besser darstellte.

Wie sah dieses Weltsystem aus? Im Zentrum von allem ruht die Erde – wie bei Ptolemäus auch. Die Erde ist gleichzeitig der Mittelpunkt der Bewegung von Sonne und Mond. Alle anderen Planeten hingegen bewegen sich um die Sonne, wie bei Copernicus. Die Mitte der begrenzenden Fixsternsphäre allerdings sollte wiederum die Erde sein, um die sich die Fixsternsphäre in 24 Stunden bewegt.

Tycho Brahe legte größten Wert darauf und betrachtete es sogar als das Ziel seines Lebens, sein Weltsystem durch exakte Beobachtungen zu begründen. Doch dazu ist es nie gekommen. Brahe selbst arbeitete keine Theorie der Bewegung von Himmelskörpern aus. Insofern ist sein Kompromißsystem viel eher mit den als Denkmöglichkeiten skizzierten Auffassungen von Eudoxos oder Aristarch als mit den durchgearbeiteten Hypothesen von Ptolemäus oder Copernicus zu vergleichen. Zum Teil mag die fehlende theoretische Ausarbeitung in der dafür nicht ausreichenden Begabung

Weltsystem nach Tycho Brahe. Die Erde steht zwar im Mittelpunkt der Welt wie bei Ptolemäus, jedoch bewegen sich die anderen Planeten um die Sonne.

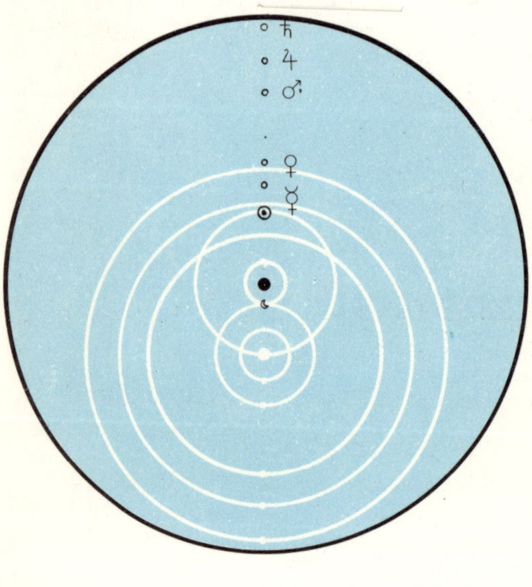

Brahes zu suchen sein; zum anderen – und dies ist ein objektiver Grund – waren die Beobachtungsgenauigkeiten gegenüber den von Copernicus angenommenen Werten gerade durch Tychos Wirken um fast eine Größenordnung gestiegen. Deshalb war auch nicht mehr daran zu denken, die Abweichungen von der kopernikanischen Theorie einfach zu übergehen oder auf mangelnde Beobachtungsgenauigkeiten zurückzuführen. Die theoretische Abbildung mußte den gestiegenen Beobachtungsgenauigkeiten entsprechen. Tycho sah sich außerstande, diese schwierige Aufgabe zu meistern.

Eine »geometrische« Welt

Der Mann, von dem nun die Rede sein soll, war einer der bedeutendsten Himmelsforscher aller Zeiten. Seine Forschungen brachten der Astronomie den größten Fortschritt nach dem Erscheinen von »De revolutionibus« (1543) von Copernicus und vor dem Erscheinen der »Philosophiae Naturalis Principia Mathematica« (1687) von Isaac Newton. Die Naturforschung verdankt ihm den entscheidenden Durchbruch zu Forschungsprinzipien und -methoden, die den Trennstrich zwischen mittelalterlicher und neuzeitlicher Naturwissenschaft bedeuten.

Johannes Kepler, geboren am 27. Dezember 1571 in Weil, einer kleinen Stadt am Rande des Schwarzwaldes, soll schon während der Vorbereitungszeit auf das Studium der protestantischen Theologie, das er ja dann auch mit der Promotion zum »Magister der Sieben freien Künste« (wozu auch die Astronomie gehörte) beendete, durch kritische und vorurteilslose Stellungnahmen zu den Streitfragen der zeitgenössischen Theologie »unangenehm« aufgefallen sein. Als man in Graz an der Protestantischen Stiftsschule einen Mathematiklehrer benötigte, delegierten ihn seine Tübinger Lehrer wahrscheinlich nicht ungern dorthin.

Das Weltsystem des Copernicus war Kepler zu dieser Zeit schon nicht mehr unbekannt. Mit der gebotenen Vorsicht hatte er aus dem Mund seines Tübinger Mathematiklehrers Michael Mästlin von der neuen Weltvorstellung gehört, die ihn von An-

Sextant von Tycho Brahe

SEXTANS ASTRONOMICVS
TRIGONICVS PRO DISTANTIIS rimandis.

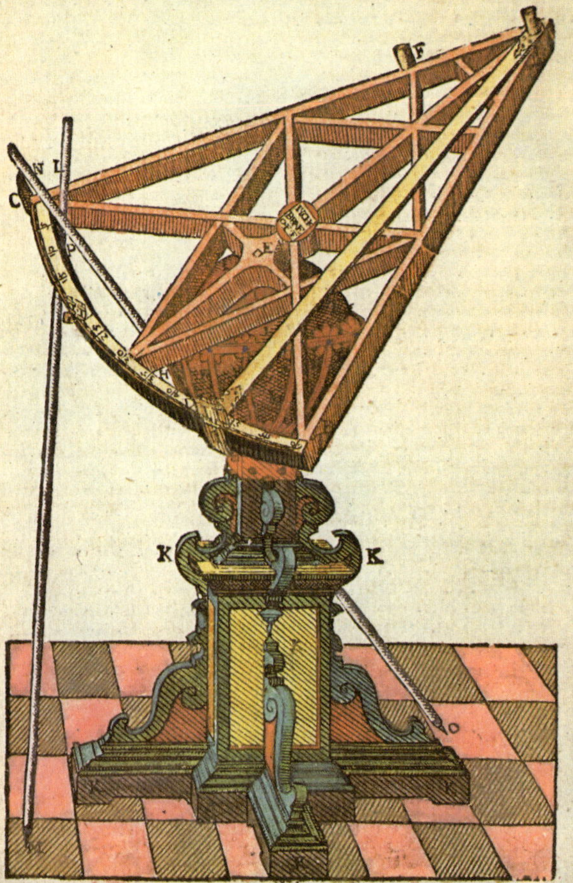

EXPLI-

Johannes Kepler

beginn faszinierte. Der Grund der Begeisterung war zunächst rein theologisch: In der Sonne, dem Weltraum mit der Erde und dem Menschen und den übrigen Planeten sowie der Fixsternsphäre sah Kepler eine Art Abbild der Heiligen Dreieinigkeit. Doch bald sollten die Gründe seiner Faszination wechseln.

Aus der ursprünglich metaphysischen Idee wurde eine geometrische – und damit war die Laufbahn des Theologen Kepler beendet, noch ehe sie begonnen hatte. Zu diesem Umschwung hatte nicht wenig die mit seiner Grazer Stellung verbundene Aufgabe beigetragen, Kalender und Prognostika anfertigen zu müssen, was eine eingehende Beschäftigung mit der Astronomie voraussetzte.

Kepler verfiel bei seinem Grübeln über die kosmische Welt auf eine ziemlich merkwürdig anmutende Idee: Er fragte sich, ob die Anzahl der damals bekannten sechs Planeten mit der Anzahl der fünf regulären euklidischen Körper irgendwie im Zusammenhang steht. Praktisch war dies die Frage nach dem Bestehen von geometrischen Konstruktionsprinzipien des Planetensystems. Als Kepler diesem Gedanken nachging, fand er binnen kurzem, daß es solche Zusammenhänge tatsächlich zu geben scheint.

Kepler setzte den Vierflächner (Tetraeder), den Sechsflächner (Würfel), den Achtflächner (Oktaeder), den Zwölfflächner (Dodekaeder) und den Zwanzigflächner (Ikosaeder) ineinander und stellte nun fest, daß man Kugelflächen in und um diese regelmäßigen Körper legen kann, deren Durchmesser den Abmessungen der Planetenbahnen im System des Copernicus entsprechen: Schreibt man der Saturnsphäre einen Sechsflächner ein, so ist dessen eingeschriebene Kugel gerade die Jupitersphäre. Wird der Kugel um die Sonne, deren Radius der Jupiterbahn entspricht (Jupitersphäre), ein Tetraeder eingeschrieben, so besitzt dessen eingeschriebene Kugel gerade den Durchmesser der Marsbahn. Man erhält in derselben Weise die Bahnradien der Planeten Erde, Venus und Merkur, wenn man die regulären Körper in der Reihenfolge Dodekaeder, Ikosaeder und Oktaeder einbaut. Kepler war fest davon überzeugt, daß er hier hinter ein verborgenes »Weltgeheimnis«, ein Stück des »Schöpfungsplans«, gekommen war. Die Anzahl der Planeten folgt zwangsläufig aus der Tatsache, daß es gerade fünf reguläre Körper gibt, die in die sechs Zwischenräume der Planetensphären gelegt werden können.

Seine Idee, daß das Planetensystem nach geometrischen Prinzipien angeordnet ist, verfolgte Kepler mit großem Ernst und bemerkenswerter Beharrlichkeit. Bereits hier wird ein Wesenszug seines Denkens und Arbeitens sichtbar: Phantasie und harte, geduldige Rechenarbeit gehören bei ihm zusammen. Die Phantasie gibt die Richtung des Nachsuchens an, aber kühler Verstand ist der strenge Begleiter auf dem Weg zum Ziel. Kepler legte seine Erkenntnisse als 25jähriger in dem Erstling »Vorläufer kosmographischer Abhandlungen, enthaltend das Weltgeheimnis der wunderbaren Proportionen zwischen den Himmelsbahnen« (Prodromus Dissertationum Cosmographicarum continens Mysterium Cosmographicum), kurz auch »Mysterium Cosmographicum« (Weltgeheimnis) genannt, der Öffentlichkeit vor.

Wir wissen heute, daß der von Kepler dargestellte Zusammenhang zwischen den Radien der Planetenbahnen und den fünf regulären Vielflächnern keinen realen Hintergrund besitzt. Kepler jedoch war durch seinen ersten Forschungserfolg ermutigt worden, diese Arbeiten fortzusetzen. Sein Briefwechsel mit Gelehrten bestätigt, daß er daraus ein Lebensprogramm von enormer Kühnheit ableitete, das er fortan mit beispielloser Strenge verfolgte. Er selbst hat dieses große Ziel mit den Worten umrissen, ihm ginge es darum, »vom Sein der Dinge, die wir mit den Augen betrachten, zu den Ursachen ihres Seins und Werdens vorzudringen«. Man könnte diesen Satz des jugendlichen Kepler als das Programm der gesamten neueren Naturwissenschaft bezeichnen.

Der Gedankenreichtum des originellen Erstlingswerkes machte auch Tycho Brahe auf Kepler aufmerksam. Er lud den um 25 Jahre jüngeren Kollegen zu sich nach Prag ein, obwohl er die Astronomie des Copernicus und somit auch die Resultate Keplers ablehnte; er hatte aber aus dem »Mysterium Cosmographicum« die Hoffnung geschöpft, daß es Keplers Genie gelingen könnte, eine scharfsinnige Analyse jener Fakten vorzunehmen, die Brahe selbst durch seine jahrzehntelangen Präzisionsbeobachtungen der Gestirne gewonnen hatte. Natürlich sollte das Tychonische System damit bewiesen werden.

So stellte Kepler in seinem Jugendwerk »Mysterium cosmographicum« die Abstände der Planeten dar.

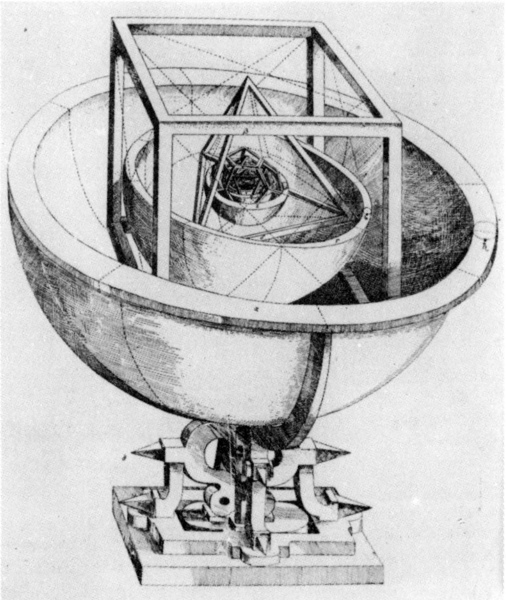

Begegnung in Prag

Am 4. Februar des Jahres 1600 begegneten sich Kepler und Brahe in Prag zum ersten Male. Für die Astronomiegeschichte war dies ein bedeutsames Zusammentreffen, wie sich dann noch zeigen sollte.

Eine angenehme Zusammenarbeit allerdings kam zwischen den beiden Männern unterschiedlichen Alters, Temperaments und sehr verschiedener Ansichten nicht zustande. Brahe, der »Phönix der Astronomie«, war herrschsüchtig und konnte rasch jähzornig werden, so daß dem empfindsamen Kepler das Leben und die Arbeit oft genug sauer gemacht wurden. Keplers Interesse galt dem umfassenden Beobachtungsschatz Brahes, in dem er Antwort auf manche ihn bewegende Frage vermutete. Er gewann rasch den Eindruck, daß Brahe von den Schätzen, über die er verfügte, keinen rechten Gebrauch zu machen wußte, »wie die meisten Reichen«. Doch Brahe stellte seine Daten nicht freimütig zur Verfügung, sondern hielt sie verborgen, rückte nur eben so viel heraus, wie zur Bearbeitung der von ihm gestellten Aufgaben unbedingt erforderlich war. Diese »Zusammenarbeit« zwischen den beiden Forschern währte noch keine vollen zwei Jahre, als Brahe am 24. Oktober 1601 starb.

Kepler wurde umgehend zum Nachfolger Brahes am Hofe Rudolphs II. ernannt. Damit ging zugleich ein gewichtiges Werk, mit dem der Kaiser Brahe beauftragt hatte, ebenfalls an Kepler über: Die Alfonsinischen Tafeln und die – wenn auch neueren, so doch nicht recht brauchbaren – Prutenischen Tafeln sollten durch »Rudolphinische« ersetzt werden.

Zu den ohnehin beträchtlichen Anstrengungen und Schwierigkeiten, vor denen Kepler stand, gesellten sich nun noch ärgerliche Streitigkeiten mit den Erben Tychos, die den für Keplers Arbeit unverzichtbaren Beobachtungsschatz Tychos mit beinahe noch mehr Geiz zurückhielten als Tycho selbst zuvor. Als er endlich im Besitz der Meßresultate war, türmten sich neue Probleme auf: Die Positionsmessungen des Planeten Mars, den Brahe besonders intensiv und über lange Zeit beobachtet hatte, waren nicht mit der Hypothese einer kreisförmigen Bahn des Planeten in Einklang zu bringen. Es blieb eine mittlere Abweichung von 8 Bogenminuten. Dieser Fehler lag zwar noch innerhalb der Fehlergrenze der Ortsangaben von Copernicus, aber es ist für Kepler bezeichnend, daß er sich mit dieser Abweichung nicht zufriedengab. Auf diese Weise wiesen die unscheinbaren 8 Bogenminuten den »Weg zur Erneuerung der Astronomie«, wie Kepler später schrieb. Entweder war die Bahn des Mars kein vollkommener Kreis, oder der Umlauf erfolgte nicht mit konstanter Winkelgeschwindigkeit. Vielleicht – so räumte Kepler ein – lag es auch an beidem. Doch konnte man eine durch nahezu zwei Jahrtausende als gültig betrachtete Annahme, an der auch Copernicus nicht gezweifelt hatte, einfach fallenlassen?

Kepler fragte sich, ob die Beobachtungen mit einer anderen Annahme genauer dargestellt werden konnten. Als höchste Autorität ließ er hierbei nur die Natur selbst gelten. Die »Wahrheit der Natur« – das waren für ihn die Tychonischen Beobachtungen. Kepler forderte – in unserer Sprache – die Überprüfung der Theorie an der Praxis, ein für die moderne Naturforschung grundlegendes, zu Keplers Zeit neuartiges, revolutionäres Prinzip. Davon geleitet, fand er nach langwierigen und schwierigen Rechnungen und nach sorgfältigster Prüfung aller anderen Möglichkeiten zwei Gesetze der Bewegung der Planeten, die der Astronomie des Copernicus widersprachen, während sie gleichzeitig das System des Copernicus ausbauten und weiterführten. Ungeachtet aller »Schlingen, die der Teufel dem Forscher« gelegt hatte, konnte endlich das Ergebnis festgehalten werden: Der Planet Mars (und später bewies es Kepler für alle Planeten) bewegt sich auf einer elliptischen Bahn, in deren einem Brennpunkt die Sonne steht. Und auch die Geschwindigkeit des Planeten vermochte er genau anzugeben: Der Planet bewegt sich stets so, daß die Verbindungslinie zwischen Sonne und Planet, der Radiusvektor (Leitstrahl), in gleichen Zeiten gleiche Flächen überstreicht (Flächensatz).

Einstein hat darauf hingewiesen, daß man zu Keplers Zeit das Bestehen von Naturgesetzen keineswegs als selbstverständlich annehmen konnte. Historisch gesehen war die Ableitung von zwei mathematisch formulierbaren Gesetzen, denen die Bewegung der Planeten folgt, demnach ein immenser Fortschritt auf dem Wege der Erkenntnis des Wesens kosmischer Vorgänge.

Gleichzeitig waren die beiden ersten Keplerschen Gesetze von größter Bedeutung für die Überzeugungskraft des kopernikanischen Systems; denn nun verschwand mit einem Schlage alles antike »Räderwerk«, das dem System des Copernicus noch anhaftete. Zwei alte Dogmen fielen: das Kreisbahndogma und die Lehre von der Gleichförmigkeit der Planetenbewegung.

Die beiden Gesetze sind in einem umfangreichen Werk, der »Astronomia Nova« (Neue Astronomie) dargelegt, das – als Auftragswerk des Kaisers – nicht für die Veröffentlichung bestimmt war. Nur der Tatsache, daß der Kaiser den Vorschuß nicht zahlte, den Kepler dem Drucker ausgehändigt hatte, verdanken wir es, daß Kepler das Werk schließlich dem Drucker verkaufte; dadurch ist das bahnbrechende Werk in einer kleinen Auflage und ohne Nennung von Verlag und Drucker anno 1609 herausgekommen. Die wenigen Exemplare jener ersten Auflage werden heute von Museen und Forschungsbibliotheken in aller Welt als Kostbarkeiten ersten Ranges gehütet.

Kepler selbst freute sich wie ein Kind über den nach langen Mühen errungenen Erfolg. In seiner von bildhaften Gleichnissen gespickten Widmung an den Kaiser bezeichnet er den Planeten Mars als den »hochedlen Gefangenen«, den er »zur öffentlichen Schaustellung vorführe. Dabei würdigt er auch die große Arbeit Tycho Brahes als Beobachter.

An der Schwelle zur Himmelsmechanik

Die Summe der weitreichenden Erkenntnisse Keplers beruht keineswegs allein auf seinen genialen Intuitionen, seinem immensen Fleiß und seinem jahrzehntelangen hartnäckigen Ringen. Ebenso bedeutsam ist, daß er von mehreren Grundüberzeugungen ausgeht, die – rückwirkend betrachtet – entscheidende Voraussetzungen für seine Erfolge gewesen sind:

Kepler ist von Anbeginn unerschütterlicher Kopernikaner. Für ihn gibt es an der Richtigkeit der Lehre des Copernicus nicht den geringsten Zweifel.

Die »Astronomia Copernicana« nennt er den »weisesten und sanftmütigsten aller Geister, der sich mit 21 Buchstaben schreibt«.

Eine weitere wesentliche Überzeugung Keplers bestand darin, daß er – entgegen der herrschenden Lehrmeinung – die Erfahrung, d. h. in der Astronomie die Beobachtung, als den obersten Richter, Ausgangs- und Endpunkt der Forschung betrachtet. Daraus folgt für ihn zwangsläufig die strikte Ablehnung des noch weitverbreiteten Autoritätenglaubens. Kepler hält die Naturwissenschaft in so starkem Maße für autonom, daß er es wagt, sogar ihre Unabhängigkeit von den Lehren der Kirche zu postulieren: »Heilig ist zwar Laktanz«, schreibt er in der »Neuen Astronomie«, »der die Kugelgestalt der Erde leugnete, heilig Augustinus, der die Kugelgestalt zugab, aber Antipoden leugnete, heilig das Offizium unserer Tage, das die Kleinheit der Erde zugibt, aber ihre Bewegung leugnet. Aber heiliger ist mir die Wahrheit, wenn ich, bei aller Ehrfurcht vor den Kirchenlehrern, aus der Philosophie beweise, daß die Erde rund, ringsum von Antipoden bewohnt, ganz unbedeutend und klein ist und auch durch die Gestirne hineilt.«

Und noch ein Drittes: Kepler trägt stets eine Frage auf den Lippen, die bei seinen Zeitgenossen ebenfalls kaum vorkommt: Warum? – Gerade die Planetengesetze waren für ihn ein zwingender Anlaß für die Frage nach der Ursache dieses gesetzmäßigen Verhaltens. Allein diese Fragestellung bedeutete einen Schritt in Neuland, dessen Tragweite größer war als die Entdeckung der Planetengesetze selbst. Indem Kepler von der bloßen Beschreibung der Bewegungsabläufe zu den Ursachen der Bewegung vorzudringen trachtet, verwandelt er – nach seinen eigenen Worten – die »Himmelstheologie« und »Himmelsmetaphysik des Aristoteles« in eine »Himmelsphilosophie oder Himmelsphysik«. Nicht zufällig heißt die »Neue Astronomie« im Untertitel »Physica Coelestis«, also Himmelsphysik.

Kepler verfügt bereits über die klare Erkenntnis, daß von einer befriedigenden Lösung erst gespro-

Titelblatt aus Doppelmayrs »Atlas coelestis«: Ptolemäus, Copernicus, Kepler und Brahe

chen werden kann, wenn der Kinematik des Himmels eine Dynamik vertiefend zur Seite steht.

Im gesamten Mittelalter galten die Planeten als an Sphären befestigt, wie dies ja auch Kepler im »Mysterium Cosmographicum« noch annimmt. Diese Planetensphären sollten nun ihrerseits mit Intelligenzen, sogenannten »bewegenden Seelen« verbunden sein, die für die Bewegung der Planeten verantwortlich sind. Diese Betrachtungsweise war animalistisch. Einem der wenigen Versuche, die Bewegungen der Himmelskörper gleichsam mechanisch zu erklären, begegnen wir im 14. Jahrhundert bei den sogenannten Pariser Terministen. Sie erklären die fortwährende Bewegung der Himmelskörper durch den »impetus«, einen Anstoß, der diesen einmalig bei der Schöpfung verliehen worden sei. Somit erschien das dauernde Wirken von

Das Weltsystem des Copernicus (links) und des Riccioli auf der Waage – Sinnbild des Ringens um wissenschaftliche Wahrheit

bewegenden Seelen überflüssig. Der »impetus«, das innere bewegende Vermögen eines Körpers, gehört zur unmittelbaren Vorgeschichte des Impulsbegriffes der Mechanik. Insofern stellt der Hinweis auf den »impetus« der Himmelskörper einen bemerkenswerten Schritt zu einer Physik des Himmels dar. Doch es fehlte lange Zeit an empirischem Material, um dieser Auffassung mehr als den Status einer Denkmöglichkeit zu geben.

Bei Kepler sind die Planeten in der »Astronomia Nova« nicht mehr – wie noch im »Weltgeheimnis« – an Sphären geheftet, sondern frei im Raum schwebende Körper, eine kühne Vorstellung, die mit allem überkommenen Vorstellungsgut konsequent brach. Nicht zuletzt die Messung der Parallaxe des Kometen von 1577 durch Tycho Brahe hatte Kepler zu der Überzeugung geführt, daß keine Planetensphären existieren.

In der »Neuen Astronomie« führt uns Kepler durch alle verschlungenen Wege seiner Forschungen bis zum endlichen Resultat, so daß wir sowohl über den mühseligen Weg informiert werden, den Kepler gegangen ist, als auch über die für ihn charakteristische Art, Fragen zu formulieren. Zum Beispiel wirft er das Problem auf, wie es ein eventueller »Beweger« fertigbringen könne, außer dem Vollzug der Weiterbewegung selbst, die Kreislinie zu finden, auf der sich der Planet bewege, da sie doch im Raum nicht markiert sei. Bei der Beantwortung dieser Frage geht Kepler davon aus, daß der Kreis der geometrische Ort für alle Punkte mit gleichem Abstand vom Mittelpunkt ist und fügt die bemerkenswerte Feststellung hinzu: »...und mag man jene bewegenden Fähigkeiten noch so hoch erheben, so ist er (der Kreis – d. Verf.) doch, auch für Gott selber, nichts anderes, als was eben gesagt wurde.« Die Beweger – welcher Natur sie auch immer sein mögen – müssen sich also an die objektiven Gegebenheiten, in diesem Falle an die Gesetze der Geometrie halten. Doch der Zweifel an der Seelentheorie gewinnt bei Kepler schließlich Oberhand. Schon im »Mysterium Cosmographicum« hatte er sich darüber Gedanken gemacht, warum die Geschwindigkeiten der Planeten in ihrer Bahn immer geringer werden, je größer der Abstand der Planeten von der Sonne ist. Für ihn ergab sich daraus die Alternative: »...entweder sind die bewegenden Seelen (der Planeten) desto schwächer, je weiter sie von der Sonne entfernt sind, oder es gibt nur eine bewegende Seele im Zentrum aller Bahnen, d. h. in der Sonne, die einen Körper desto heftiger antreibt, je näher er ihr ist, die aber bei den weiter entfernten wegen dem Abstand und der (damit zusammenhängenden) Abschwächung des Vermögens kraftlos wird.«

Was diese Auffassung von den Ansichten Keplers in der »Neuen Astronomie« unterscheidet, formuliert er in einer Ergänzung zur 1631 erschienenen zweiten Auflage des »Mysterium«: »Wenn man anstatt Seele (anima) das Wort Kraft (vis) setzt, hat man genau das Prinzip, worauf die Physik des Himmels in den Marskommentaren aufgebaut ist.« Tatsächlich vollzieht Kepler in der neuen Astronomie den entscheidenden Akt des Übergangs von der animalistischen zur mechanistischen Denkweise. Scheinbar geht es nur um die Einfügung des Wortes Kraft anstelle des Wortes Seele, aber in Wirklichkeit wird mit dem neuen Terminus etwas Wesentliches zum Ausdruck gebracht: daß die Planeten den Gesetzen für leblose Körper, d. h. den Gesetzen der erst in der Ausbildung befindlichen Mechanik, unterworfen sind.

Doch damit begnügt sich Kepler noch nicht. Er versucht vielmehr, auch noch zu klären, wie die Bewegung der Planeten unter dem Einfluß dieser Kraft zustande kommt und welcher Natur diese Kraft ist. Dabei nimmt er an, daß sich die bewegende Kraft im Raum ebenso ausbreitet wie das Licht. Aber zu den Unterschieden zwischen Licht und Kraft zählt er neben der Absorbierbarkeit des Lichtes auch die kugelförmige Lichtausbreitung, während sich die Kraft »zwar in geraden Linien, aber kreisförmig« ausbreiten soll.

Eine »immaterielle Spezies«, die von der Sonne ausgeht, soll die Planeten gleichsam »mitreißen«. Dazu ist allerdings die Vorstellung einer rotierenden Sonne erforderlich, zu der sich Kepler ohne Zögern entschließt, obwohl damals die Sonnenrotation noch nicht entdeckt war.

Großen Einfluß bei der Ausarbeitung der Kraftvorstellungen übte auf Kepler das im Jahre 1600 in London veröffentlichte Buch »De magnete« (Über den Magneten) des englischen Naturforschers William Gilbert (1544–1603) aus. Es war vor allem die ausgeprägt empirische Grundhaltung des Werkes, die Kepler beeindruckte. Gilbert proklamierte in seinem Werk dieselbe fruchtbare methodische Grundhaltung, die auch Bacon und Galilei zu Stammvätern der modernen Naturwissenschaft werden ließ: Er attackiert die Autorität des Aristoteles und besteht statt dessen auf der Befragung der Natur durch Experimente.

Gilbert hebt in seinem Werk hervor, daß die anziehende Wirkung des Magneten an den Körper des Magneten gebunden sei und daß dasselbe auch auf die Erde und ihre magnetische Wirkung zutreffe. Er verwirft die frühere Auffassung, man müsse die Ursache für die Ausrichtung der Magnetnadel in einem mathematischen Punkt am Himmel (im Sternbild Großer Bär) suchen und verweist auf die Körper als Sitz von Kräften. Da nun mit der Erde ein Himmelskörper als Sitz magnetischer Kräfte gefunden war, erscheint es Kepler ohne weiteres zulässig, ja beinahe zwangsläufig, auch die Sonne als einen magnetischen Körper zu betrachten, von dem ein Fluß der »magnetischen Spezies« ausgeht. Schon lange vor dem Erscheinen der »Astronomia Nova« spricht er diese These in Briefen aus.

Freilich, für ein Gesetz der Abnahme der Wirksamkeit der »magnetischen Spezies« mit der Entfernung kann er sich nur schwer entschließen. Da die Ausbreitung in einem Kreis geschieht und dessen Umfang proportional zum Radius anwächst, nimmt die Dichte der Spezies umgekehrt proportional zur Entfernung der Planeten ab. Hiermit glaubte Kepler sein Radiengesetz, den Flächensatz, abgeleitet zu haben.

Aus alledem ist zu ersehen, daß Kepler bis an die Schwelle zur Himmelsmechanik vorgedrungen war. Mit seinen tiefgründigen Überlegungen zeichnete er den Weg vor, der schließlich zur Ausbildung und Vollendung der Himmelsmechanik führte. In der »Astronomia Nova« verkündete er eine Himmel und Erde gleichermaßen umfassende und somit verbindende Physik. Mit dieser 1609 erschienenen Abhandlung war für Kepler der Weg für die weiteren Forschungen vorgezeichnet.

Wie sah es um jene Zeit mit der Anerkennung der Lehre des Copernicus aus?

Ketzer

In dem Maße, wie die weltanschaulichen Folgerungen aus der neuen Lehre gezogen wurden, die Copernicus ganz vorsichtig nur angedeutet hatte, reagierte die katholische Kirche in ihrem Herrschaftsbereich zunächst unwillig, dann schärfer und schließlich mit allen ihr zu Gebote stehenden Machtmitteln. Zu Keplers Zeit tobten bereits erbitterte Kämpfe zwischen dem reaktionären Klerus und den progressiven Vertretern der Naturwissenschaft. Vor allem zwei Zeitgenossen Keplers bekamen am eigenen Leibe zu spüren, was es hieß, unter den gegebenen Verhältnissen eine wissenschaftliche Lehre zu vertreten und zu verbreiten, die mit den Ansprüchen der Kirche und den Dogmen der Religion unvereinbar war: Giordano Bruno (1548–1600) und Galileo Galilei (1564 bis 1642).

Bruno, zunächst Mönch des Dominikanerordens, bekannte sich leidenschaftlich zu Copernicus und Nicolaus von Cues. Die von dem Cusaner vertretene Ansicht von der Unendlichkeit des Weltalls in Raum und Zeit sowie das heliozentrische System von Copernicus verschmolzen bei Bruno zu einem pantheistisch-materialistischen Weltbild, das er offen darlegte und mutig verteidigte. Er war noch keine 30 Jahre alt, als er zum erstenmal der Ketzerei bezichtigt wurde, so daß ihm nur die Flucht aus dem Kloster als Ausweg blieb. Fortan war er auf ewiger Wanderschaft. Er durchstreifte ganz Europa und lehrte auch an berühmten Hochschulen seiner Zeit, so in Oxford, Marburg, Wittenberg, Helmstedt, Prag und Paris. Sein Eintreten für Copernicus war natürlich bei der feudalen und kirchlichen Obrigkeit nirgends gern gesehen. Hinzu kamen seine weit über Copernicus hinausgehenden philosophischen Schlußfolgerungen, die er aus dem heliozentrischen Weltbild ableitete, und nicht zuletzt seine scharfe Kritik an den bestehenden gesellschaftlichen Verhältnissen.

Giordano Bruno

Ihren deutlichsten Ausdruck fanden seine progressiven Ansichten in dem 1584 in London geschriebenen Werk »Über die Unendlichkeit des Universums und der Welt« (De l'infinito Universo et Mondi).

Im Stil der Zeit legt er seine Gedanken in der damals sehr beliebten Dialogform dar. Aber er folgt dabei nicht der Tradition, Gründe und Gegengründe durch die Äußerungen verschiedener Gesprächspartner mit verschiedenen Meinungen vortragen zu lassen. Emphatisch bekennen sich in einer Art von Dialogen alle Gesprächsteilnehmer zu den gleichen Grundüberzeugungen. Kein anderer hatte es vor ihm gewagt, die Konsequenzen aus den Werken von Cues und Copernicus so entschieden wie er zu ziehen und so unverhüllt darzulegen. Für Bruno ist die Welt ein unermeßlicher Raum ohne Grenze und ausgefüllt mit unendlich vielen Sternen. Die Sonne, von Copernicus noch als das Zentrum der Welt betrachtet, ist bei Bruno nur eine von unendlich vielen Sonnen. Demzufolge gibt es für ihn auch keinen Mittelpunkt der Welt. Das Universum hat seines Erachtens so viele Mittelpunkte, wie es Sterne enthält, also unendlich viele. Die Sonne ist nur ein relativer Mittelpunkt »mit Beziehung auf bestimmte Körper«, im gegebenen Fall also »mit Beziehung« auf die sie umkreisenden Planeten.

Bruno identifiziert Gott (natura naturans) mit der Natur (natura naturata). Für ihn gibt es des-

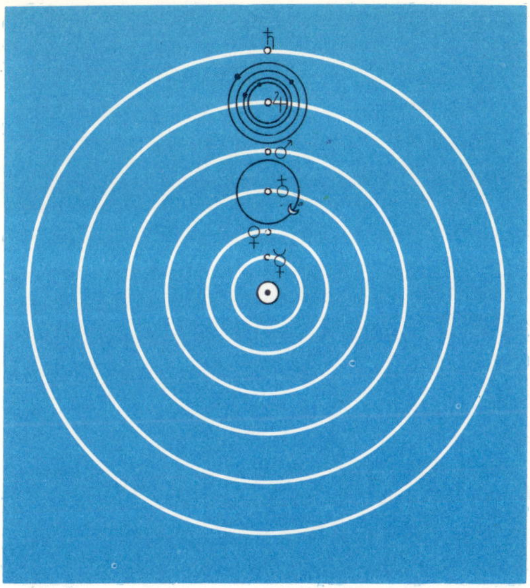

Das kopernikanische Planetensystem nach der Entdeckung der Jupitermonde durch Galilei

halb auch keine Schöpfung. Alle Gestirne im Universum sollen aus den gleichen Stoffen bestehen, die sich zwar verändern, aber keineswegs verschwinden können. Die Sterne, auch die Planeten des Sonnensystems, bewegen sich ohne das Hilfsgerüst der Aristotelischen Sphären frei durch den Raum, einem »inneren Prinzip« folgend.

Am Schluß des Dialogs, nachdem die Gesprächspartner den zuvor entwickelten Ideen begeistert zugestimmt haben, faßt Bruno seine Ansichten zusammen, indem er Albertino beschwörend erklären läßt: »Fahre fort, uns zu lehren, was in Wahrheit der Himmel, die Planeten und alle anderen Sterne sind ... wie ein unendlicher Raum nicht nur möglich, sondern notwendig ist ... Beseitige die Vorstellung vom einzigen und eigentlichen Weltzentrum unserer Erde ... Schenk uns die Lehre von der gleichartigen Zusammensetzung unserer Erde und unserer Welt und der aller anderen Gestirne und Welten ... Öffne uns das Tor, durch welches wir hinausblicken können in die Ununterscheidbarkeit unserer Sterne von allen anderen. Zeig uns, daß die anderen Welten im Äther ebenso bestehen können wie unsere. Erkläre uns, daß die Bewegungen aller Welten aus inneren Kräften hervorgehen, damit wir im Lichte solcher Anschauungen sicheren Schrittes fortschreiten können in der Erkenntnis der Natur.«

Dieser unverhohlen und entschieden pantheistisch-materialistische Standpunkt war noch nicht alles, was der aus den Reihen der Kirche ausgestoßene ehemalige Dominikaner überall propagierte, wohin er auch kam. Aus seiner Feder stammen auch Schriften, in denen er die dogmatischen Theologen der Lächerlichkeit preisgibt, wie z. B. in seinem Buch »Die Kabbala des Pegasus, nebst Zugabe des Kyllenischen Esels«. In seiner Schrift »Die Vertreibung der triumphierenden Bestie« geißelt er Papsttum und Klerus samt den katholischen Dogmen mit kaum überbietbarer Schärfe. Bruno haßte die herrschende Geistlichkeit, und diese haßte und fürchtete ihn. Als er im Jahre 1591 nach Venedig kam, wurde er von der Inquisitionsbehörde ergriffen, die ihm den Prozeß machte. Zwei Jahre später lieferte ihn die Behörde nach Rom aus, wo er sieben Jahre gefangen blieb, ehe über ihn das Urteil gesprochen wurde: Tod auf dem Scheiterhaufen. Mit ungebrochenem Geist rief der kühne Denker seinen Richtern zu: »Ihr sprecht mein Urteil mit größerer Furcht aus, als ich es anhöre.«

Am 17. Februar des Jahres 1600 wurde das grausame Urteil an Giordano Bruno vollstreckt. Auf dem Campo di Fiore starb er den qualvollen Feuertod. Zweifellos wollte die herrschende Reaktion mit diesem Urteil ein Exempel statuieren, von dem sie sich eine weithin abschreckende Wirkung auf andere »Ketzer« versprach. In Wirklichkeit war die große gesellschaftliche Bewegung nicht aufzuhalten, und »die Naturwissenschaft lebte und webte in dieser Revolution, war revolutionär durch und durch...«, wie Friedrich Engels in »Dialektik der Natur« schrieb.

Im Widerstreit zwischen Geist und Macht

Zu den hervorragenden Gestalten in der Periode der Entstehung der modernen Naturwissenschaft gehört Galileo Galilei (1564–1642). Bei ihm finden wir ganz ähnliche Grundüberzeugungen wie bei Kepler. Auch Galilei ist ein leidenschaftlicher Anhänger des Systems von Copernicus, auch Galilei schreibt dem Experiment als der direkten Frage des Menschen an die Natur eine entscheidende Rolle bei der naturwissenschaftlichen Erkenntnis zu, auch Galilei geht mathematisch vor. Hierauf beruhen seine großen Erfolge bei der Weiterentwicklung der Physik. Insbesondere die Lehre des Copernicus wirkt im wissenschaftlichen Streben von Galilei gleichsam wie ein Rahmenprogramm: Alle seine Forschungen sind letztlich von dem Ziel bestimmt, nachzuweisen, daß die Lehre des Copernicus keineswegs nur eine mathematische Fiktion sei, wie Osiander behauptet hatte, sondern daß in ihr die Wahrheit über den Aufbau der Welt zum Ausdruck kommt.

Die Untersuchungen Galileis über die Mechanik bewegen sich vor allem um das alte und große Thema der Fall- und Wurferscheinungen. Er geht dabei zunächst durchaus kinematisch vor, indem er nicht nach der Ursache der Erscheinungen, sondern einstweilen nur nach dem genauen Ablauf fragt und so nach langen Versuchsreihen und intensiver Auseinandersetzung mit den Ansichten der verschiedenen Vorläufer der Mechanik im Mittelalter das uns heute geläufige Fallgesetz findet.

Galilei ist bei seinen Untersuchungen auch fast bis an die Entdeckung des Trägheitsgesetzes vorgestoßen, nach dem ein Körper, der sich einmal in Ruhe oder in geradlinig gleichförmiger Bewegung befindet, in diesem Zustand verharrt, falls keine Kräfte auf ihn einwirken.

Um 1609 kommen in Holland die ersten Fernrohre auf. Kinder von Brillenschleifern sollen beim Spielen mit Glaslinsen zufällig die vergrößernde Wirkung bestimmter Linsenkombinationen entdeckt haben. Als Galilei von der Neuigkeit erfährt, machte er sich sogleich an die Herstellung einiger Fernrohre, die er aber nicht nur auf irdische Gegenstände richtet, z. B. um zu demonstrieren, daß man mit Hilfe des Teleskops fremde Kriegsschiffe viel eher erspähen kann als mit unbewaffnetem Auge. Nein, Galilei schlägt nicht nur Geld aus dem von ihm nacherfundenen und verbesserten Instrument, sondern er gewinnt damit auch neue wissenschaftliche Erkenntnisse von größter Bedeutung.

Selten wohl sind in der kurzen Zeit von wenigen Wochen so zahlreiche aussagekräftige Entdeckungen gemacht worden, wie das Galilei vom Herbst 1609 bis zum Frühjahr 1610 gelingt. Als er sein Teleskop auf den Mond richtet, gewahrt er dort Berge und Täler, im »Licht erstrahlende Gebirgskämme« und ausgedehnte dunkle, offenbar tiefer gelegene Ebenen. Ein Blick in den feinen Lichtsaum der Milchstraße bestätigt die inzwischen über 1000 Jahre alten Vermutungen Demokrits: »Auf welche ihrer Gegenden man nämlich auch immer das Fernrohr richtet, sogleich zeigt sich dem Blick eine ungeheure Anzahl von Sternen, von denen ziemlich viele recht groß und sehr augenfällig in Erscheinung treten.« Selbst Einzelheiten der Struktur der Milchstraße müssen bereits erste Geheimnisse preisgeben: Andeutungen einer wolkigen Verteilung und sogar die Auflösung von »Nebelsternen« in einzelne Lichtpünktchen. All dies sind Keime von Beobachtungen, aus denen in späteren Jahrhunderten bedeutendes wissenschaftliches Kapital geschlagen werden wird.

Galileo Galilei

Die wohl wichtigste Entdeckung macht Galilei jedoch in der Nacht des 7. Januar 1610, als er sein Instrument auf den großen Planeten Jupiter richtet: »Da ich ein vorzügliches Fernrohr gebaut hatte, bemerkte ich ... neben ihm drei kleine Sterne, wohl klein, aber sehr deutlich. Obwohl ich sie für Fixsterne hielt, wunderte ich mich über sie, weil sie genau in einer Geraden und zur Ekliptik parallelen Linie aufgereiht waren und heller als die übrigen Sterne, die sich in ihrer Größe nicht unterschieden.« Doch die genauere Beobachtung der Objekte zeigt bald, daß es sich nicht um Fixsterne handelt, denn sie führen Bewegungen aus, die Galilei schon binnen vier Tagen zu der festen Überzeugung bringen, »daß drei Begleiter um Jupiter kreisen, wie Venus und Merkur um die Sonne«. Seinem Dienstherrn Cosima II. von Florenz zu Ehren, der aus dem Hause der Medici stammt, nennt Galilei die Jupitermonde »Mediceische Gestirne«. Außerdem gibt er allen Objekten, zu denen sich noch ein viertes gesellte, das am ersten Beobachtungsabend hinter dem Planeten gestanden hatte, Namen aus der Familie Medici. Von den Herrschernamen ist allerdings nichts übriggeblieben; die vier hellen Jupitermonde heißen heute nach bekannten Gestalten aus der griechischen Mythologie Io, Europa, Ganymed und Kallisto.

Man könnte denken, Galilei sei durch die rechtzeitige Kunde von der Erfindung des Fernrohrs gleichsam ohne Verdienst und ohne besondere Anstrengung zu grandiosen Entdeckungen gekommen, die rasch sein Ansehen steigerten. Beides war nicht der Fall. Gewiß waren ihm Entdeckungen von grundlegender Bedeutung in sehr kurzer Zeit gelungen. Aber es war durchaus eine beachtliche eigenständige Leistung Galileis, das neue Instrument auf die Objekte des Himmels anzuwenden und die entdeckten Phänomene prinzipiell richtig zu deuten.

Als Galilei mit seinen Funden vor die Öffentlichkeit trat, um »große und höchst wunderbare Schaustücke kundzutun«, stieß er keineswegs auf enthusiastischen Beifall. Die im Stile der Scholastik denkenden Gelehrten hielten es für zweifelhaft, Erkenntnisse über die Natur aus der Natur selbst zu entnehmen – und noch dazu mit einem höchst verdächtigen Machwerk der Scharlatanerie, wie es das Fernrohr zu sein schien. Allein die Tatsache, daß die Gegenstände durch das Fernrohr anders erschienen als dem unbewaffneten Auge – so argumentierten sie –, war Beweis genug, daß man den optischen Linsen nicht trauen könne. Wen wundert es, daß die mittelalterlich-scholastischen Schulphilosophen eine formale Disputation über die Möglichkeit der Galileischen Entdeckungen für viel wichtiger hielten als einen Blick durch das Fernrohr? Sie erklärten dieses Instrument allein aus dem Grunde für unzuverlässig, weil es Resultate erbrachte, die es nach der von den Scholastikern für ihre Zwecke völlig verstümmelten aristotelischen Lehre gar nicht geben konnte.

Simplicio, einer der Gesprächspartner in Galileis fingiertem »Dialog über die beiden Weltsysteme« (1632), hat die Ursache dieser Haltung

So sah Galilei als erster den Mond durch das Fernrohr. Die gezackte Grenzlinie zwischen Mondschatten und beleuchtetem Teil verriet Täler und Berge.

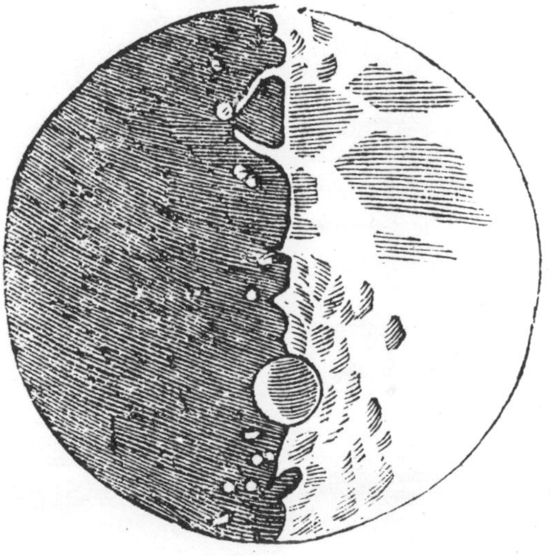

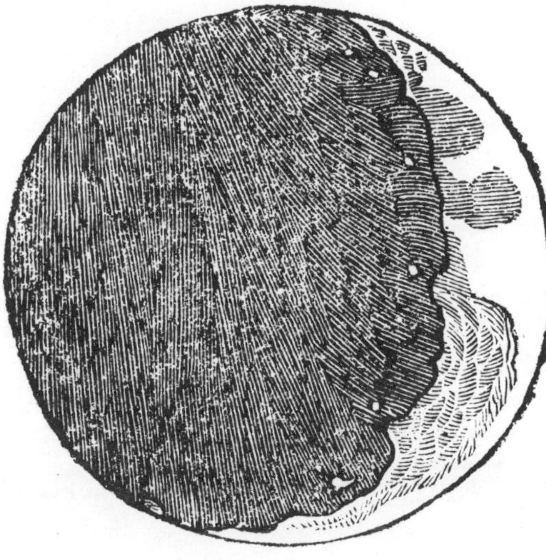

knapp zusammengefaßt: »...ich habe auch bisher dem neueingeführten Fernrohr nicht viel Vertrauen geschenkt, im Gegenteil ... habe ich geglaubt, daß es Betrügereien und Täuschungen der Linsen sind, was andere als erstaunliche Wirkungen bewundert haben.«

Galileis Himmelsbeobachtungen mit dem Fernrohr waren eine Pioniertat. Aus den ersten Jahrzehnten nach der Erfindung dieses Instruments gibt es kaum weitere Beispiele seiner Anwendung auf den Himmel. Hingegen spielte es für terrestrische Beobachtungen, besonders im Militärwesen, eine beträchtliche Rolle. Hier »traute« man den angeblich trügerischen Linsen offenkundig mehr, denn militärische Überlegenheit war den Herrschenden natürlich viel erwünschter als jeder Zweifel an den von den kirchlichen Dunkelmännern kanonisierten Lehren des Aristoteles.

Galilei war vorerst optimistisch; er glaubte, daß sich die neuen Beweise gegen die alten Lehrmeinungen durchsetzen und somit den Durchbruch des kopernikanischen Weltbildes herbeiführen würden. Schon nach der Entdeckung der Sonnenflecken hatte er frohlockt: »Diese neuen Entdeckungen werden das Grabgeläut oder vielmehr das jüngste Gericht für die Pseudophilosophie sein; denn schon sind die Zeichen gesehen an den Sternen, am Mond und an der Sonne. Ich sehe nicht, wie die Unveränderlichkeit der Himmel noch Rettung und Zuflucht finden soll.«

Galilei veröffentlichte seine Beobachtungsergebnisse umgehend in seinem »Sternenboten« (Nuncius Sidereus), einer Art Flugschrift. Doch sein Vertrauen in die Kraft der Vernunft wurde enttäuscht. Es gelang ihm keineswegs, »eine Pfeife an der großen verstimmten Orgel unserer Philosophie zu stimmen«, wie er angenommen hatte. Die herrschende Reaktion fühlte sich angegriffen. Zwar bestätigten die Gelehrten des Collegium Romanum offiziell seine Entdeckungen, aber nicht die daraus gezogenen Schlußfolgerungen. Galileis Ansicht, daß die Lehre des Copernicus durchaus mit der Heiligen Schrift in Einklang zu bringen sei, wenn man sich dazu entschließen könnte, die Bibel in Fragen der Natur nicht wörtlich anzuwenden, rief die Reaktion auf den Plan.

In Rom hatten zwei Ordensbrüder des Dominikanerordens zu Florenz die höchste Inquisitionsbehörde, das »Heilige Officium«, zu einem Verfahren gegen die Lehre des Copernicus bewegt. In einer Predigt in der Kirche Santa Maria Novella zu Florenz hatte der Dominikaner Tomasso Caccini nicht nur gegen die Lehre des Copernicus gewettert, sondern insbesondere auch Galilei als einen Ketzer bezeichnet und behauptet, die Mathematiker im allgemeinen seien verdächtige Menschen, und die Mathematik stelle eine Erfindung des Teufels dar. Als Galilei nach Rom reiste, um dort seine Ansichten vorzutragen, zog er sich eine ernste Ermahnung des Kardinals Bellarmin zu, der ihn aufforderte, seine Meinungen aufzugeben.

Die von Galilei vertretene Lehre wurde nach dem Urteil der Qualifikatoren des Heiligen Officiums für »töricht und absurd in der Philosophie und für formell ketzerisch« erklärt. Als am 3. März 1616 das Officium zusammentrat, konnte Kardinal Bellarmin berichten, »daß der Mathematiker Galileo Galilei ermahnt worden sei, die bis dahin von ihm vertretene Meinung, die Sonne sei das Zentrum der Himmelskugel und unbeweglich, die Erde hingegen beweglich, aufzugeben, und daß er sich dabei beruhigt habe.« Diese Formulierung entspricht zwar einer Notiz in den Protokollen über den Hergang, aber merkwürdigerweise ist das Protokoll von niemandem unterzeichnet worden, und es wurde bis heute nicht bewiesen, daß Galilei diese Anordnung überhaupt gekannt hat.

Wie stark die Kirche ihre Position jedoch bereits erschüttert fühlte, ist daraus zu ersehen, daß nur zwei Tage nach der Zusammenkunft des Officiums das Verbot des Werkes von Copernicus ausgesprochen wurde. »De revolutionibus« kam 1616 auf den Index.

Galilei war gewarnt, aber von seinen Ideen nach wie vor besessen und zutiefst von der Wahrheit des Weltsystems des Copernicus überzeugt.

Führende Vertreter der katholischen Kirche, die Galileis Forschungen anfangs mit Beifall aufgenommen hatten, rückten zunehmend von ihm ab. So auch Kardinal Barberini, der seit dem Jahre 1623 als Papst residierte. Als Sproß einer angesehenen Kaufmannsfamilie hatte er Interesse für die Naturwissenschaften gezeigt, war er gegenüber den For-

Himmelsglobus von Johannes Janssonius, Amsterdam 1623

schungen Galileis aufgeschlossen. Als Urban VIII. aber war er Interessenvertreter der Heiligen Römischen Kirche, die sich in einer äußerst bedrängten Lage befand. Es war dem Papst nicht gelungen, in Italien die Hegemonie zu erlangen. Die Republik Venedig, die norditalienischen Fürsten und der Kaiser widersetzten sich erfolgreich seinen Bestrebungen. Die Politik der Annäherung an Frankreich brachte das Papsttum in Bedrängnis, denn Frankreich zog unter Richelieu gegen Spanien und das »Heilige Römische Reich Deutscher Nation« zu Felde, also gegen zwei katholische Mächte. Was Wunder, daß Urban VIII. den Versuchen Galileis, ihn zur Aufhebung des Dekrets von 1616 zu bewegen, widerstand. Die Position der klerikalen Macht war erschüttert. Galilei hatte indessen seinen »Dialog über die beiden hauptsächlichsten Weltsysteme« ausgearbeitet, sich mit den Argumenten der Anhänger aristotelischer Physik und Astronomie auseinandergesetzt.

Galileis Versuch, Theologie und Naturwissenschaft miteinander zu versöhnen, entsprang einer tiefreligiösen Überzeugung. Aber Vernunftgründe über die von der Kirche interpretierte Lehre der Bibel zu stellen, wurde ihm zum Verhängnis. Nachdem der »Dialog« bereits gedruckt war, zwang man den Verleger, den Vertrieb unverzüglich einzustellen. Auf Initiative des Papstes trat eine Kommission zusammen, die sich mit dem neuen Werk Galileis beschäftigte. Sie kam zu dem Ergebnis, daß sich der Gelehrte die Druckerlaubnis erschlichen habe. Nach Rom vorgeladen, fanden hier binnen dreier Monate vier Verhöre statt. Das Ergebnis war Galileis Widerruf seiner Lehre. Die Richter stützten sich auf das alte Protokoll vom 26. Februar 1616. War es wirklich ein altes Protokoll? Die Lage der Kirche und des Papstes geboten ein scharfes Vorgehen. Es ging bei dem Prozeß natürlich nicht, wie man sich den Anschein gab, um physikalische oder astronomische Argumente, es ging allein um die ins Bröckeln geratene Macht des Klerus. Man mußte wiederum ein Exempel statuieren. Dazu war jedes Mittel recht. Vielleicht ist das entscheidende Protokoll, auf das man sich bei dem Galileiprozeß von 1633 berief, überhaupt erst 1632 geschrieben worden.

Gleichviel. Galilei mußte sich der Macht unterwerfen, den schändlichen Schwur leisten, »mit aufrichtigem Herzen und nichterheucheltem Glauben« die »Irrtümer und Ketzereien« verwerfen, derer er sich angeblich schuldig gemacht hatte. Es ist sehr unwahrscheinlich, daß Galilei nach der Schwurzeremonie den legendären Ausspruch »Und sie bewegt sich doch« (Eppur si muove) getan hat, aber es ist gewiß, daß dieser Ausspruch seine Gedanken und damit seine feste Überzeugung von der Wahrheit seiner wissenschaftlichen Erkenntnisse ausdrückt. Dies bezeugen die Werke, die er in den folgenden Jahren, unter ständiger Aufsicht der Inquisitionsbehörde, noch verfaßte, darunter die »Unterredungen und mathematischen Demonstrationen über zwei neue Wissenszweige, die Mechanik und die Fallgesetze betreffend« (1632), ein klassisches Werk der Physik der Neuzeit. Dies beweist nicht zuletzt auch seine Äußerung aus dem Jahre 1641, die Berechnungen und Beobachtungen des Copernicus seien zwar ungenügend, aber die des Aristoteles und Ptolemäus viel trügerischer und irriger. Galilei starb am 8. Januar 1642.

Im Jahre 1979 – also erst 337 Jahre nach dem Tode des großen Gelehrten – erklärte Papst Johannes Paul II. die Anschuldigungen gegen Galilei für ungerechtfertigt.

Die »Sternenbotschaft« Galileis war auch am Hofe Kaiser Rudolphs in Prag eingetroffen und Kepler, dem »Kaiserlichen Mathematiker«, zur Begutachtung vorgelegt worden. Kepler urteilte selbstverständlich den Ansichten der kirchlichen Schulgelehrten diametral entgegengesetzt. In seiner umgehend abgefaßten »Dissertatio cum Nuncio Sidereo« (Unterredung mit dem Sternenboten), Prag 1610, hebt er die große Bedeutung von Fernrohrbeobachtungen für die weitere Entwicklung der Sternkunde hervor. In der ein Jahr später erschienenen »Dioptrice« stehen die enthusiastischen Worte: »O du vielwissendes (Fern)Rohr, kostbarer als jegliches Zepter.«

Daß Kepler das Fernrohr zu würdigen und die damit gewonnenen Ergebnisse somit als echte Bereicherung der Erkenntnis zu schätzen vermochte, lag hauptsächlich darin begründet, daß er schon Jahre vor der Erfindung des Fernrohrs in seiner »Astronomiae pars Optica« (1604) die erste wissenschaftlich zutreffende Theorie des menschlichen Auges im Rahmen seiner Forschungen zur geometrischen Optik entwickelt hatte. Es war für ihn nicht allzu schwierig, kurz nach dem Bekanntwerden des Fernrohrs sein früheres Werk durch eine grundlegende Theorie des terrestrischen und astronomischen Fernrohrs zu ergänzen.

Die Stellungnahme Keplers für die Galileische Interpretation der ersten Fernrohrbeobachtungen war nicht zuletzt auf die begeisterte Aufnahme einer Nachricht zurückzuführen, die Keplers eigenen Vorstellungen sehr willkommen sein mußte. Besonders Galileis Hinweis auf den »erdigen« Charakter des Mondes paßte gut zu der Keplerschen Theorie von der Schwere oder Gravitas.

Die Verfolgungen freilich, denen Giordano Bruno bereits zum Opfer gefallen und denen Galilei in wachsendem Maße ausgesetzt war, stimmten Kepler sehr nachdenklich. Als man ihn 1617, also ein Jahr nach dem ersten Inquisitionsprozeß gegen Galilei, nach Bologna zu holen versuchte, lehnte er diese Berufung entschieden ab. Kepler erklärte, er denke nicht daran, sich den Schmähungen und den »Angebereien benommener Köpfe« auszusetzen. Als in Prag, ausgelöst durch den Tod Kaiser Rudolphs II., die Bedingungen für ihn immer ungünstiger wurden, entschloß er sich, ins protestantische Linz nach Österreich umzusiedeln. Hier bestand sein offizieller Auftrag in der Anfertigung einer umfassenden Landkarte Österreichs, wozu Kepler freilich nur geringe Neigung besaß. Viel lieber beschäftigte er sich mit einer neuen, selbstgewählten Aufgabe. Er schrieb ein Buch. Schon der Titel »Harmonices Mundi« (Weltharmonik) weist darauf hin, daß Kepler den Versuch unternimmt, die Harmonie in allen Naturvorgängen aufzuspüren, harmonische Zahlenbeziehungen zu finden, die den Prozessen in der Natur zugrunde liegen. Jetzt gelingt ihm eine der größten Entdeckungen seines Lebens; er findet den Zusammenhang zwischen den Abständen der Planeten von der Sonne und ihren Umlaufzeiten, nach dem er Jahrzehnte gesucht hat: Die Quadrate der Umlaufzeiten zweier Planeten verhalten sich wie die dritten Potenzen ihrer großen Halbachsen. Es ist das sogenannte dritte Keplersche Gesetz.

Um die große Leistung, die in der »Harmonie der Welt« verborgen ist, voll zu ermessen, muß man sich die einer ruhigen wissenschaftlichen Arbeit entgegenstehenden ungünstigen Zeitumstände vor Augen führen: Buchstäblich am Vorabend des Dreißigjährigen Krieges – vier Tage nach dem Prager Fenstersturz – wurde das Manuskript der »Weltharmonik« abgeschlossen. Noch im Herbst desselben Jahres – »vergeblich hat der Kriegsgott geknirscht, gebrummt und dazwischen gebrüllt« – kam die »Weltharmonik« heraus.

Noch ein anderes Werk war in jenen Jahren entstanden, ein Buch, das Keplers Anliegen demonstriert, allen Menschen Zugang zu den Früchten der wissenschaftlichen Forschung zu verschaffen. Dieses Bestreben war nicht neu. Schon 1610 hatte Kepler eine »Mondastronomie« geschrieben, in der er – die Reise des Menschen von der Erde zum Mond in Gedanken kühn vorwegnehmend – darlegt, welche Erscheinungen der Himmel des Mondes einem dort befindlichen Betrachter bietet. Erst nach Keplers Tod ist diese reizvolle Arbeit unter dem Titel »Der Traum vom Mond« herausgekommen. In dem populären »Abriß der Copernicanischen Astronomie« (Epitome Astronomiae Copernicanae) behandelt er weit mehr als nur die Sternkunde des großen Polen. Er stellt seine eigene »Neue Astronomie« in verständlicher Form dar. Noch ehe das Werk vollständig vorlag, wurde es von der Römischen Kirche auf den Index der verbotenen Bücher gesetzt, wo es sich freilich in bester Gesellschaft befand. Kepler reagierte auf dieses Verbot klug und zugleich kompromißlos: Er empfahl den kirchlichen Behörden, darüber nachzudenken, »ob man den unermeßlichen Ruhm der göttlichen Werke unter dem Volk verbreiten oder ... seine Verkündigung mit Zensuren unterdrükken soll«. Kepler bezeichnete das Verbot als eine Maßnahme, die dem eigentlichen Anliegen der Kirche widerspreche. Damit leistete er einen bemerkenswerten Beitrag zur Aufdeckung der politischen und philosophischen Motive für das dogmatische Festhalten der katholischen Kirche und des reaktionären Klerus am längst überholten und den wissenschaftlichen Fortschritt immer stärker behindernden ptolemäischen Weltbild.

Ein Planetenkursbuch für die Praxis

Seit den ersten Tagen seiner Anstellung bei Rudolph II. stand noch immer die Erledigung des kaiserlichen Auftrages aus, die sogenannten Rudolphinischen Tafeln anzufertigen. Zwar hatte sich Kepler damit die ganze Zeit hindurch immer wieder beschäftigt, aber die unschöpferische und ermüdende Rechenarbeit bereitete ihm wenig Freude, zumal sie ihn von der Ausarbeitung bedeutenderer Ideen abhielt. Endlich, 1625, waren alle Braheschen Planetenbeobachtungen ausgewertet, und das Manuskript der »Tabulae Rudolphinae« war vollendet.

Obwohl der Kaiser den Auftrag zum Druck des Werkes erteilte, war das Erscheinen der Tafeln infolge des Krieges in Frage gestellt. Die durch Linz ziehenden Soldaten forderten aus Keplers Bibliothek alle »ketzerischen« Bücher, und Kepler mußte froh sein, daß er und seine Leute nicht – wie alle Protestanten sonst – des Landes verwiesen wurden. Als aber in Linz noch ein Bauernaufstand ausbrach, war an den Druck der Tafeln nicht mehr zu denken. Mit kaiserlicher Erlaubnis begab sich Kepler samt Hab, Gut und Familie auf eine lange und umständliche Reise nach Ulm, wo ein Drucker zur Herstellung des schwierigen Werkes gefunden worden war.

Im Jahre 1627 war die Arbeit bewältigt; aber noch immer war Kepler nicht am Ziel, denn nun tauchten die Erben Tycho Brahes auf und machten ihren Anspruch geltend, die Widmung an den Kaiser zu verfassen, da die Tafeln auf den Messungen Tychos beruhten. Endlich, Anfang 1628, konnte Kepler, der dem Widmungstext der Tychonischen Erben noch einen Anhang beigefügt hatte, das Werk in Prag dem neuen Kaiser Ferdinand überreichen.

Die Rudolphinischen Tafeln bildeten fortan für Jahrhunderte die unentbehrliche Grundlage für die Berechnung von Planetenpositionen mit großer Genauigkeit. Sowohl für die astronomischen Forschungen als auch für die praktischen Belange der Orientierung auf See und zu Lande sowie für die Vermessung der Erde war Keplers Tafelwerk *das* Berechnungshilfsmittel schlechthin.

Für Kepler selbst brachte die Fertigstellung des Werks jedoch nichts als neue, ernste Sorgen: Der kaiserliche Auftrag war nun ausgeführt, und neue Aufträge gab es nicht. Auf die Bedingung des Kaisers, er solle zum katholischen Glauben übertreten, ließ sich Kepler nicht ein. Eine kurze Anstellung bei Wallenstein in Sagan veränderte seine mißliche Lage nicht, zumal Wallenstein bald darauf, im Jahre 1630, als Oberbefehlshaber abgesetzt wurde. Um beim Kaiser seine ihm für die Erfüllung der Aufträge zustehenden Honorare einzuklagen, machte sich der 59jährige Forscher auf den beschwerlichen Weg von Sagan nach Regensburg, wo gerade eine Fürstenversammlung tagte. Am 5. November traf Kepler nach wochenlanger Reise krank in Regensburg ein. Zehn Tage später, am 15. November 1630, starb er.

Keplers Vermächtnis

Was war das Endziel der Wissenschaft in der Sicht Johannes Keplers? War es wirklich die von allem Nutzen losgelöste Suche nach Wahrheit? Gewiß feilschte Kepler nicht um persönlichen Gewinn, aber auf den Nutzen wissenschaftlicher Arbeit für die Menschheit gab er sorgsam acht. Er stellte an den Naturforscher geradezu die Forderung, stets den Nutzen seiner Arbeit für die Menschen im Auge zu haben. Auch in dieser Hinsicht sind die Werke aus der Feder Keplers ein Beispiel verantwortungsbewußter Arbeit für das Wohl aller.

Als Kepler eines Tages in Linz Wein kauft, erschrickt er über das merkwürdige Verfahren der Händler, den Inhalt der Fässer zu berechnen: Eine Meßrute wird, unabhängig von der Form der Fässer, schief durch eine Öffnung ins Faßinnere versenkt, und der Inhalt wird an einer Marke »abgelesen«. Aus der eingehenden Beschäftigung mit dem Problem der Volumenberechnung der Fässer entsteht seine »Faßrechnung« (Stereometria Doliorum), womit er an Archimedes anknüpft, aber über dessen Resultate weit hinausgeht. Mit seiner Methode kommt er bis an das Verfahren der späteren Integralrechnung heran. Auch andere praktische Fragen finden Keplers Interesse, wie die Erfindung einer Zahnradpumpe für die Entwässerung von Bergwerken, die Entwürfe von Hilfsmitteln für die Landesvermessung oder seine Theorie der Brille bezeugen. Sich an die Behörden wendend, hebt er den Nutzen der Mathematik für die Gesellschaft hervor, in der »ein unerschöpflicher Schatz verborgen liegt, der durch fleißiges Nachdenken fernerhin zu entdecken ist«. Mehr noch: Im umfassenden Sinn schwebt Kepler vor, daß die Wis-

Das große Fernrohr Johannes Hevels (1611–1687) vor den Toren von Danzig (um 1650)

senschaften auch der moralisch-ethischen Entwicklung der Menschen dienen mögen.

Mit dem wissenschaftlichen Lebenswerk von Johannes Kepler hatte die Naturwissenschaft ihre Wende zur Neuzeit vollzogen. Kepler, obgleich selbst tief religiös, setzte den durch Copernicus eingeleiteten Weg der Autonomie der Naturwissenschaft gegenüber der Theologie konsequent fort. In der Naturforschung, so hatte er ausgerufen, gelten die Vernunftgründe, nicht die Autorität wie in der Theologie. Und an diese Erkenntnis hielt er sich stets.

Kepler war noch nicht lange in Linz, als ihn ein kaiserlicher Auftrag zum Reichstag rief: Es ging um seine Stimme zu dem neuen Gregorianischen Kalender, der in den katholisch regierten Ländern seit 1582 galt und den die Protestanten noch immer als eine »Mißgeburt des römischen Antichristen« bezeichneten. Kepler setzte sich natürlich für den neuen Kalender ein, der den astronomischen Tatsachen Rechnung trug und damit die alte Kalenderkalamität endlich auszuräumen vermochte.

Auf der Suche nach dem »Weltgesetz«

Es wäre eine grobe Vereinfachung, wollte man annehmen, nach Keplers Erkenntnis der Planetengesetze sei die Himmelsmechanik sozusagen zwangsläufig und widerspruchslos begründet worden. Den Werken Keplers erging es in der Fachwelt nicht grundsätzlich anders als den Werken des Copernicus. Von ungeteiltem Beifall konnte keine Rede sein. Selbst Galilei, der durch seine Untersuchungen über die Mechanik wesentlich zur Ausbildung einer späteren Himmelsdynamik beitrug und mit soviel Energie für die allgemeine Anerkennung des kopernikanischen Systems stritt, ignorierte die Keplerschen Gesetze, obwohl er sie doch kennen mußte. Mißtraute er ihnen? Er machte sich nie die Mühe, ihre Richtigkeit an eigenen Beobachtungen nachzuprüfen. Die Kometen, mit denen die alte aristotelische Sphärentheorie zu Fall gebracht wurde, waren für ihn nur die »Tychonischen Affenplaneten« – im übrigen blieb er Anhänger der alten Kometentheorie, nach der die Schweifsterne gar keine Himmelskörper sind.

Ein anderer Gelehrter, dessen Laufbahn gerade begann, als Keplers Leben endete, Ismail Boulliau aus Frankreich, sprach unumwunden aus, daß die Keplerschen Gesetze für ihn keine Gesetze, sondern Hypothesen seien. Er gestand zwar zu, daß sie die beobachteten Bewegungen der Planeten besser wiedergeben als alle anderen Versuche, sie zu erklären, aber an ihrem hypothetischen Charakter ändere dies nichts. Boulliau war zwar – gleich Galilei – ebenfalls Kopernikaner, aber er ging einen anderen Weg als Kepler. In seinem 1645 in Paris erschienenen umfänglichen Buch »Astronomia Philolaica« glaubte er die Wissenschaft um eine neue Hypothese über die Planetenbewegung bereichern zu müssen. Darin gibt es keine Keplersche Planetenbewegung, statt dessen eine gleichförmige Bewegung der Planeten um einen der Brennpunkte der Ellipse.

Boulliau kritisierte auch die Ansicht Keplers, daß sich die von der Sonne ausgehende Kraft in der Ebene ausbreitet, in der die Planeten um die Sonne laufen. Daraus hatte Kepler abgeleitet, daß sich diese Kraft umgekehrt proportional zum Abstand vom »Schwerezentrum«, der Sonne, verhalte. Demgegenüber beharrte Boulliau auf der Ausbreitung der Kraft von Oberfläche zu Oberfläche. Daraus folgte allerdings ein anderes Abstandsgesetz: Die Kraft mußte umgekehrt dem Quadrat des Abstandes abnehmen. Eine Zentralkraft – wie Kepler sie hypothetisch annahm – finden wir bei Boulliau nicht.

Ein anderer Zeitgenosse, dem die Probleme der Bewegung der Himmelskörper Kopfzerbrechen bereiteten, war der italienische Arzt und Astronom Giovanni Alfonso Borelli (1608–1679). Sowohl die

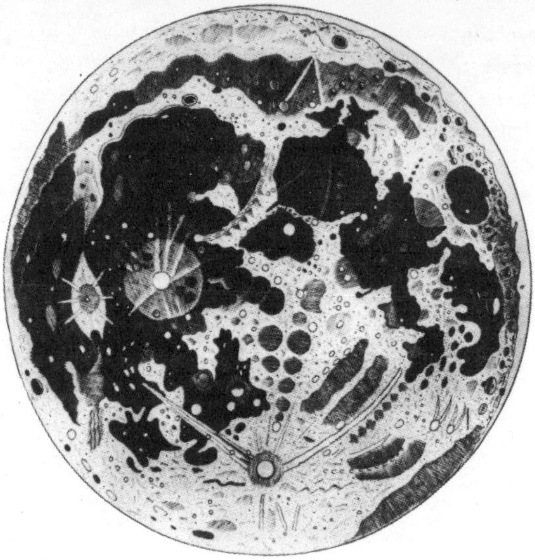

Zeichnung der Mondoberfläche von Hevelius. Johannes Hevel gilt als der Begründer der Selenographie. Er gab die erste Mondkarte heraus.

Planetenbewegung als auch die Umläufe der Jupiter- und Saturntrabanten um ihre Zentralplaneten führten ihn zu der Meinung, daß es ein natürliches Bestreben der Körper gebe, sich mit dem Zentralkörper zu vereinigen. Wenn dies aber trotzdem nicht geschehe, so liege es daran, daß außerdem – und zwar gerade infolge der Bewegung – ein Drang nach außen hervorgerufen werde, ähnlich wie bei einer Schleuder, die wir loslassen und deren Geschoß nach außen in den Raum fliegt. Ein Planet, der sich um die Sonne, oder ein Trabant, der sich um einen Planeten bewegt, können dies offenbar nur dann in einem vorgegebenen Abstand, wenn die beiden einander entgegenwirkenden Kräfte gleichgroß sind, schlußfolgerte Borelli.

Borelli ging noch einen Schritt weiter. Er betrachtete den Fall, daß die »Fliehkraft« gegenüber dem »Vereinigungsstreben« in irgendeinem Punkt der Bahn unterlegen sei und fragte sich: Was geschieht dann? Offenbar zieht die Kraft den Planeten näher an die Sonne heran, und zwar so lange, bis ein Ausgleich zwischen beiden Kräften zustande kommt. Die Annäherungsgeschwindigkeit muß der Planet nun aber nach dem Galileischen Trägheitsgesetz beibehalten. Er nähert sich also der Sonne immer weiter, bis die Fliehkraft größer ist als die Anziehungskraft. Dann beginnt mit Notwendigkeit der umgekehrte Vorgang: Die Fliehkraft treibt ihn allmählich auf einen größeren Kreis, und nach einem vollen Umlauf wird der Planet jenen Punkt wieder erreicht haben, von dem der gedachte Prozeß begann. Borelli hatte somit eine Möglichkeit gefunden, die beobachteten elliptischen Planetenbahnen unter der Annahme einer von der Sonne ausgehenden Kraft zu erklären, der eine durch die Umlaufbewegung der Planeten hervorgerufene andere Kraft entgegenwirkt.

Schwerkraft und Planetenbewegung mußten miteinander zusammenhängen – diese Überzeugung setzte sich überall durch.

Eine Reihe von Versuchen, um zur Klärung der Ursache der Planetenbewegung vorzustoßen, unternahm auch der Engländer Robert Hooke (1635–1703). Er schloß sich den Vermutungen Keplers an und meinte, die eigentliche Ursache der Anziehung liege im Magnetismus oder in der Elektrizität begründet. Wenn dies richtig sei, so folgerte Hooke, sollte man eine Abnahme der Kraftwirkung mit zunehmender Höhe über dem Erdboden feststellen. Später versuchte Hooke, zu einem Anziehungsgesetz zu kommen, indem er von der beobachteten Planetenbewegung ausging. Er meinte, die krummlinige Bewegung sei nicht aus einem ersten Anstoß zu erklären, sondern es müsse ständig eine Kraft wirken, die diese gekrümmte Bewegung erzwinge. Sei diese Kraft im Zentrum der Bewegung verankert, so müsse es gelingen, aus der Mechanik die gesamte Bewegung des Körpers zu errechnen.

Im Jahre 1674 schließlich veröffentlichte Hooke eine Studie, in der er sich mit dem Beweis der jährlichen Bewegung der Erde um die Sonne beschäftigt. Am Schluß dieser ausführlichen Abhandlung kommt er auch wieder auf die Ursache der Planetenbewegung zu sprechen. Seine Einsichten sind bereits erstaunlich. Drei Erkenntnisse spricht Hooke nun deutlich aus:

»1. Daß alle himmlischen Körper eine Anziehung oder Gravitation nach ihrem eigenen Mittelpunkt ausüben, so daß sie nicht nur ihre eignen Teile anziehen ... Es üben also nicht nur die Sonne und der Mond einen Einfluß auf die Körper und die Bewegung der Erde – und diese wieder auf jene – aus, sondern ebenso üben auch Merkur, Venus, Mars, Jupiter und Saturn durch ihre Anziehung einen beträchtlichen Einfluß auf die Bewegung der Erde aus, in derselben Weise, wie die entsprechende Anziehung der Erde einen beträchtlichen Einfluß auf einen jeden von ihnen hat.

2. Daß alle möglichen Körper, welche eine einfache und geradlinige Bewegung einmal erhalten haben, dieselbe solange in einer geraden Linie fortsetzen, bis sie durch eine andere wirksame Kraft in ihrer Bewegung abgelenkt und gezwungen werden, einen Kreis, eine Ellipse oder eine andere zusammengesetztere Linie zu beschreiben.

3. Daß die anziehenden Kräfte in ihrer Wirkung umso größer sind, je näher die Körper, auf die sie wirken, dem Zentrum der Anziehung sind. Was freilich den Grad dieser Zunahme betrifft, so habe ich ihn noch nicht experimentell bestätigt; aber es ist dies sicher ein Begriff, der, wenn er, wie er sollte, völlig erkannt wird, den Astronomen mächtig helfen wird, alle himmlischen Bewegungen auf ein Gesetz zurückzuführen, was ohne ihn niemals geschehen wird.«

Saturn mit Ring, wie ihn Hevelius sah

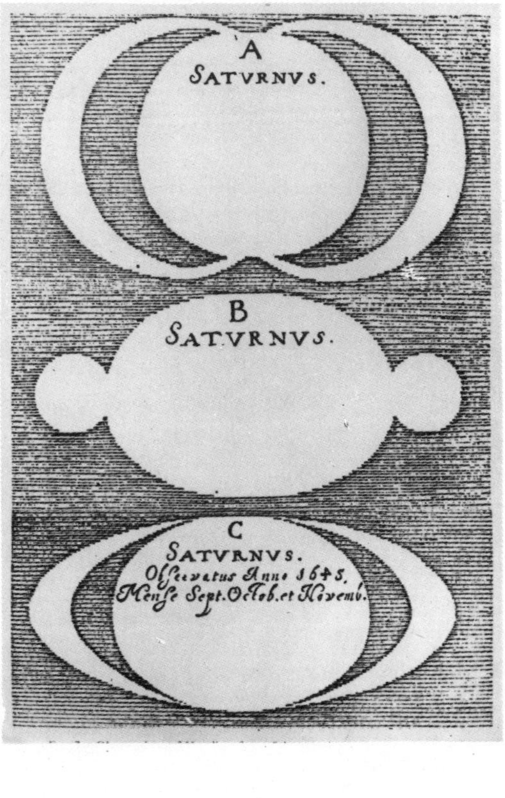

Sternwarte Johannes Hevels über den Dächern von Danzig, wo er 40 Jahre lang vor allem den Mond, Kometen, Planeten und Sonnenflecken beobachtete. Mit seinem Werk »Selenographia« (1647) begründete er die Mondforschung.

Zweifellos kommt Hooke auch das Verdienst zu, den Mann zur entscheidenden Geistestat angeregt zu haben, der das Problem schließlich löste und damit zu einem Klassiker in der Geschichte der Naturforschung wurde: Isaac Newton (1643–1727).

Hooke wurde im Jahre 1679 zum Sekretär der Royal Society, der englischen Akademie der Wissenschaften, gewählt und hatte daher auch für die von der Gesellschaft herausgegebene Zeitschrift »Philosophical Transactions« Sorge zu tragen. Er wendete sich deshalb unter anderem auch an Newton mit der Bitte, ihn durch wissenschaftliche Beiträge für die »Transactions« zu unterstützen. Insbesondere ließ Hooke auch durchblicken, daß ihn Newtons Meinung zu seiner Hypothese über die Bewegung der Himmelskörper lebhaft interessieren würde. Gleichzeitig informierte Hooke seinen Kollegen über die neuen Erdmessungen von J. Picard, G. D. Cassini, O. Römer und de la Hire, die zu berechtigten Hoffnungen auf einen genaueren Wert für den Erddurchmesser Anlaß gaben. Gerade diese Mitteilung dürfte bei Newton auf größtes Interesse gestoßen sein und ihn möglicherweise ermuntert haben, sich den Fragen der Gravitation intensiv zuzuwenden.

Kosmische Wirbel?

Zu den hervorragenden Denkern, die sich in der Periode vor Newton bereits mit dem Problem der Schwerkraft und der Bewegung der Himmelskörper beschäftigten, gehört auch der berühmte französische Naturforscher und Philosoph René Descartes (1596–1650).

Die Ausarbeitung seiner philosophischen und naturwissenschaftlichen Ansichten vollzog sich bei ihm unverkennbar unter dem Einfluß des Zerfalls des Feudalismus sowie der Herausbildung und Entfaltung kapitalistischer Verhältnisse.

Descartes war ein leidenschaftlicher Vorkämpfer gegen das theologisch-scholastische Weltbild und gegen die Allmacht der feudalen Kirche. In der Überwindung der Vorherrschaft der mittelalterlichen Scholastik erblickte er eine unabdingbare Voraussetzung dafür, das praktische gesellschaftliche Bedürfnis nach freier Entfaltung der Wissenschaften durchzusetzen. Sein diesbezügliches Verdienst beschränkt sich keineswegs auf die Philosophie, in der er mit seiner kritischen Methode die klerikalen Glaubensdogmen erschütterte und Wege zu einer wissenschaftlich begründeten rationalen Erkenntnis wies. Nicht minder wichtig ist sein Beitrag zur Entwicklung der Naturwissenschaften. In seiner Metaphysik, als Lehre vom Übernatürlichen aufgefaßt, bezog er insofern idealistische Positionen, als er von der Annahme einer immateriellen Substanz ausging. Demgegenüber unterschied sich seine als Lehre von der Natur verstandene Physik dadurch, daß ihr ein Substanzbegriff zugrunde lag, der in den Naturwissenschaften eine materialistische Betrachtungsweise ermöglichte. Dabei darf freilich nicht außer acht bleiben, daß es zwischen beiden Substanzbegriffen keinerlei Beziehung gibt. Hieraus folgt jedoch ein dualistischer Standpunkt, der mit mannigfachen Widersprüchen und Inkonsequenzen des philosophischen Systems von Descartes verbunden ist.

Um Leistungen und Grenzen der cartesianischen Philosophie richtig einschätzen zu können, muß entsprechende Berücksichtigung finden, daß sie eben in Gestalt seiner physikalischen Theorie eine stark ausgeprägte materialistische Komponente besitzt, die der naturwissenschaftlichen Erkenntnis entscheidende Impulse vermittelte. Darauf haben Karl Marx und Friedrich Engels unmißverständlich hingewiesen, indem sie in »Die heilige Familie« unter anderem ausführten: »In seiner Physik hatte Descartes der Materie selbstschöpferische Kraft verliehen und die mechanische Bewegung als ihren Lebensakt gefaßt. Er hatte seine Physik vollständig von seiner Metaphysik getrennt. Innerhalb seiner Physik ist die Materie die einzige Substanz, der einzige Grund des Seins und des Erkennens.«

Die Lehre von der Materie und ihrer Bewegung ist das Kernstück der cartesianischen Physik. Sie beansprucht daher besondere Aufmerksamkeit. Ihr bedeutendes historisches Verdienst besteht in der Forderung, die Natur in ihrer Entwicklung, ausgehend von den objektiven Bewegungsgesetzen der Materie, zu erklären.

Zu den Grundthesen seiner Physik, auf die sich Descartes bei der Ausarbeitung seiner Kosmogonie stützte, gehören vor allem: Das Weltall ist materiell und unendlich; die aus Teilchen (Korpuskeln) bestehende Materie ist bis ins Unendliche teilbar; es gibt entgegen der später auch von Newton vertretenen Auffassung keinen absolut leeren Raum; die räumliche Ausdehnung ist die charakteristische Eigenschaft der physikalischen Substanz; die Materieteilchen befinden sich in steter Bewegung, bei der es sich um Veränderungen ihrer Lage im Raum handelt; außerhalb der Materie gibt es im Prinzip keine sie bewegenden Kräfte irgendwelcher Art, denn Materie und Bewegung, voneinander untrennbar, sind auch unzerstörbar.

Seine Kosmogonie arbeitete Descartes zwischen 1630 und 1633 aus. Sie stellt einen Versuch dar, auf streng naturwissenschaftlich-materialistischer Grundlage eine in sich geschlossene Theorie über die Entstehung des Weltalls zu entwickeln. Das Ergebnis war eine imponierende und wahrlich kühne Hypothese, die in gewissem Maße wesentliche Elemente der mehr als 100 Jahre später von Immanuel Kant entworfenen und dann von Pierre Simon de Laplace präzisierten Nebularhypothese vorausnahm.

Es sei hervorgehoben, daß Descartes seine Überzeugung, wonach die Bewegung weder erschaffen noch zerstört werden kann, auf den gesamten Kosmos ausdehnte. Entsprechend dem damaligen Wissensstand, der in der Theorie der klassischen Mechanik gipfelte und somit die zeitbedingten Erkenntnisschranken markierte, verstand er unter Bewegung der Materie universelle mechanische Bewegungsabläufe, also Ortsveränderungen materieller Teilchen kraft wechselseitiger Einwirkungen aufeinander. Demzufolge betrachtete Descartes die gesamte Natur als einen gigantischen Mechanismus, der sich gemäß den Gesetzen der Mechanik bewegt. Seine Auffassung von der Bewegung als einer konstanten Größe war übrigens in philosophischer Fassung die Vorwegnahme des viel später von Julius Robert Mayer (1814–1878) und anderen entdeckten und formulierten Prinzips der Erhaltung der Energie beziehungsweise des Gesetzes der Erhaltung des Bewegungsquantums, was ein charakteristisches Beispiel dafür ist, daß solche philosophische Ideen die naturwissenschaftliche Forschung wesentlich fördern können, sofern sie von den Naturwissenschaftlern rechtzeitig und richtig aufgegriffen werden.

Das wissenschaftlich anregende Kernstück der cartesianischen Kosmogonie war die sogenannte Wirbeltheorie. Auf dieser Grundlage gelang es Descartes, das erste geschlossene mechanisch-materialistische Weltbild der Neuzeit zu begründen. Ausgehend von den Erkenntnissen der Mechanik, dem damals entwickeltsten Zweig der Naturwissenschaften, äußerte er den originellen Gedanken, daß die Gesamtheit aller Himmelskörper aus dem ursprünglichen Chaos der Weltmaterie im Prozeß wirbelartiger Kreisbewegungen ihrer kleinsten Teilchen entstanden sei. Dabei soll sich die Materie zunächst in drei Arten oder »Elemente« gegliedert haben. Die größten und dichtesten Teilchen hätten das »Erdelement«, die kleineren runden Teilchen das »Luftelement« und die winzigsten und zugleich leichtesten Teilchen das »Feuerelement« gebildet. Die Rotationsbewegung des Materiewirbels habe nun die größten und dichtesten Teilchen vom Zentrum weggeschleudert, was in der Folge zur Entstehung der Planeten führte, die ihrerseits um die eigene Achse rotieren. Aus den leichtesten Teilchen, die im Zentrum verblieben, seien Sonne und Sterne hervorgegangen. Die Entstehung anderer Sonnensysteme erkläre sich daraus, daß die Rotation der Planeten ihrerseits neue »örtliche« Wirbel bildete.

Wie Descartes in diesem Zusammenhang weiter erläuterte, werde bei jeder Rotation durch die Fliehkraft ständig Materie nach außen gedrängt. Diesen Vorgang müsse man sich so vorstellen, daß ein aus bestimmter Höhe fallender Stein, der wenig kosmische Materie enthält, nach unten falle, während ein anderer Stein, der aus wesentlich dichterer kosmischer Materie besteht, gleichsam durch eine aus tieferen Luftschichten stammende Luftmasse »ersetzt« wird. Die Schwere sei demnach nichts anderes als der »Andrang« kosmischer Materie.

Diese soeben in ihren Grundzügen dargelegte Wirbelhypothese war ohne Zweifel ein bedeutsamer Schritt in Richtung auf den Nachweis einer natürlichen Entstehung der Himmelskörper auf Grund des Wirkens von Naturgesetzen, die der Materie eigen sind und von niemandem beeinflußt werden können. Angesichts dessen überrascht nicht, daß die kosmogonischen Ansichten Descartes alsbald in den Strudel erbitterter Auseinandersetzungen zwischen Fortschritt und Reaktion gerieten. Namentlich die Jesuiten und andere klerikale Fanatiker sowie die stockreaktionären Stammhalter der feudal-absolutistischen Königsmacht bekämpften und verketzerten Descartes und seine Ideen von Anfang an buchstäblich mit allen verfügbaren Mitteln und Methoden. Deshalb hatte er bereits in jungen Jahren sein Heimatland Frankreich verlassen und sich nach Reisen durch Deutschland, Ungarn, Holland, die Schweiz und Italien schließlich im Jahre 1628 endgültig nach den Niederlanden begeben, wo er einigermaßen sicher vor Verfolgungen und religiöser Intoleranz leben zu können glaubte. Seine Hoffnungen erfüllten sich jedoch nicht. Auch in Holland, dem damals ökonomisch und politisch fortgeschrittensten kapitalistischen Land, stieß die Verbreitung seiner Ansichten auf den immer stärker anwachsenden Widerstand der protestantischen Orthodoxie, deren Vertreter schließlich auch hier das Verbot seiner Lehren und Schriften durchsetzten. Aus diesem Grunde sah sich Descartes veranlaßt, seinen Wohnsitz geheimzuhalten und insgesamt 13mal zu wechseln. Daß er unter solch ungünstigen Arbeits- und Lebensbedingungen dennoch rastlos und höchst produktiv arbeitete, bezeugt seine Größe als Wissenschaftler und Mensch.

Auch an seiner Kosmogonie arbeitete Descartes während seines Aufenthaltes in Holland. Die Niederschrift seiner kosmogonischen Vorstellungen erfolgte zwischen 1630 und 1633. Als er die Nachricht erhielt, daß der von ihm hochgeschätzte Galilei am 23. Juni 1633 in einem zweiten Prozeß von

Armillarsphäre von Johannes Möller, 1687

der Inquisition verurteilt und zum Widerruf seiner Lehren gezwungen worden war, vernichtete er eigenhändig den größten Teil eben jener Schrift, die den Problemen der Kosmogonie gewidmet war. Angesichts des unvorstellbar grausamen physischen und geistigen Terrors, mit dem die damals noch allmächtige Kirche selbst auf die geringsten Zweifel an ihren Dogmen reagierte, ist Descartes' Vorsichtsmaßnahme durchaus verständlich.

Bedauerlich ist freilich, daß uns dadurch nur Teile der ursprünglichen Fassung seines Buches »Le monde ou traité de la lumière« überliefert sind, die dann erst im Jahre 1664, also 14 Jahre nach Descartes' Tod, veröffentlicht werden konnten. Dennoch reicht das zur Verfügung stehende Material aus, um die Hauptlinien der cartesianischen Kosmogonie zu rekonstruieren. Es handelt sich hierbei in der Tat um einen genialen Entwurf. Allein der durchgängige Hauptgedanke einer historischen Entwicklung der materiellen Welt aus sich selbst heraus war wegweisend und sichert Descartes einen Ehrenplatz unter den Entdeckern des Himmels, obwohl es ihm noch nicht möglich war, über bestimmte Ansätze eines historischen Herangehens an die Natur hinauszugehen und eine fundierte Entwicklungskonzeption in bezug auf Werden und Vergehen der Himmelskörper auszuarbeiten. Wie noch an anderer Stelle zu zeigen sein wird, bildete sich diese Entwicklungskonzeption erst viel später heraus und setzte sich selbst dann noch – auch in der Kosmogonie – nur sehr langsam gegen die vorherrschende metaphysische Betrachtungsweise in den Naturwissenschaften durch.

Der berühmte französische Enzyklopädist und Philosoph der französischen Aufklärung Jean d'Alembert (1717–1783), der die Wirbeltheorie von Descartes als »eine der schönsten und geistvollsten Hypothesen« bezeichnete, begründete diese hohe Wertschätzung mit dem Hinweis darauf, daß hierin die Bewegung der Himmelskörper und die Fallbewegung auf der Erde aus demselben Prinzip abgeleitet werden. Nicht zuletzt darin liegt die historische Bedeutung des großangelegten Versuchs von Descartes, die herangereiften Probleme

Nürnberg war vom 14. bis 18. Jahrhundert eines der Zentren astronomischer Beobachtungskunst. Unser Bild zeigt eine alte Nürnberger Sternwarte um 1700 mit verschiedenen Instrumenten zur Winkelmessung, die z. T. bereits mit Fernrohren ausgestattet sind.

der Mechanik zu lösen. Allerdings muß hinzugefügt werden, daß von der cartesianischen Wirbeltheorie kein geradliniger Weg zur Newtonschen Gravitationstheorie führte. Auch das dritte Keplersche Gesetz läßt sich aus den Vorstellungen von Descartes nicht herleiten. Darauf hat auch Newton selbst später in seiner Kritik an der Wirbeltheorie hingewiesen. Diese Theorie gestattet zwar prinzipiell die Entwicklung einer Dynamik, scheiterte aber in letzter Instanz daran, daß die Himmelskörper eben doch keine Wirbel sind.

Newton und der Apfel

In alten »volkstümlichen« Büchern kann man es lesen und auf romantisch verklärten Bildern auch sehen, wie Newton zu seinem Gravitationsgesetz gekommen sein soll. In seinem Garten zu Woolsthorpe sitzt ein blondgelockter, junger Mann mit nachdenklichem Blick unter einem Apfelbaum, während über ihm ein offenbar schon überreifes Produkt des Baumes an einem Zweig schaukelt. Als sich dann der Apfel löst und auf die Erde herabfällt, soll Newton den entscheidenden Anstoß zu seiner Gravitationstheorie empfangen haben. Angeblich nach dem Bericht einer Nichte des berühmten englischen Naturforschers wurde diese Anekdote von Voltaire (1694–1778) verbreitet, und der Baum, unter dem Newton seinerzeit gesessen haben soll, wurde zu einer Art Reliquie für Schwärmer. Später soll sich der nachmalige Besitzer des Newtonschen Gartens sogar einen Tisch aus dem Holz dieses Baumes angefertigt haben. Völlig aus der Luft gegriffen ist die Apfelbaumlegende wohl nicht, denn Newton selbst hat sie seinem Zeitgenossen Stukeley erzählt. Beim Herunterfallen des Apfels habe er sich die Frage vorgelegt, warum dieser – ebenso wie andere fallende Körper – stets senkrecht, d. h. zur Erdmitte, falle. Er sei dann darauf gekommen, daß es eine Anziehungskraft geben müsse, die im Erdinnern konzentriert ist. Es wäre natürlich töricht, wollte man annehmen, daß der fallende Apfel dem Physiker, einer »Eingebung« gleich, die Lösung des schwierigen Problems gebracht habe, an dem schon andere vergebens gearbeitet hatten.

Daß sich der englische Physiker, Mathematiker und Astronom Isaac Newton (1643–1727) mit den Fragen der Gravitation beschäftigte, war seinerzeit ohnehin nichts Ungewöhnliches mehr. Wie wir gesehen haben, stand dieses Problem auf der Tagesordnung der Wissenschaft, und die Folgerichtigkeit dieser Fragestellung zeigt sich nirgends deutlicher als bei Kepler, der unmittelbar aus dem Bestehen der von ihm gefundenen Gesetze die Frage nach der Ursache dieser Gesetzlichkeit ableitete. Aus einem Brief, den Newton im Jahre 1686 an seinen berühmten Zeitgenossen, den Mathematiker und Astronomen Edmund Halley (1656–1742) schrieb, wissen wir, daß er sich schon als junger Mann im Alter von 22 oder 23 Jahren mit dem Problem beschäftigte, welche Folge das dritte Keplersche Gesetz für die Ausbreitung der Schwere haben mußte. Er leitete damals – anders als Kepler selbst – eine reziproke Proportionalität zwischen der Anziehung der Sonne und dem Quadrat des Abstandes der Planeten ab.

In den nachgelassenen Aufzeichnungen Newtons fand sich ferner folgende noch weiter reichende Bemerkung aus dem Jahre 1666: »In dem gleichen Jahr begann ich, über die Gravitation nachzudenken, die sich bis zur Mondbahn erstreckt, und ich fand, wie die Kraft abzuschätzen ist, mit welcher eine Kugel, die innerhalb einer Sphäre rotiert, auf die Fläche dieser Sphäre drückt. Aus der Regel Keplers, daß die Perioden der Planeten das Verhältnis anderthalb zu den Entfernungen von den Zentren ihrer Bahnen haben, folgerte ich, daß die Kräfte, welche die Planeten in ihren Bahnen halten, umgekehrt proportional zu den Quadraten ihres Abstandes von den Zentren sein müssen, um welche sie sich drehen. Hieraus weiter schließend verglich ich die Kraft, die notwendig ist, um den Mond in seiner Bahn zu halten, mit der Schwerkraft auf der Oberfläche der Erde und fand, daß sie fast genau gleich sind. All dies ereignete sich in den zwei Pestjahren 1665 und 1666, da ich damals in der Blüte meiner erfinderischen Kräfte war und mehr als jemals später über Mathematik und Philosophie nachdachte.«

Newton hatte also schon damals die wesentliche Einsicht in die Universalität der Schwerkraft. In seinen Worten drückt sich deutlich aus, daß er dieselbe Kraft, die Mond und Planeten in ihre Bahn zwingt, auch für die Fallbewegungen auf der Erde verantwortlich machte.

Isaac Newton

Doch Newton verfolgte dieses Problem damals nicht. Fast anderthalb Jahrzehnte arbeitete er an diesem äußerst wichtigen Problem nicht weiter. Der Grund dafür ist nur ungenau bekannt. Vielleicht befriedigte ihn die Übereinstimmung nicht, die er zwischen der Schwerkraft auf der Erdoberfläche und der Schwerkraft gefunden hatte, die weit draußen im Weltall auf den Mond einwirkt? Tatsächlich war die Mondentfernung infolge des damals nur ungenauen Wertes für den Erddurchmesser ebenfalls nicht präzise bekannt. Da sie für die Berechnung der Gravitationswirkung der Erde auf den Mond entscheidend ist, konnte Newton also auch keine befriedigende Übereinstimmung finden. Doch zu jener Zeit schrieb ihm der bedeutende englische Naturforscher Robert Hooke von den neuen Messungen.

In dem unmittelbaren Antwortbrief ging Newton auf seine Studien allerdings noch nicht ein. Vielmehr dauerte es nochmals sechs Jahre, bis er mit der schriftlichen Darlegung seiner Resultate zum Gravitationsproblem begann. Wir wissen über diesen Vorgang von dem Sekretär, den sich Newton auf Empfehlung der Grantham School für die Niederschrift engagiert hatte und der von 1685 bis 1689 bei ihm lebte. In dieser Zeit schrieb Newton eines der bedeutendsten Werke, das jemals in der Geschichte der Naturwissenschaften geschaffen wurde, die »Mathematischen Prinzipien der Naturphilosophie« (Philosophiae naturalis principia mathematica). In diesem 1684 vollendeten und 1687 veröffentlichten Werk wurden die Begriffe Masse, Gewicht, Kraft und andere geklärt und für die Dynamik der Newtonschen Axiome an die Spitze gestellt.

Ein Schauplatz des Kampfes um die Wahrheit

Die Forschungswege, die Newton gegangen ist, lassen sich schwer rekonstruieren. Sie liegen nicht so glasklar vor uns, wie etwa die wissenschaftlichen Bahnen des Johannes Kepler, der sie selbst geschildert hat. Wir wissen lediglich, daß Newton in den knapp fünf Jahren der unmittelbaren Arbeit an den »Prinzipien« äußerst hart arbeitete. Dabei soll er nach dem Zeugnis seines Sekretärs stets liebenswürdig, ruhig, bescheiden und niemals in gereizter Stimmung gewesen sein. Allerdings sah ihn die »helfende Hand« während jener Jahre auch kaum einmal lachen. Newton gönnte sich keine Erholung, mißachtete alle Vergnügungen, die damals in Mode waren: Er ritt weder aus, noch spielte er Kegel. Sein Zimmer verließ er fast ausschließlich nur, um Vorlesungen zu halten, die meist schlecht besucht waren und unverstanden blieben. Selbst das Mittagessen nahm er oft erst nach Ermahnung und auch dann noch meist stehend zu sich. Nur vier oder fünf Stunden Schlaf gönnte er sich täglich, dann zog es ihn wieder zu seinen Problemen. Und ausgerechnet von diesem Gelehrten mit dem Leben eines extremen Sonderlings sagte Albert Einstein: »Ein solcher Mann kann nur verstanden werden, wenn man ihn als einen Schauplatz begreift, auf dem der Kampf um die ewige Wahrheit stattfand.« Davon freilich wußte zunächst niemand etwas, denn Newton arbeitete gleichsam unter »Ausschluß der Öffentlichkeit«.

Eines Tages gelang es Edmund Halley – wie schon 18 Jahre früher Newton – aus dem dritten Keplerschen Gesetz die Abnahme der Schwere mit dem umgekehrten Quadrat der Entfernung abzuleiten. Aber Halley wußte nicht, wie man daraus auf die elliptische Bahnform der Planeten kommen sollte. In einem Londoner Kaffeehaus trafen sich damals der Mathematiker und Astronom Halley, der Architekt Wren sowie der Physiker und Naturforscher Hooke, um über dieses Problem zu debattieren. Wren setzte sogar eine Prämie aus für denjenigen, der die Frage beantworten konnte, wie das dritte Keplersche Gesetz mit dem ersten auf der Grundlage der gesetzmäßigen Abnahme der Schwere mit dem umgekehrten Quadrat des Abstandes vom Anziehungszentrum zu vereinen sei.

Interessant ist die Gewißheit, mit der alle drei eine solche Ableitung für möglich hielten. Aber – sie gelang keinem von ihnen! Als Halley im Sommer des Jahres 1684 in Cambridge weilte, meldete er sich kurzerhand bei Newton an und berichtete ihm von der Diskussion. Newton ließ Halley während seines Gesprächs wissen, daß er die Lösung dieses Problems bereits besitze und er ihm in absehbarer Zeit ein Manuskript darüber zuschicken würde. Ein Vierteljahr später traf das versprochene Schriftstück tatsächlich bei Halley ein, der – obwohl aufs höchste erstaunt – die Bedeutung der Arbeit in vollem Umfang begriff. Er bat Newton, diese Arbeit möglichst rasch zu veröffentlichen. Newton schickte daraufhin im Februar des folgenden Jahres seine Abhandlung »Über die Bewegung« an die Royal Society; er ließ das Manuskript lediglich zur Sicherung der Priorität registrieren, nicht aber drucken. Indessen arbeitete er im gewohnten Stil weiter, möglicherweise durch die sich anbahnenden Erfolge Halleys nur noch intensiver als zuvor, obwohl weder Halley noch Hooke imstande waren, jene Leistung zu vollbringen, die Newton mit seinen »Prinzipien« kurz darauf vorlegte.

Mit dem Druck ging es allerdings trotz eines Beschlusses der Royal Society, die Kosten zu tragen, nicht so schnell voran, wie wünschenswert gewesen wäre. Einesteils fehlte es an Mitteln, zum zweiten verzögerte Hooke die Herausgabe, da er sich um seine eigenständige Entdeckung des Abnahmegesetzes der Schwerkraft, die Newton mit keinem Wort erwähnte, betrogen fühlte. Halley versuchte, in diesem Streit zu vermitteln und schilderte Newton in vorsichtigen Worten die Bedenken Hookes. Doch Newton geriet über dieses Ansinnen in Zorn. Rundheraus bestritt er überhaupt jeden Anteil Hookes an der Lösung des Gravitationsproblems. Ein unerfreulicher Prioritätsstreit, wie so oft in der Geschichte der Wissenschaften, schloß sich an.

Newton warf Hooke vor, er hätte seine Beweise möglicherweise von Borelli aus den Briefen, die er – Newton – an den niederländischen Physiker und Mathematiker Christian Huygens (1629–1695) geschrieben hatte. Newton wurde durch die Geschichte mit Hooke schließlich so verärgert, daß er den dritten Teil seines Werkes – gerade dieser enthielt die Anwendung auf die Himmelskörper – überhaupt nicht drucken lassen wollte. Das Buch erschien dann erst im Jahre 1687.

Der Streit mit Hooke wurde glimpflich beigelegt. Vom heutigen Standpunkt hatte Newton mit seinen scharfen Ausfällen gegen Hooke keineswegs recht. Zwar gelang es Hooke nicht, die Synthese in Form des Gravitationsgesetzes zu finden, aber zahlreiche einzelne Fakten, die auf dem Wege dahin notwendig waren, hat außer Newton niemand so klar gesehen wie gerade Hooke.

Eine »Weltformel«

»Die verschlungenen Windungen der Entwicklung der Mechanik, der Physik und der Astronomie, die mit den Namen eines Aristoteles, Ptolemäus, Copernicus, Galilei, Kepler, Descartes verknüpft sind, wurden von der genialen Klarheit und Harmonie der ›Prinzipien‹ aufgesogen und ersetzt«, stellte der sowjetische Gelehrte Sergei I. Wawilow (1891 bis 1951) fest. Ähnlich wie später Einstein war auch Newton Vollender und Bahnbrecher zugleich. Newtons »Prinzipien« enthalten vor allem das allgemeine Gravitationsgesetz: Alle Massen ziehen einander mit einer Kraft an, die den Massen direkt proportional und dem Quadrat der gegenseitigen Abstände umgekehrt proportional ist. Zusammen mit den Grundsätzen seiner auf Axiomen aufgebauten Mechanik ist damit das Rüstzeug für die Lösung zahlreicher Probleme der gesamten Wissenschaft gegeben, wovon die Anwendung auf die Bewegung der Himmelskörper (Himmelsmechanik) eine der wesentlichsten ist. Die auf Newtons »Prinzipien« aufbauende klassische Mechanik hat bis weit ins 19. Jahrhundert hinein die unangefochtene Grundlage aller Naturwissenschaften dargestellt und ist – ungeachtet der inzwischen eingetretenen revolutionären Veränderungen der Physik – bis in unsere Tage von großer Bedeutung.

Die »Weltformel«, das allgemeine Gravitationsgesetz, gestattete Newton, die Keplerschen Gesetze als Folge des Wirkens der allgemeinen Anziehungskraft darzustellen und damit genau jene Lösung vorzulegen, um die Kepler so verbissen gerungen hatte. Auf diese Weise war nicht nur die Mechanik als Wissenschaft von der Bewegung unter dem Einfluß von Kräften, sondern gleichzeitig die Himmelsmechanik – als Wissenschaft von der Bewegung der Himmelskörper unter dem Einfluß von Zentralkräften – geboren.

Das Gravitationsgesetz hatte eine immense philosophisch-weltanschauliche Bedeutung. Es setzte jene Linie fort, die mit Copernicus begonnen hatte. War bei Copernicus die Erde von den anderen Himmelskörpern durch die neue Stellung der Sonne schon nicht mehr zu unterscheiden gewesen, so wurde nun gezeigt, daß es auch hinsichtlich der Ursache für die Bewegung der Körper keinen Unterschied zwischen Himmel und Erde gibt. Die Newtonsche Physik ist eine Himmel und Erde verbindende, universell gültige Physik. Die Erkenntnis von der materiellen Einheit der Welt wurde durch die klassische Physik Newtons um einen Riesenschritt vorangebracht.

Newtons Behauptung, daß die Massenanziehung allüberall wirke, war eine Schlußfolgerung von erheblicher Kühnheit, deren Allgemeingültigkeit zahlreiche Erkenntnispessimisten bei jeder passenden Gelegenheit anzweifelten. Das ist verständlich, denn das Gesetz der universellen Gravitation war ein weiterer wirkungsvoller Schlag gegen das scholastisch-theologische Weltbild. Welche Rolle sollte Gott nun noch zu spielen haben in einem Weltall, das von Kräften regiert wird, die in den Massen selbst enthalten sind? Tatsächlich haben dann auch andere kühne Denker aus dem Newtonschen Gravitationsgesetz noch weitere antitheologische Konsequenzen abgeleitet, insbesondere Kant mit der Entwicklungstheorie der Körper im Universum und des Universums überhaupt.

Newton selbst war ein frommer Mann; er war auch nicht davon überzeugt, daß die Wirkung der Gravitation ausreiche, um die Stabilität des Planetensystems zu garantieren. Gott war noch nicht völlig aus dem Naturgeschehen verbannt. An dieser metaphysischen Naturauffassung Newtons übte z. B. Leibniz scharfe Kritik, indem er ironisch anmerkte: »Herr Newton und seine Anhänger ... haben eine spaßige Auffassung vom göttlichen Geschehen. Nach seiner Meinung hat Gott das Bedürfnis, von Zeit zu Zeit seine Uhren aufzuziehen, andernfalls bleiben sie nämlich stehen. Diese göttliche Maschine ist zudem ... so unvollkommen, daß Gott sie von Zeit zu Zeit einölen und sogar verbessern muß.« Die Ansicht Newtons, die in dieser Hinsicht tatsächlich unzulänglich war, wurde alsbald von den Mathematikern selbst korrigiert, indem sie aus der Newtonschen Theorie die bedeutsame Erkenntnis ableiteten, daß die Störungen der Massen innerhalb des Planetensystems nicht zu Instabilitäten führen, sondern daß sie über lange Zeiträume hinweg durchaus die Stabilität gewährleisten.

Erfolge der Himmelsmechanik

Die Epoche vom Erscheinen der »Principia« bis gegen Ende des 19. Jahrhunderts ist in der Astronomie ein einzigartiger Triumphzug der Himmelsmechanik. Generationen von Astronomen und Instrumentenbauern spornten sich wechselseitig zu immer höheren Leistungen an. Stieg die Genauigkeit der Beobachtungsinstrumente, so konnte die Theorie präzisiert und exakter nachgeprüft werden; daraus resultierte wieder der Bedarf an noch genaueren Instrumenten. Himmelsmechanik und Positionsastronomie wurden zum uneingeschränkten Programm der Astronomie erklärt.

Berühmt ist der Ausspruch Friedrich Wilhelm Bessels (1784–1846), eines bedeutenden Vertreters dieser Forschungsrichtung, der in einer seiner Vorlesungen erklärte: »Die Astronomie hat *keine andere* Aufgabe, als Regeln für die Bewegung jedes Gestirns zu finden, aus welchen sein Ort ... für jede beliebige Zeit folgt.« Dieses Programm hat sich als außerordentlich fruchtbar erwiesen; erst der Ausschließlichkeitsanspruch, mit dem es von den Anhängern der Besselschen Schule vertreten wurde, machte sich dann nach der Mitte des 19. Jahrhunderts auch negativ bemerkbar, weil auf diese

Weise das Eindringen von prinzipiell neuen, zukunftsträchtigen Methoden beträchtlich erschwert wurde.

Für die Lösung der Besselschen Aufgabe reichten bei den Planeten zunächst die Keplerschen Gesetze aus. Die Planetenmassen können als vergleichsweise klein gegenüber der Sonnenmasse angesehen werden, und die elliptischen Bahnen weichen kaum von der Kreisgestalt ab. Natürlich war man sich seit der Ausarbeitung der Grundlagen der Himmelsmechanik durch Newton darüber im klaren, daß sich theoretisch alle Körper des Sonnensystems auch gegenseitig beeinflussen und infolgedessen bei der Berechnung der Bewegungen kein reines Zweikörperproblem vorliegt – und nur für dieses stellen die Keplerschen Gesetze die Lösungen dar. Lediglich bei der Bestimmung der Bewegungsverhältnisse der Planetenmonde hatte die Berücksichtigung von mehr als zwei Massen zunächst eine praktische Bedeutung.

Auch die Entdeckung des Planeten Uranus gab vorerst kaum Veranlassung zur Benutzung einer ausgefeilten Theorie. Dies war erst später der Fall, als die Astronomen dem Rätsel seiner von den Erwartungen abweichenden Bewegung nachspürten. So erschienen denn die großen theoretischen Arbeiten, in denen die namhaften französischen Gelehrten Alexis Claude Clairaut (1713–1765), Joseph Louis Lagrange (1736–1813), Pierre Simon de Laplace (1749–1827) und andere aus der Newtonschen Theorie Lösungen für das Drei- und Mehrkörperproblem ableiteten, die zunächst wie eine zwar äußerst geistreiche, aber kaum nennenswert wichtige Formelakrobatik erschienen. In Wirklichkeit allerdings leisteten diese großen Theoretiker äußerst wichtige Vorarbeiten für die künftige Bewältigung einer Fülle von heranreifenden Problemen der Praxis.

Zu den ersten Erfolgen der Newtonschen Theorie kam es bei ihrer Anwendung auf die Kometen.

»Zuchtruten Gottes«?

Acht Hauptstuck sind, die ein Komet
Bedeut, wenn er am Himmel steht;
Wind, Theurung, Pest, Krieg, Wassersnoth,
Erdbidem, Endrung, eines Herren Todt.

Der berühmte Pendelversuch im Pantheon zu Paris im Jahre 1851, mit dem der französische Physiker Léon Foucault die Umdrehung der Erde mit Hilfe eines langen Pendels zeigte, dessen Schwingungsebene im Raume fest ist

Solche und ähnliche Prophezeiungen wurden seit alters durch Flugzettel und Boten verbreitet, wenn einer jener auffälligen Schweifsterne am Firmament erschien. Die alte Ansicht von den Kometen als atmosphärischen Dünsten war aber schon durch die Beobachtungen Tycho Brahes sehr ins Wanken geraten. Halley hatte sich bereits lange vor der Veröffentlichung der Newtonschen »Principia« die Frage vorgelegt, ob sich die Bewegung eines Kometen nicht möglicherweise aus einigen Beobachtungsdaten in die Zukunft extrapolieren lasse. Als er bei seinen wissenschaftlichen Freunden keinen konkreten Rat fand, hatte er auch Newton diese Frage vorgelegt und von diesem nicht nur die

Methode erläutert, sondern sogar die Erlaubnis bekommen, sich die entsprechenden Teile aus dessen Manuskripten abzuschreiben.

Halley suchte nun in der reichhaltigen Kometenliteratur nach guten Beobachtungsdaten und rechnete nach dem Gravitationsgesetz die Bahnelemente aus. Dabei machte er die überraschende Entdeckung, daß für drei verschiedene Kometen äußerst ähnliche Bahnen herauskamen: Der große Komet vom Jahre 1682 hatte den gleichen »kosmischen Fahrplan« wie die beiden Kometen von 1531 und 1607. Halley vermutete daraufhin, daß es sich bei allen drei Erscheinungen möglicherweise um einen einzigen Kometen handeln könne, der bei seiner Umlaufbewegung um die Sonne in bestimmten Zeitabständen immer wieder sichtbar wird. Unter dieser Voraussetzung sagte er das erneute Erscheinen des Kometen für das Jahr 1758 voraus. Ihm selbst war es nicht beschieden, die Bestätigung seiner Berechnung zu erleben, denn er starb bereits 1743.

Ein deutscher Bauer, der sich in seinen Mußestunden mit den Sternen beschäftigte, Johann Georg Palitzsch, hatte von der Vorhersage Halleys erfahren und suchte mit seinem selbstgebauten Fernrohr in einem Dorf unweit Dresdens nach dem Schweifstern. Am 25. Dezember 1758 erspähte er ihn tatsächlich – eine Leistung, die ihm nicht nur andauernden Nachruhm, sondern noch zu Lebzeiten auch die Mitgliedschaft der Petersburger Akademie der Wissenschaften einbrachte. Halley fand später noch heraus, daß der heute nach ihm benannte Komet auch mit den auffallenden Erscheinungen der Jahre 1305, 1380 und 1456 identisch war. Umso lächerlicher mußte es hernach wirken, daß Papst Calixtus III. gegen den Kometen von 1456 den Bann ausgesprochen haben soll. Was nützt ein Bannspruch gegen das Wirken von Naturgesetzen!

Durch den Beweis, daß es sich bei den Kometen um Himmelskörper handelt, die nach den Gesetzen der Schwerkraft ihre Bahn ziehen, wurde die Ansicht von den »Zuchtruten Gottes« immer unglaubwürdiger. Allerdings waren naturwissenschaftliche Gründe allein nicht imstande, den Kometenaberglauben auszurotten. Den breiten Massen fehlte es an Bildung. Für sie blieben die »Haarsterne« noch lange ein Anlaß zu Angst und Schrecken, und noch das Erscheinen des Halleyschen Kometen im Jahre 1910 hat weltweites Entsetzen auslösen und Weltuntergangsstimmung erzeugen können. Der Komet Halley kam 1986 wieder. Auch heute ist in vielen Ländern, wo nach wie vor astrologische Propaganda betrieben wird, der Kometenaberglaube keineswegs verschwunden und oft genug das Spielfeld geschäftstüchtiger Skribenten.

Die Erforschung der Kometen machte dank der Anwendung des Gravitationsgesetzes innerhalb relativ kurzer Zeit große Fortschritte. Das Studium sehr vieler Kometenbahnen ließ erkennen, daß sich die Kometen auf langgestreckten Bahnen bewegen und somit durchweg Mitglieder des Planetensystems sind. Später gesellten sich noch zahlreiche Einsichten in die physische Natur der Kometen hinzu. Und gegenwärtig sind sogar Untersuchungen der Schweifsterne mit Hilfe von Raumsonden geplant.

Die Position des Kometen von 1577 (1) relativ zur Venus (2) und zur Sonne (3), von der Erde (4) aus gesehen (nach Tycho Brahe)

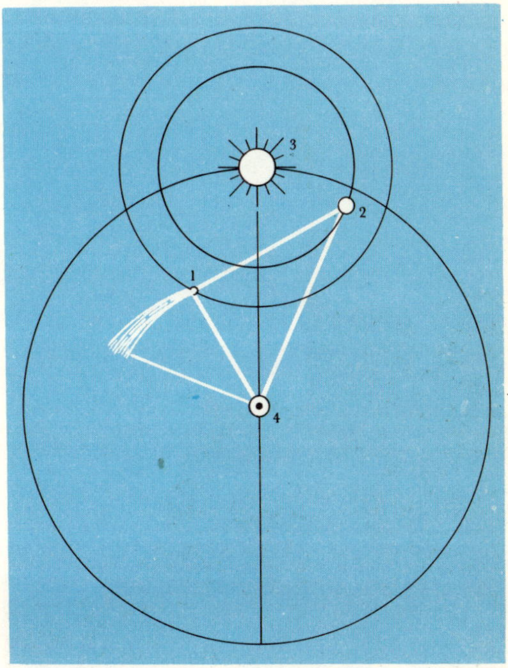

Spiegelteleskop nach Gregory, von J. S. Merklin, 1742

Ein Fund in der Neujahrsnacht

Besessene Astronomen stehen immer auf Wacht. So auch Guiseppe Piazzi (1746–1826) zu Palermo in der Neujahrsnacht des Jahres 1801. Es war keineswegs ein Zufall, daß der eifrige italienische Sternforscher damals den Blick durch sein Instrument ins Sterngewimmel des Himmels richtete. Er war mit einem systematischen Beobachtungsprogramm befaßt. Eine umfassende »Revision« des Himmels hatte er sich zur Beobachtungsaufgabe seines Lebens gestellt. Ein vorzügliches Instrument von J. Ramsden aus England bot beste Voraussetzungen zur Bestimmung genauer Sternpositionen, von denen er rund 6750 in mühsamer elfjähriger Tätigkeit in einem Katalog veröffentlichte. Bei den gleichsam routinemäßigen Beobachtungen fand Piazzi nun in jener besagten ersten Nacht des 19. Jahrhunderts ein Sternchen, das nicht punktförmig erschien und das er deswegen für einen Kometen hielt. Die Witterung der folgenden Nächte war günstig, so daß Piazzi das neue Objekt bis zum 11. Februar noch oft beobachten konnte. Da sich keinerlei Spuren eines Schweifansatzes zeigten, verdichtete sich immer stärker die Vermutung, daß es sich bei diesem Objekt nicht um einen Kometen, sondern um einen neuen Planeten handelte. Piazzi hatte noch keine endgültige Gewißheit über den Charakter »seines« Sterns, als ihn eine Krankheit an weiteren Beobachtungen hinderte. In Nordeuropa machte eine Schlechtwetterperiode jede Nachsuche unmöglich. Als endlich wieder klarer Himmel herrschte, richteten sich die Teleskope vergeblich zum Firmament: Das Objekt war verschwunden.

Es war ein Glück für die Astronomie, daß um jene Zeit bereits ein rascher Austausch von Informationen möglich war; im Jahre 1798 hatte Franz Xaver von Zach in Gotha die »Allgemeinen Geographischen Ephemeriden« gegründet, und zwei Jahre später war daraus die »Monatliche Correspondenz zur Beförderung der Erd- und Himmels-Kunde« hervorgegangen. Durch diese Zeitschrift, in der eilige Mitteilungen mitunter schon wenige Wochen, nachdem sie den Herausgeber erreicht

Der Komet Donati über Notre Dame in Paris am 4. Oktober 1858

hatten, abgedruckt wurden, erfuhr auch der junge Mathematiker Carl Friedrich Gauß (1777–1855) von dem »Neuling« am Himmel und von dem Bemühen, aus den wenigen vorliegenden Positionsangaben eine Ephemeride zu berechnen, um den von Piazzi gesehenen und danach verschwundenen Himmelskörper wiederzufinden.

Zach hatte sich als einer der ersten an diese Aufgabe gemacht und dabei die Annahme zugrunde gelegt, daß der neue Himmelskörper ein Planet sei und sich auf einer Kreisbahn bewege. Gauß wendete sich dieser Aufgabe nun ebenfalls zu und kam zu einer Ephemeride, die von der seines Kollegen Zach um den beträchtlichen Winkel von 7° (14 Vollmonddurchmesser!) abwich. Genau ein Jahr nach der Entdeckung des Objektes durch Piazzi fand Wilhelm Olbers (1758–1840) in Bremen den Körper unter Verwendung der Ephemeride von Gauß wieder.

Die Fachwelt war aufs höchste beeindruckt. Man fragte sich, welche Methode Gauß benutzt hatte; denn keines der bisher ausgearbeiteten Verfahren im Rahmen der Himmelsmechanik hatte dieses Kunststück möglich erscheinen lassen. Erst mehrere Jahre später, im Jahre 1809, gab Gauß das von ihm entwickelte Verfahren zur Bahnberechnung auf der Grundlage des Newtonschen Gravitationsgesetzes bekannt: Es war seine »Theorie der Bewegung von Himmelskörpern, die die Sonne in Kegelschnitten umlaufen«, eine klassische Arbeit der Himmelsmechanik in der Nachfolge Newtons, die bis heute ihre Bedeutung für die Bahnberechnung von Himmelskörpern nicht verloren hat.

Gauß hatte mit der Publikation – wie stets bei seinen Arbeiten – lange gezögert, weil er die Eigenart besaß, nur Resultate zu veröffentlichen, an denen es möglichst nichts mehr zu verbessern oder zu ergänzen gab. Das auf sehr allgemeinen Voraussetzungen fußende Werk – oft mit dem lateinischen Kurztitel »Theoria motus« zitiert – war in seinen wesentlichen Grundlagen bereits um 1801 vollendet gewesen. Bis zur Publikation benutzte Gauß aber noch mehrere Gelegenheiten, die Richtigkeit und Brauchbarkeit seiner Arbeit zu überprüfen. In den Jahren 1802, 1804 und 1807 wurden noch drei neue Wandelsterne gefunden, die zu der zahlenmäßig großen Gruppe der »Kleinen Planeten« (Planetoiden) zählen: 1802 entdeckte Olbers die Pallas, 1804 fand Harding die Juno und 1807 schließlich wiederum Olbers die Vesta.

Als Gauß die Mitteilung über die Entdeckung der Vesta erhalten hatte, berechnete er nach seinem damals noch immer in der Öffentlichkeit unbekannten Verfahren die Bahn dieses Himmelskörpers. Es ist kennzeichnend für sein Verfahren, daß dies nur einige Stunden in Anspruch nahm. Die neue Methode stellte somit eine bedeutende Rationalisierung der geistigen Arbeit dar. Eine von dem berühmten Astronomen und Mathematiker Leonhard Euler (1707–1783) ausgeführte Berechnung, zu der dieser drei volle Tage brauchte, löste Carl Friedrich Gauß mit Hilfe seiner neuen Methode in einer Stunde!

Die anfangs entdeckten vier Planetoiden waren fürwahr nur die »Spitze eines Eisberges« – nach der Mitte des Jahrhunderts stieg ihre Zahl sehr rasch an. Gegen Ende des 19. Jahrhunderts kannte man schon rund 300. Als das neue Hilfsmittel der Fotografie eingesetzt wurde, waren Entdeckungen kleiner Planeten geradezu etwas Alltägliches. Freilich, Bahnberechnungen gelangen keineswegs immer, und die Zahl der einmal entdeckten und wieder vermißten Kleinplaneten ist auch heute noch groß. Himmelsmechanisch blieben die Planetoiden anspruchsvolle »Bürger« des Sonnensystems, und ohne eine brauchbare und handhabbare Theorie wäre es ein aussichtsloses Unterfangen, diesen Kleinkörpern des Sonnensystems auf der Spur zu bleiben.

Für viele Probleme haben die Planetoiden eine große Bedeutung erlangt. Hervorgehoben sei nur die besondere Rolle einiger kleiner Planeten mit extremen Bahnverläufen als Hilfsmittel für die Bestimmung der Astronomischen Einheit, der mittleren Entfernung Erde–Sonne, die für alle Entfernungsmessungen im Weltall eine grundlegende Rolle spielt. Auch Massebestimmungen großer Planeten sind mit Hilfe genauer Beobachtungen der Bahnen kleiner Planeten gelungen, die ohne sie viel ungenauer gewesen wären. Selbst für die Fragen nach der Entstehung unseres Sonnensystems haben die Planetoiden eine nicht zu unterschätzende Bedeutung; sind sie doch möglicherweise eine Ansammlung von Körpern, die sich gerade anschicken, zu einem neuen großen Planeten »zusammenzutreten«.

Eine geplante Entdeckung

Zu den eindrucksvollsten Bestätigungen der Gravitationstheorie von Newton zählt die Geschichte der Entdeckung des achten Planeten unseres Sonnensystems.

In einer Märznacht des Jahres 1781 hatte der deutsch-englische Astronom Friedrich Wilhelm Herschel (1738–1822) bei seinen systematischen Himmelsdurchmusterungen den ersten nicht bereits im Altertum bekannten Planeten entdeckt, der später den Namen Uranus erhielt. Es war selbstverständlich, daß sich Beobachter und Theoretiker dieses »Neulings« mit wahrer Leidenschaft bemächtigten. Insbesondere schien er ein willkommenes Objekt für eine mathematische Berechnung seiner Bahn. Allerdings bewegte sich der lichtschwache Stern nur sehr allmählich vorwärts. Entsprechend seiner mit 19,2 Astronomischen Einheiten großen mittleren Entfernung von der Sonne benötigte er für einen vollen Umlauf um das Zentralgestirn nicht weniger als rund 84 Jahre. Wollte man die Bahn genau kennenlernen, so mußte man den Himmelskörper über ein längeres Stück seiner Bahn verfolgen. Die wissenschaftliche Neugier machte die Astronomen jedoch erfinderisch. Sie suchten in vergilbten Beobachtungsbüchern, ob nicht möglicherweise schon ältere und bislang unerkannt gebliebene Beobachtungen des Wandelsterns vorlagen.

Friedrich Wilhelm Herschel

Die Vermutungen bestätigten sich. Aus rohen Überschlagsrechnungen ließen sich angenäherte Positionen für frühere Jahre gewinnen, und nun brauchte man nur noch nach Sternchen Ausschau zu halten, die sich in späteren Katalogen an diesem Ort nicht mehr wiederfinden ließen. Danach konnte man einigermaßen sicher sein, daß in derartigen Fällen frühere Beobachter den Uranus bereits gesehen und für einen Fixstern gehalten hatten. Die älteste Beobachtung, die man dabei fand, lag 91 Jahre vor der Entdeckung des Planeten durch Herschel. Der berühmte englische Astronom John Flamsteed (1646–1719), der erste Direktor der Sternwarte in Greenwich, hatte damals den Uranus in seine Blätter eingetragen. Auch James Bradley (1692–1762), einer der Nachfolger Flamsteeds in Greenwich, hatte Uranus beobachtet, insgesamt sogar 17mal. Schließlich fanden sich auch noch Beobachtungen des deutschen Astronomen Tobias Mayer (1723–1762) aus dem Jahre 1756 und des französischen Astronomen P. C. Lemonnier aus dem Jahre 1768. Da die Bahndaten des Uranus nur sehr ungenau waren, konnte man freilich nicht in jedem Falle ganz sicher sein, ob die früheren Beobachtungen tatsächlich auch stets den Uranus darstellten.

Nun schrieb die Pariser Akademie der Wissenschaften einen Preis für die exakte Darstellung der Bahn des neuentdeckten Planeten Uranus aus. Der französische Astronom Jean B. Joseph Delambre (1749–1822) bewarb sich um den Preis und fertigte unter anderem Tafeln der Bewegung dieses Planeten an, die bis zum Jahre 1811 nur um den winzigen Winkel von knapp einem Hundertstel des Vollmonddurchmessers von den beobachteten Werten abwichen.

Als inzwischen auch die Anzahl der exakten Uranuspositionen größer geworden war, versuchte A. Bouvard, neue Tafeln der Bewegung dieses Planeten aufzustellen. Der Einbau der älteren Beobachtungen wollte ihm dabei jedoch nicht gelingen. Bouvard wußte keinen sicheren Grund

Globusuhr von Georg Roll und Johannes Reinhold, Augsburg 1586

dafür. Als wahrscheinlich mußte aber doch angesehen werden, daß die alten Positionen zu ungenau waren. Bouvard sah allerdings auch eine andere Möglichkeit. Er meinte, daß der neue Planet möglicherweise durch die Masse eines weiteren Wandelsterns, den man noch nicht entdeckt habe, in seiner Bewegung beeinflußt werde. Auch der bedeutendste Vertreter der Positionsastronomie in jener Zeit, Friedrich Wilhelm Bessel (1784–1846), vertrat diese Ansicht. Er hoffte, durch eine Analyse der vorliegenden Beobachtungen – inzwischen waren es immerhin 361 – »zu den schönsten Bereicherungen der Wissenschaft« zu gelangen. Damit war nichts anderes gemeint als die eventuelle Entdeckung eines neuen Planeten. Die Arbeiten waren freilich langwierig. Die eigentlichen Ablesungen am Fernrohr waren noch der kleinste Teil des Arbeitsaufwandes. Obwohl Bessel und sein Schüler Flemming besten Willens waren, kamen sie mit dem Mammutprogramm nicht zu Ende.

Mehr Erfolg war inzwischen zwei jungen Astronomen beschieden: John Couch Adams (1819 bis 1892) in Cambridge und Urbain Jean Joseph Leverrier (1811–1877) in Paris.

Adams hatte seine Berechnungen um 1845 vollendet. Für ihn war es klar, daß die Abweichungen der Uranusbahn nur von einem noch unbekannten Planeten herrühren konnten. Adams hatte den Ort dieses noch nicht entdeckten Planeten berechnet und J. Challis, Professor für Astronomie in Cambridge, mitgeteilt. Er hoffte, daß Challis die Suche aufnehmen würde; doch dieser legte die »Zahlenakrobatik« des Studenten in die Schublade. Erst ein Jahr später holte er sie wieder hervor, und er beobachtete die angegebene Himmelsgegend. Heute wissen wir, daß er tatsächlich am 4. und 12. August des Jahres 1846 den neuen Planeten gesehen hat. Aber Challis wußte es nicht, denn diesmal ließ er es bei der Beobachtung bewenden; er verabsäumte ihre Auswertung.

Inzwischen hatte auch Leverrier, unabhängig von Adams, das Ziel seiner Bemühungen erreicht. Es war zweifellos Zufall, daß er damals gerade dem an der Berliner Sternwarte tätigen Johann Gottfried Galle (1812–1910) ein Dankschreiben schuldete, denn Galle hatte ihm seine kurz zuvor erschienene Dissertation zugeschickt. In dem Dankbrief teilte er Galle nun die errechnete Ephemeride des mutmaßlichen neuen Planeten mit, und er forderte ihn auf, »daß er einige Augenblicke zur Durchforschung einer Region des Himmels widmen möge, wo es einen Planeten zu entdecken geben kann«. Galle holte die Zustimmung Professor Enckes, seines Chefs, ein, der gewöhnlich allen Meldungen über angebliche neue Planeten mit Skepsis begegnete. Just an diesem Tage aber, am 24. September 1846, feierte er gerade seinen 55. Geburtstag, und wer vermag zu sagen, ob nicht gerade dieser Umstand ihn besonders nachsichtig gestimmt hatte. Kurzum: Encke willigte ein, und als der schöne Herbsttag auch noch in eine wolkenlose Nacht hinüberdämmerte, waren alle Voraussetzungen gegeben, um der Aufforderung aus Paris Folge zu leisten.

Ein junger Mitarbeiter, der damals 24jährige Heinrich Louis d'Arrest, später Direktor der Sternwarte zu Kopenhagen, machte den Vorschlag, eine besondere Sternkarte zu Hilfe zu nehmen. Damals waren nämlich gerade die sogenannten Berliner Akademischen Sternkarten im Erscheinen begriffen, ein langwieriges Unternehmen, das auf eine Anregung Bessels zurückging. Die Karte mit dem fraglichen Himmelsgebiet war erst unlängst aus der Druckerei gekommen und noch nicht verschickt, so daß sie damals nur an der Sternwarte in Berlin vorhanden war.

Nach einigen Blicken durch das Fernrohr entdeckte Galle im Gesichtsfeld einen Stern geringer Helligkeit, der auf der Karte nicht verzeichnet war. In Gegenwart von Encke wurde die Beobachtung des verdächtigen Objekts die ganze Nacht hindurch fortgesetzt; eine Bewegung, wie bei einem Planeten zu erwarten, ließ sich allerdings nicht bemerken. Erst eine erneute Beobachtung in der folgenden Nacht brachte Gewißheit: Ein neuer Planet des Sonnensystems war entdeckt! Der Name Galle war plötzlich in aller Munde. Als Neptunentdecker ist er bis zum heutigen Tage weithin bekannt. Gewiß hätte sich der Planet auch ohne die neue Sternkarte finden lassen, aber die Karte erwies sich als eine vorzügliche Hilfe bei der Suche.

Da der Ort des entdeckten Planeten von der Leverrierschen Rechnung um etwa zwei Vollmondbreiten abwich, haben manche Astronomen den gesamten Entdeckungsvorgang als einen glücklichen Zufall bezeichnet. Carl Gustav Jakob Jacobi (1804–1851), der berühmte deutsche Mathematiker, schrieb diesen Zweiflern die sehr treffenden Worte ins Stammbuch: »Man muß bewundern, daß aus so kleinen und unsichern Quantitäten... so genaue Resultate gezogen werden konnten, und man kann dies nur der umsichtigen Behandlung dieser Data und der musterhaften Benutzung aller Hülfsmittel zuschreiben. Denen, welche die Entdeckung für zufällig ausgeben, weil die Übereinstimmung nicht größer ist, als es die Natur der Sache verstattet, wäre der Rat zu geben, auch solche zufällige Entdeckungen zu machen.«

Tatsächlich war die Neptunentdeckung ein großartiges Ereignis in der Wissenschaft des 19. Jahrhunderts. Viele Fachleute hatten immerhin die Meinung vertreten, daß möglicherweise die Störungen des Uranus gar keine Störungen seien, sondern lediglich darauf hindeuteten, daß in jenen Tiefen des Raumes, in denen der ferne Uranus seine Bahn zieht, das Gravitationsgesetz keine volle Gültigkeit mehr besitzt. Aber die praktische Überprüfung lieferte eine klare Antwort und widerlegte die Zweifler.

Friedrich Engels maß der Neptunentdeckung allergrößte Bedeutung bei. Er sprach sogar davon, daß damit das Weltbild des Copernicus endgültig bewiesen worden sei; tatsächlich stellt die Neptunentdeckung einen krönenden Abschluß der Ge-

Spiegelsextant aus Elfenbein von Johannes Mackrow, London 1793

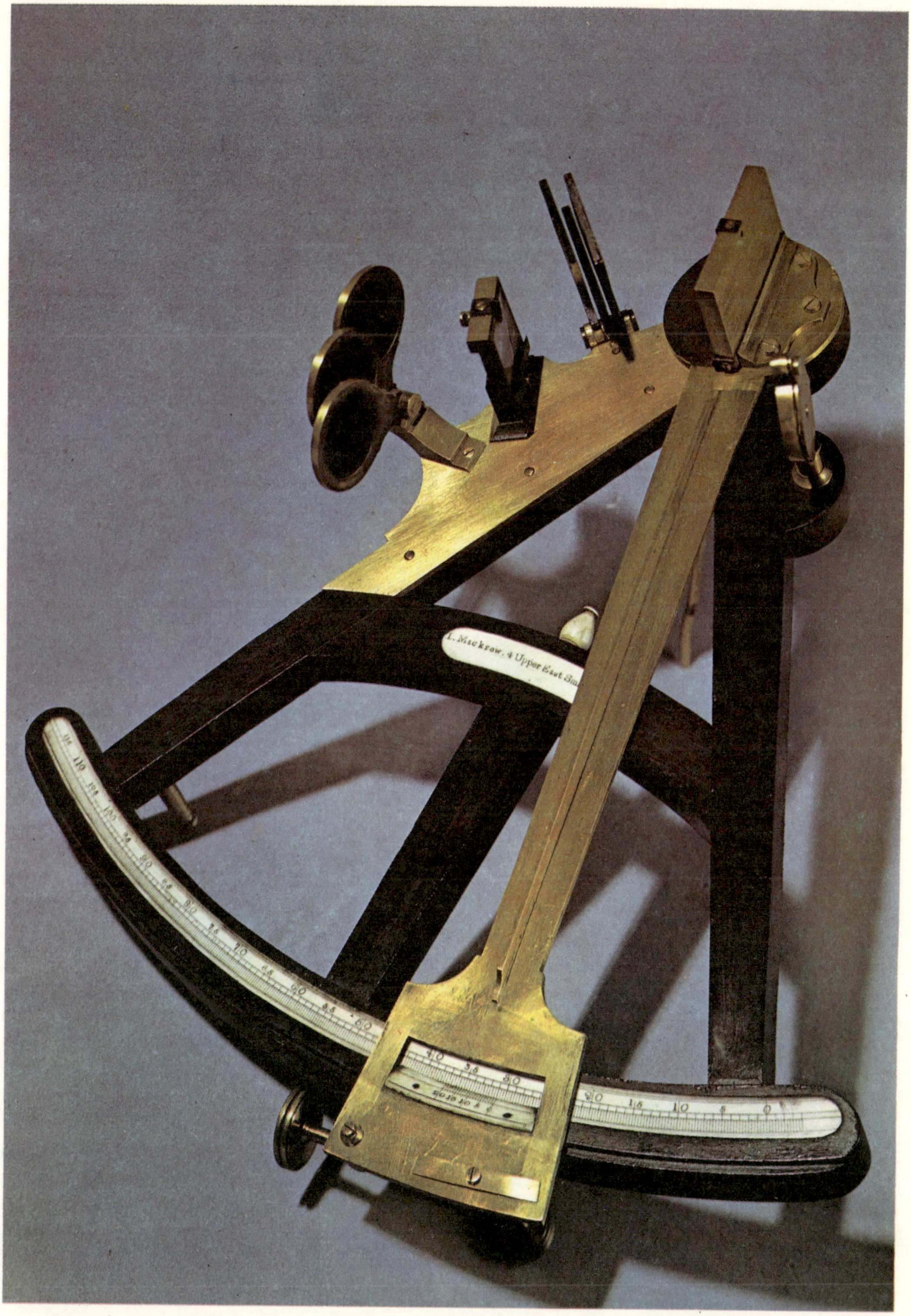
I. Mackrow. 4 Upper East

schichte des heliozentrischen Weltbildes dar. Die Entdeckung eines nie zuvor gesehenen Planeten aufgrund der Anwendung des Newtonschen Gravitationsgesetzes ist letztlich ein Triumph der geistigen Leistung von Copernicus. Ähnliche Triumphe hatte die Himmelsmechanik im Verein mit der immer besseren Präzision der Beobachtungskunst noch viele bereit. Den wohl grandiosesten Beleg für die großen Erkenntnisse Newtons, seiner wissenschaftlichen Vorläufer und Nachfolger brachten die von Menschen gebauten und unter die Sterne geschickten Himmelskörper unseres Jahrhunderts. Neuerdings ist übrigens festgestellt worden, daß schon Galilei den Neptun 1613 beobachtet hatte, ohne allerdings den planetarischen Charakter des Objekts damals zu erkennen.

Wegweiser am Himmel

Der große Aufschwung, den die Astronomie in der Epoche nach Newton erlebte, wurde entscheidend durch den Umstand geprägt, daß nun auch handfeste gesellschaftliche Forderungen an die Astronomie zutage traten.

Für den 3. Juni 1769 hatte sich ein äußerst seltenes Ereignis angekündigt: Der Nachbarplanet der Erde, der Abend- und Morgenstern Venus, sollte sich vor der Sonnenscheibe entlangbewegen. Eine Wiederholung war erst über 100 Jahre später zu erwarten. Die Astronomen interessierten sich lebhaft für dieses Naturschauspiel. Für sie ergab sich daraus die Möglichkeit, die Entfernung der Erde von der Sonne genauer zu bestimmen. Da dieser Wert, die sogenannte Astronomische Einheit, gleichsam das Metermaß der Himmelsforschung darstellt und für alle anderen Entfernungsbestimmungen von größter Bedeutung ist, wurden Expeditionen geplant, um das Ereignis möglichst von verschiedenen Punkten aus beobachten zu können.

Aber derartige Expeditionen kosten sehr viel Geld. Die Wissenschaftler und selbst die wissenschaftlichen Gesellschaften verfügten oft nicht über die erforderlichen finanziellen Mittel. Die Königliche Gesellschaft der Wissenschaften in England, die Royal Society, wendete sich an den König, um eine Unterstützung für ihre Expedition zu erhalten. Der König bewilligte 4000 Pfund und ein Schiff der Kriegsflotte. James Cook (1728–1779), britischer Seeoffizier und Forschungsreisender, erhielt den Auftrag, die Expedition zu leiten.

Welches Interesse hatte die englische Admiralität an einer genaueren Messung der Entfernung der Erde von der Sonne? Vermutlich überhaupt keines! Ihr Interesse an dieser Expedition war ganz anderer Art. Banks, der damalige Präsident der Royal Society, hatte es unumwunden formuliert: »Die Spanier haben Amerika entdeckt, die Holländer Australien. Der große Südkontinent muß von den Engländern gefunden werden. Es wäre eine Schande für uns, ihn nicht zu entdecken.«

Mit dem Südkontinent war ein vermuteter riesiger Kontinent auf der Südhalbkugel der Erde gemeint, die Terra australis. Astronomische Messungen anläßlich des Venusdurchgangs waren also für die britische Admiralität ein willkommener Vorwand, nach neuen kolonialen Besitzungen zu suchen. Unter den insgesamt 75 Mann Besatzung der »Endeavour« befand sich auch nur ein Astronom.

Aber Astronomen waren unentbehrlich geworden, seitdem sich Handel und Hochseeschiffahrt in den bürgerlichen Nationalstaaten entfalteten. Genaue Positionen auf See waren ebenso wichtig wie zuverlässige Landkarten. Unzureichende Orientierung auf See hatte schon zahlreiche Schiffsverluste zur Folge gehabt. Manche Expeditionen hatten wichtige Entdeckungen gemacht, und neue Länder waren ins Stammbuch der Besitzungen eingetragen und dann nicht mehr wiedergefunden worden. Noch im Jahre 1752 waren auf der gesamten Erde nur etwa 150 Orte mit hinreichender Genauigkeit hinsichtlich geographischer Länge und Breite bekannt.

Die ökonomisch fortgeschrittensten kapitalistischen Staaten bekundeten verständlicherweise größtes Interesse an der Beseitigung dieser Lage. Im 16. Jahrhundert waren es das seefahrende Spanien, später Holland, England und Frankreich, von denen die stärksten Impulse zur Lösung der hiermit zusammenhängenden wissenschaftlichen Fragen ausgingen. Und die Herrscher waren nicht geizig, hofften sie doch, ein Vielfaches der ausgegebenen Summen wieder einzunehmen. Als Karl II. von England im Jahre 1675 die Sternwarte in Greenwich gründen ließ, hatte er dabei eine praktisch nutzbare »Wissensfabrik« im Auge: Auf dem Observatorium sollte hauptsächlich an der Herstellung von Tafeln über die Bewegung der Himmelskörper und an präzisen Fixsternverzeichnissen gearbeitet werden, damit die geographischen Ortsbestimmungen im Interesse der Entfaltung des Welthandels verläßlicher würden.

Im Jahre 1714 stellt das englische Parlament die beachtliche Summe von 20000 Pfund zur Verfügung, um durch diesen »materiellen Hebel« das Interesse der Gelehrten stärker auf das wichtige Problem der Längenbestimmung auf See zu lenken. Der Preis winkte demjenigen, der eine Methode ausfindig machte, mit deren Hilfe man die Länge auf See bis auf 0,5°, also bis auf 30 nautische Meilen genau bestimmen konnte.

Die Bestimmung der geographischen Länge stellte tatsächlich ein verzwicktes Problem dar. Im Prinzip kann die geographische Längendifferenz zweier Orte durch die Messung der Differenz ihrer Ortszeiten ermittelt werden. Dies kann beispielsweise dadurch geschehen, daß man den Zeitpunkt des Eintritts von astronomischen Ereignissen bestimmt, deren Beginn für irgendeine geographische Länge im voraus bekannt ist. Man weiß dann, daß die Differenz der Länge des Meßortes gegen den Bezugsort jeweils eine Stunde für eine Längendifferenz von 15° beträgt, da sich die Erde jeweils in einer Stunde um 15° weiterdreht. Da die Rotation von West nach Ost erfolgt, treten die Ereignisse für Orte westlich des Bezugsmeridians später, für Orte östlich davon entsprechend früher ein. Der Beobachter, der die Länge eines Ortes bestimmen will, muß also den Zeitpunkt bestimmter Ereignisse möglichst exakt messen. Dazu ist die Kenntnis seiner Ortszeit erforderlich. Man kann das Problem beispielsweise lösen, indem man eine Uhr, die mit der Zeitanzeige einer anderen Uhr auf dem Bezugsmeridian zu einem gegebenen Zeitpunkt präzise übereinstimmte, an den Ort der Messung transportiert. Dabei darf die Uhr ihren Gang aber nur in einer genau bekannten Weise verändern, damit man den Zeitpunkt des Ereignisses in der Ortszeit am Meßort mit der Ortszeit des Vergleichsmeridians vergleichen und daraus die Längendifferenz ermitteln kann.

Die astronomischen Schwierigkeiten des Problems seien am Beispiel der Methode der »Monddistanzen« erläutert. Für einen Ort mit einer bestimmten geographischen Länge und für einen bestimmten Zeitpunkt wird der Winkelabstand des

Station der deutschen Venusexpedition (1874/75) auf einer Insel der Kerguelengruppe im Indischen Ozean

Titelkupfer eines astronomischen Lehrbuches des 18. Jahrhunderts, das den engen Zusammenhang zwischen astronomischen Messungen und der Erforschung der Erde versinnbildlicht.

Mondes von Fixsternen oder Planeten berechnet. Von Beobachtern an anderen Orten der Erde werden nun die Winkelabstände des Mondes von diesen Fixsternen oder Planeten gemessen, und mit Hilfe der dazugehörigen Zeitangaben kann daraus die Längendifferenz hergeleitet werden. Dazu ist es aber erforderlich, die Mond- und Planetenbewegung theoretisch präzise zu beherrschen. Außerdem benötigt man präzise arbeitende Zeit- und Winkelmeßinstrumente, die auch zur See leicht gehandhabt und ohne Schwierigkeiten transportiert werden können.

Die Aufforderung des englischen Parlaments war also an die Theoretiker ebenso gerichtet wie an die Techniker. Hunderte Vorschläge wurden gemacht, aber nur wenige erfüllten den hohen Anspruch des Parlaments.

Zu den Theoretikern, die sich mit der himmelsmechanischen Behandlung der Mondbewegung beschäftigten, gehörte der deutsche Astronom Tobias Mayer. Auf der Basis seiner Mondtheorie arbeitete er Tafeln der Bewegung des Erdtrabanten aus, die er der englischen Admiralität zur Verfügung stellte. Ab 1757 wurden diese Tafeln zur Längenbestimmung auf See benutzt.

Von den Instrumentenbauern ist insbesondere der Engländer John Harrison (1693–1776) berühmt geworden, der eine Reihe von Uhren mit hoher Ganggenauigkeit entwickelte. Einer seiner »Timekeeper« soll auf einer Seereise von 161 Tagen Dauer nur um 5 s falsch gegangen sein. Ein dritter berühmter Gelehrter, der einen bedeutenden Anteil an der Lösung der Aufgabe des englischen Parlaments erlangte, war der ebenfalls bereits erwähnte geniale Schweizer Mathematiker Leonhard Euler, der damals in Rußland wirkte. Er beschäftigte sich – wie Mayer – mit der Bewegung des Mondes. Allen drei Gelehrten wurden Teile des ausgesetzten Preises zuerkannt. Mayer allerdings kam nicht mehr in den Genuß der Anerkennung, denn er war inzwischen verstorben.

Die Geschichte des Parlamentspreises von 1714 ist ein lebendiger Beleg für den engen Zusammenhang zwischen dem raschen Aufschwung der Astronomie im 18. Jahrhundert und den Forderungen der sich entwickelnden bürgerlichen Gesellschaft. Es ist ein anschauliches Beispiel für das klassenbedingte Interesse der aufstrebenden Bourgeoisie an wissenschaftlichen Erkenntnissen, die den kapitalistischen Reichtum mehren.

Wie Erd- und Himmelskunde zu fördern sind

Der Astronom Franz Xaver von Zach, ein hochgebildeter und weitgereister Mann, aus Ungarn stammend, hatte lange Jahre in England, der Wiege der neueren Astronomie und Meßkunst, zugebracht und war dort mit den berühmtesten Astronomen und Instrumentenmachern bekannt geworden. Herzog Ernst II. von Sachsen-Gotha-Altenburg hatte ihn schließlich nach Gotha gerufen, wo er eine neue Sternwarte errichten und leiten sollte.

Zach kannte wie kaum ein zweiter die Forderungen, denen sich die Astronomie seiner Zeit zu stellen hatte. Sein lebhaftes Interesse für die Probleme der astronomischen Geographie verband er mit einem ausgeprägten Sinn für Kommunikation unter den Gelehrten. Erst durch den ständigen Austausch von Messungen und wissenschaftlichen Ideen – so meinte Zach – könne die Astronomie die Fülle der Aufgaben lösen, die ihr von der gesellschaftlichen Praxis gestellt werden.

Zach leitete eine Reihe von Maßnahmen ein, die diesen Erkenntnissen entsprachen. Im Jahre 1798 gründete er eine wissenschaftliche Fachzeitschrift, die sich vor allem den Grundlagen der wissenschaftlichen Geographie widmen sollte. Die »Allgemeinen Geographischen Ephemeriden« wurden zum Forum des Gedankenaustausches unter den Astronomen, die sich mit der Geographie beschäftigten – und das war damals ungefähr die Hälfte aller Astronomen.

Die Sternkunde, so erklärte Zach nachdrücklich, sei die »wahre Mutter der Geographie«. Ohne sie sei weder die Größe und Gestalt des Erdballs noch die Lage von Ländern, Provinzen, Städten und Dörfern zu ermitteln. Ab 1800 gab Zach die »Monatliche Correspondenz zur Beförderung der Erd- und Himmels-Kunde« heraus, die bis zum Jahre 1813 mit insgesamt 28 Bänden erschien. Die Fachwelt, vor allem die namhaften Zeitgenossen Bessel, Gauß und Olbers, waren sich darüber einig, daß Zach und später Lindenau, der die Zeitschrift ab 1804 übernahm, mit ihrer Tätigkeit einen entscheidenden Beitrag zur Aktivierung der Astronomie und zur Entwicklung einer auf wissenschaftlichen Grundlagen beruhenden Geographie geleistet hatten. Der Hauptzweck, den Zach mit der Gründung seiner Journale verfolgte, war erreicht. Nie zuvor war in einer so kurzen Zeit eine solche Fülle von Messungen, Methoden und Untersuchungen zur Bestimmung geographischer Positionen auf der Erde publiziert worden. Zach hatte auch großen Anteil an der Entfaltung anderer astronomischer Forschungen. 1798 lud er Astronomen aus ganz Europa zu einem wissenschaftlichen Kongreß nach Gotha ein.

Zach war ein engagierter bürgerlicher Demokrat. Er kämpfte nicht nur um wissenschaftliche Höchstleistungen, sondern ebenso entschieden gegen gesellschaftliche Reaktion. Auch bei der Einberufung des Gothaer Astronomenkongresses bekam er zu spüren, daß der Kampf um wissenschaftliche Fortschritte vom Kampf um gesellschaftliche Fortschritte nicht zu trennen war. Ein Teil der eingeladenen Kollegen wagte nicht zu kommen, weil auch ein Astronom aus dem Lande der französischen Revolution eingeladen worden war.

In Frankreich entwickelten sich lebhafte Bestrebungen für ein einheitliches Maß- und Gewichtssystem. Aber die »zitternden und bebenden kleinen deutschen Fürsten« fürchteten, mit der Übernahme solcher Systeme würde zugleich revolutionäres Gedankengut eingeschleust. Einige Astronomen erhielten »Reiseverbot«, andere sagten selbst ab, und der Mäzen des Kongresses, der Herzog von Gotha, mußte sich sogar einen Einspruch der englischen Regierung gegen den Kongreß gefallen lassen.

Aus Zachs Zeitschrift ging wenige Jahre später in einer folgerichtigen Entwicklung die erste astronomische Zeitschrift von Dauer hervor. Es sind die noch heute erscheinenden »Astronomischen Nachrichten«.

Aus den Himmelsmessungen für Positionsbestimmungen auf unserem Heimatplaneten und für die Erforschung der Erdgestalt hat sich mit der Zeit eine eigene Wissenschaft entwickelt: die Geodäsie.

Die Sternwarte Greenwich

PHYSIK DES HIMMELS

Das verschlossene Wesen des Universums hat keine Kraft in sich, welche dem Mut des Erkennens Widerstand leisten könnte: Es muß sich ihm auftun und seinen Reichtum und seine Tiefen ihm vor Augen legen und zum Genusse bringen.

Gottfried Wilhelm Hegel

Vollkreis von Troughton, London 1793

Ein Astronom mit Thermometer

Im Jahre 1800 machte Friedrich Wilhelm Herschel (1738–1820) einen interessanten und ungewöhnlichen Versuch. Die üblichen instrumentellen Hilfsmittel des Astronomen ergänzte er durch ein typisches Meßwerkzeug des Physikers: das Thermometer.

Herschel hatte praktische Gründe für dieses von seinen Zeitgenossen wohl als merkwürdig empfundene Experiment. Bei seinen zum Teil sehr großen Spiegelteleskopen machte es sich immer zwingender notwendig, das Licht der Sonne zu schwächen, um diesen hellsten Stern des Himmels ohne Gefahr erforschen zu können. Daher lag es nahe, sich systematisch mit dem Sonnenlicht zu beschäftigen und daraus Schlußfolgerungen für eine geeignete Behandlung der gleißenden Strahlen abzuleiten.

Herschel ließ das Licht der Sonne durch ein Prisma treten (Abb. S. 120) und versuchte, sich einen Überblick über die wichtigsten Eigenschaften der Teile des Sonnenspektrums zu verschaffen. Da es beim Schutz vor den Wirkungen der Sonnenstrahlen nicht nur um die Helligkeit, sondern auch um die Wärme ging (ein Hohlspiegel ist ja im Prinzip ein Sonnenofen; im Brennpunkt können Temperaturen von einigen tausend Grad auftreten), kam Herschel auf die Idee, die verschiedenen Teile des Spektrums auch mit Hilfe von Thermometern zu untersuchen. Mit drei solchen Meßfühlern verschiedener Empfindlichkeit tastete Herschel nach und nach das gesamte Sonnenspektrum ab. Er brachte die Thermometer jeweils für 5 oder 10 Minuten in den verschiedenen Teilen des Spektrums an und machte dabei die Feststellung, daß der höchste Ausschlag im roten Teil des Sonnenlichts, der geringste hingegen im violetten Teil zu beobachten war. Um nun herauszufinden, wie sich Sonnenlicht am zweckmäßigsten schwächen läßt, führte er eine Reihe von Experimenten durch.

So nützlich alle diese Untersuchungen für seine Beobachtungspraxis auch waren, die interessanteste Feststellung kam unerwartet. Bei der Untersuchung der Wärmestufen des Sonnenspektrums fand Herschel nämlich, daß noch höhere Thermometerausschläge als im roten Teil des Spektrums jenseits davon zu beobachten waren. Mit diesem merkwürdigen Befund beschäftigte er sich dann in separaten Versuchen sehr ausführlich. Schließlich kam er zu der Überzeugung, daß die Sonne neben dem sichtbaren Licht auch Strahlen aussendet, die dem menschlichen Auge nicht zugänglich sind und die er als »Wärmestrahlen« bezeichnete. Herschel hatte damit die infraroten Strahlen entdeckt. Während er sich über den Charakter dieser Strahlung noch völlig im unklaren war, wissen wir heute, daß es sich dabei um elektromagnetische Wellen handelt, die sich von den Lichtstrahlen lediglich durch ihre größere Wellenlänge unterscheiden.

Ein Jahr später (1801) experimentierte der Physiker Johann Wilhelm Ritter (1776–1810) ebenfalls mit farbigem Sonnenlicht. Diesmal ging es um die Wirkung von Licht auf Chlorsilber, Versuche, die zur Vorgeschichte der Fotografie gerechnet werden können. Es war bekannt, daß Chlorsilber im Sonnenlicht schwarz wird. Der Chemiker Karl Wilhelm Scheele (1742–1786) hatte bereits festgestellt, daß die Reduktion des Silberoxids am stärksten von jenen Farben des Sonnenspektrums erreicht wird, die die geringste Wärmewirkung ausüben. Die Reihenfolge der Farben ergab sich also gerade umgekehrt wie bei Herschels Thermometerversuchen: Die Veränderung des Chlorsilbers trat am schnellsten und stärksten bei Einwirkung violetter Strahlen und am schwächsten bei den »wärmeren« Farben auf. Ritter untersuchte diese Zusammenhänge genauer und fand dabei, daß die Lichtwirkung jenseits der grünen Strahlen gänzlich verschwand, dafür aber noch jenseits der violetten anhielt. Damit waren nun auch unsichtbare Strahlen jenseits des anderen Spektralgebietes, die ultravioletten Strahlen, aufgespürt.

Diese beiden Entdeckungen ließen schon ahnen, daß es im Zusammenhang mit der Erforschung des Lichts noch manche Überraschung geben mochte, die möglicherweise tiefere Einsichten in das Wesen des Lichts erwarten ließ. Da aber zunächst keine einheitlichen Vorstellungen über das Licht existierten, konnte man auch keine von einheitlichen Standpunkten ausgearbeiteten Versuche durchführen. Es tobten die Kämpfe zwischen Anhängern der Korpuskeltheorie, die im Licht einen feinen Strom winziger Teilchen sehen wollten; ihnen stand die Schar der überzeugten Verfechter der Wellentheorie gegenüber, die sich das Licht als eine wellenartige Erscheinung vorstellten. Dieses Lager zerfiel wieder in Anhänger einer Longitudinal- und einer Transversalwellentheorie. Aber gerade diese unterschiedlichen Ansichten stimulierten eine Fülle von Experimenten, mit denen jeder seine eigenen Vorstellungen zu untermauern trachtete. Und gerade dieses breite Spektrum von Untersuchungen förderte zwangsläufig ständig neue Fakten zutage, die schließlich bei jungen, erkenntnisoptimistischen Gelehrten die Hoffnung auf den Beginn einer ganz neuen Epoche der Himmelsforschung nährten. Zu den Kenntnissen, die in dieser Hinsicht erhebliches Gewicht besaßen, zählten auch die Feststellungen des jungen Münchner Optikers Joseph Fraunhofer, der sich aus praktischen Erwägungen mit dem Sonnenspektrum beschäftigte.

Der Spalt im Fensterladen

Joseph Fraunhofer (1787–1826) bemühte sich damals, gute achromatische Linsen für Fernrohre herzustellen. Nachdem der englische Optiker Dollond (1706–1761) im Jahre 1758 eine Möglichkeit gefunden hatte, farbenfreie Bilder mittels Linsen zu erhalten, indem er Linsenkombinationen aus Kron- und Flintglas verwendete, ging das Bemühen allerorts dahin, solche Objektive anzufertigen. Eines der Hauptprobleme bestand darin, möglichst große Kron- und Flintglasblöcke zu erschmelzen, um mit den Dimensionen der damals viel größeren Metallspiegel konkurrieren zu können.

Fraunhofers Voraussetzungen waren günstig: Er verfügte über genügend große homogene Rohlinge, benutzte verbesserte Schleif- und Berechnungs-

Joseph Fraunhofer

methoden. Trotzdem waren seine Achromate nicht zufriedenstellend. Der 27jährige Theoretiker und Praktiker der Optik sah den Hauptmangel in der ungenügenden Kenntnis des Brechungsvermögens der Gläser. Er suchte nach einer Möglichkeit, die Brechzahl möglichst genau zu bestimmen. Dem stellte sich aber als Hindernis entgegen, daß die Farben im Spektrum ineinander übergehen, also nicht exakt definiert sind. Bei seiner Suche nach »Meßmarken« in den verschiedenen Teilen des Spektrums experimentierte Fraunhofer nun mit dem zerlegten Licht von Lampen, wobei er das Lampenlicht schon zerlegte, bevor es auf das zu untersuchende Glas fiel. Von den Öllampen gelangte das Licht auf ein Prisma, und das vorzerlegte Licht trat dann durch einen engen Spalt in einem Fensterladen durch einen noch engeren Spalt auf das Prisma aus dem zu untersuchenden Glas.

Im Lampenlicht fand sich unter anderem ein heller Streifen, der als Meßmarke gut geeignet gewesen wäre, wenn in anderen Teilen des Spektrums noch ähnliche Markierungen enthalten gewesen wären. Dies war leider nicht der Fall.

Eines Tages benutzte Fraunhofer nun statt des Lampenlichts das helle Licht der Sonne. Freude und Überraschung waren groß, als Fraunhofer statt eines einzigen Streifens »fast unzählig viele starke und schwache vertikale Linien« fand, die jedoch nicht hell leuchteten, sondern sich dunkel vom übrigen Bild des Spektrums abhoben.

Vom roten bis zum violetten Ende des Spektrums zählte Fraunhofer nicht weniger als 574 Linien. Er bezeichnet die markantesten mit großen Buchstaben des Alphabets. Heute tragen diese Linien den Namen ihres Entdeckers. Moderne Sonnenforschungsanlagen zeigen zwischen den Wellenlängen 293,5 nm und 1349,5 nm insgesamt rd. 26000 Fraunhofersche Linien.

Für Fraunhofer war mit der Entdeckung der dunklen Linien im Sonnenspektrum sein Problem gelöst. Er konnte weitaus zuverlässigere Brechzahlmessungen durchführen als irgend jemand zuvor.

Für die Astronomie und Physik aber war das Problem damit keineswegs erledigt, denn es fragte sich natürlich, auf welche Weise die dunklen Linien zustande kommen, die sich übrigens andeutungsweise auch in den Spektren der viel lichtschwächeren Fixsterne nachweisen ließen.

Farbige Flammen im Visier

Eine besondere Rolle bei diesen Untersuchungen spielte das Licht von mit Salzen gefärbten Flammen. Bekannt ist z. B. die starke Gelbfärbung von Flammen beim Einbringen von Kochsalz (NaCl). Im Spektrum zeigt sich dann eine knallgelbe, intensive Linie. Bei anderen Salzen treten bevorzugt andere Linien auf.

Mit den Spektren farbiger Flammen beschäftigten sich zunächst vor allem zahlreiche englische Gelehrte, darunter auch John Herschel (1792 bis 1871), der Sohn des hervorragenden Beobachters und Instrumentenbauers Wilhelm Herschel. Er veröffentlichte zahlreiche Flammenspektren, darunter die des Strontiums und Kaliums. Die genaue Betrachtung der Spektren lehrte bald, daß sich ihr Aussehen je nach den beteiligten Substanzen veränderte, so daß einige Gelehrte bereits die Hoffnung aussprachen, die leuchtenden Stoffe möglicherweise durch die Untersuchung der Spektren bestimmen zu können.

Herschels Experiment, das zur Entdeckung der infraroten Strahlen führte

Aber keiner der Forscher bewies die Abhängigkeit der Spektren von den chemischen Elementen in der Flamme, obwohl die Idee eines solchen Zusammenhangs immer mehr an Boden gewann. Von besonderer Bedeutung für den Fortgang der Untersuchungen war eine Tatsache, die mehrere Gelehrte bemerkten, ohne sie erklären zu können: Genau an der Stelle im Spektrum der Sonne, wo sich die von Fraunhofer mit dem Buchstaben D bezeichnete dunkle Linie befand, ließ sich im Spektrum von Natriumflammen eine helle Linie nachweisen. Natürlich wußte man noch nichts über das Zustandekommen der gelben Linie, und manche Gelehrte, z. B. auch der schwedische Physiker und Astronom Anders Jans Ångström (1814–1874), bestritten die Zugehörigkeit der gelben Linie zum Natriumspektrum und hielten sie statt dessen für eine allgemein verbreitete, bei allen Metallen vorkommende Linie, die außerdem nicht ganz »ortsfest« sei.

Es gab also keine einhelligen Meinungen und Feststellungen. Aber wer die Übereinstimmung beider Linien akzeptierte, mußte sich über diese Koinzidenz sehr wundern. So vermuteten die englischen Physiker George Gabriel Stokes (1819 bis 1903) und William Thomson (Kelvin, 1824 bis 1907) um 1850, daß es zwischen dem Vorgang, der die D-Linie im Sonnenspektrum hervorruft, und jenem, der für die Entstehung der gelben Linien im Natriumspektrum verantwortlich ist, irgendeine Gemeinsamkeit gibt. Welcher Art diese Gemeinsamkeit war, wußten sie freilich nicht zu sagen. So war etwa um die Mitte des 19. Jahrhunderts eine Fülle von Einzeltatsachen über die Linienspektren bekannt, die man aber nicht miteinander in Verbindung zu bringen vermochte.

Um diese Zeit beschäftigten sich auch die beiden deutschen Gelehrten Gustav Robert Kirchhoff (1824–1887) und Robert Wilhelm Bunsen (1811 bis 1899) mit den Phänomenen des durch Glasprismen zerlegten Lichts. Kirchhoff war Physiker und Bunsen Chemiker.

Im Sommer des Jahres 1860 hatte sich der Großherzog von Baden als Gast auf dem Heidelberger Schloß eingefunden. Bei einem nächtlichen Fest aus Anlaß des Besuches war das Schloß mit bengalischen Flammen weithin illuminiert. Eine Anekdote berichtet, daß die beiden berühmten Forscher Kirchhoff und Bunsen an diesem Abend auf dem Dach ihres Laboratoriums standen und das Spiel der farbigen Flammen des unweit gelegenen Schlosses beobachteten. Da holte Bunsen einen Prismensatz aus dem Laboratorium und beobachtete die Flammen durch den Spektralapparat. Solche Untersuchungen gehörten ohnehin zur täglichen Arbeit der beiden Wissenschaftler. Bunsen erkannte sofort die charakteristischen Linien des Bariums und die roten Linien des Strontiums im Spektrum der Festbeleuchtung. Zu Kirchhoff gewandt, soll er bei dieser Gelegenheit gesagt haben: »Wenn wir auf diese Entfernung erkennen können, welche Stoffe in diesen Flammen glühen, warum können wir nicht auch erkennen, aus welchen Stoffen die Himmelskörper bestehen?«

Um dieselbe Zeit äußerte ein junger Student in Berlin, dessen Name später noch mit großen Forschungserfolgen geschmückt werden sollte, gegenüber seinem Physikprofessor die Hoffnung, daß man durch das intensive Studium des prismatisch zerlegten Lichts möglicherweise herausfinden könne, welche chemischen und physikalischen Eigenschaften die Fixsterne besäßen. Von einer Autorität des Berliner Lehrkörpers mußte er sich aber zunächst die im preußischen Korporalston gedonnerte Antwort gefallen lassen: »Was die Sterne sind, wissen wir nicht und werden wir nie wissen!« – Der Physikprofessor hieß Heinrich Wilhelm Dove (1803–1879), und der junge Student war Karl Friedrich Zöllner (1834–1882) aus Berlin-Schöneweide, später Professor der Astrophysik an der Leipziger Universität und ein Fachmann von Weltgeltung auf jenem Forschungsgebiet, das Dove für unmöglich erklärt hatte.

Solche Äußerungen namhafter Fachleute standen keineswegs vereinzelt da. Auch der berühmte Astronom Friedrich Wilhelm Bessel (1784–1846) war der Meinung gewesen, daß es nicht die eigentliche Aufgabe der Astronomie sei, die physikalische Beschaffenheit der Weltkörper in Erfahrung zu bringen, und der französische Positivist Auguste Comte (1798–1857) bestritt sogar die Möglichkeit, jemals etwas über das Wesen der Sonne herauszubekommen.

Die weitere Entwicklung der Astronomie ist ein eindrucksvolles Beispiel für die Rolle einer bestimmten weltanschaulich-philosophischen Haltung zu Problemen der Forschung; denn natürlich war von den Erkenntnispessimisten keine Lösung der Probleme zu erwarten: Die auf dem Standpunkt des naturwissenschaftlichen Materialismus stehenden und von der unbegrenzten Erkenntnis-

Gustav Robert Kirchhoff

fähigkeit überzeugten Gelehrten hingegen arbeiteten mit Eifer an der Ausarbeitung neuer Methoden. Zu der Zeit, als sich Zöllner von Dove wegen seiner »phantastischen Vorstellungen« zurechtweisen lassen mußte, war der entscheidende Schritt beinahe schon getan: Bunsen und Kirchhoff hatten sich zu gemeinsamen Versuchen zusammengetan und experimentierten unter Berücksichtigung aller bis dahin bekannten Fakten.

Im Jahre 1859 veröffentlichte Kirchhoff einen an Umfang winzigen, aber an Bedeutung beachtlichen Artikel in den Monatsberichten der Berliner Akademie der Wissenschaften mit dem bescheiden klingenden Titel »Über die Fraunhoferschen Linien«. Darin berichtete Kirchhoff von gemeinsamen Untersuchungen, bei denen es ihm und seinem Freunde Bunsen gelungen war, die chemische Zusammensetzung komplizierter Gemenge nach dem Anblick ihres Spektrums zu bestimmen. Dabei waren auch neue Erkenntnisse über den Ursprung der Fraunhoferschen Linien zutage getreten.

Robert Wilhelm Bunsen

Kirchhoff hatte gleichzeitig mit dem hellen Licht einer Natriumflamme auch das Licht der Sonne durch den Spektrographenspalt fallen lassen. Wegen der bekannten Koinzidenz der gelben Natriumlinie mit der entsprechenden dunklen Linie im Sonnenspektrum glaubte er, daß die dunkle Fraunhofersche Linie durch das Licht der gelben Natriumlinie im Spektrum etwas heller erscheinen würde. Statt dessen trat genau das Gegenteil ein: Die dunkle Linie war noch dunkler als sonst. Kirchhoff soll dieses eigenartige Resultat mit den Worten kommentiert haben: »Das ist entweder Unsinn oder eine ganz große Sache.« Es war eine ganz große Sache!

Kirchhoff veränderte die Versuchsbedingungen: Schränkte er die Helligkeit des Sonnenlichts ein, so erschienen die dunklen D-Linien unterhalb einer bestimmten Intensitätsgrenze plötzlich als helle Linien. Wurde die Helligkeit des Sonnenlichts dagegen wieder verstärkt, so wurden aus den hellen Linien dunkle. Durch diese Experimente war ganz klar gezeigt, daß die Koinzidenz der hellen und der dunklen Linien nicht zufällig war. Es drängte sich die Schlußfolgerung auf, daß beide Linien etwas Gemeinsames besitzen mußten.

Nach nur einem Tag intensiven Nachsinnens fand Kirchhoff eine Erklärung für das eigenartige Ergebnis seiner Versuche: Die Natriumdämpfe haben die Eigenschaft, aus hellen Strahlen genau diejenigen Wellenlängen zu absorbieren, die sie im glühenden Zustand emittieren. Bei abgeschwächtem Sonnenlicht überwog gewissermaßen die Emission, und die gelbe Linie wurde sichtbar. Bei vollem Sonnenlicht hingegen reichte das emittierte Licht der Natriumflamme nicht aus, um die dunkle D-Linie zum Verschwinden zu bringen.

In knappen Worten formulierte er diesen Sachverhalt: »Ich schließe aus diesen Beobachtungen, daß farbige Flammen, in deren Spektren helle, scharfe Linien vorkommen, Strahlen von der Farbe dieser Linien so schwächen, daß an Stelle der hellen Linien dunkle auftreten, sobald hinter der Flamme eine Lichtquelle von hinreichender Intensität angebracht wird, in deren Spektrum diese Linien sonst fehlen.«

Was war mit dieser Erklärung gewonnen? – Theoretisch noch nicht sehr viel, denn es blieb unerklärt, auf welche Weise solche Absorptionen

Original-Spektroskop, mit dem Kirchhoff das Sonnenspektrum untersuchte und damit die Astrophysik begründete. Das Instrument befindet sich heute im Astrophysikalischen Observatorium Potsdam (Zentralinstitut für Astrophysik der AdW der DDR).

und Emissionen zustande kommen. Praktisch aber war Kirchhoffs Entdeckung ein enormer Schritt voran auf jenem Wege, den viele Wissenschaftler zu seiner Zeit unter dem Einfluß positivistischer Auffassungen für ungangbar gehalten hatten.

Kirchhoff selbst arbeitete eine der entscheidenden Konsequenzen aus seiner Theorie noch in derselben Schrift vom Jahre 1859 in aller Deutlichkeit heraus: Speziell die Fraunhofersche dunkle D-Linie im Sonnenspektrum lasse auf das Vorhandensein von Natrium in der Sonnenatmosphäre schließen.

Bunsen und Kirchhoff überprüften diese Schlußfolgerung auch anhand von Experimenten, indem sie im Laboratorium künstliche Fraunhofersche Linien hervorriefen.

Die beinahe lapidar formulierten Resultate von Kirchhoff und Bunsen bedeuteten einen Vorstoß von außerordentlicher Tragweite. Am wissenschaftlichen Horizont zeichnete sich die Möglichkeit einer umfassenden Erforschung der chemischen Beschaffenheit aller Objekte des Universums ab.

Kirchhoff und Bunsen unternahmen nun alles, um ihr Ergebnis in voller Allgemeinheit abzusichern. Zu diesem Zweck verglich Kirchhoff unter anderem 70 Emissionslinien im Spektrum von Eisendampf mit der Lage entsprechender Fraunhoferlinien im Sonnenspektrum und stellte dabei ebenfalls zahlreiche Koinzidenzen fest. Nun war nicht mehr daran zu zweifeln, daß es sich bei der Übereinstimmung der hellen und dunklen Na-Linie keineswegs um einen Zufall gehandelt hatte. Gegen Ende 1859 formulierte Kirchhoff das theoretische Prinzip des Zusammenhangs zwischen Emission und Absorption, indem er schrieb: »Für Strahlen ein und derselben Wellenlänge bei derselben Temperatur ist das Verhältnis des Emissionsvermögens zum Absorptionsvermögen bei allen Körpern gleich«, eine Erkenntnis, die bereits zur Vorgeschichte der Quantenphysik des 20. Jahrhunderts gehört.

Wenig später erschien dann die klassische Arbeit der beiden Forscher Kirchhoff und Bunsen, die unter dem Titel »Chemische Analyse durch Spectralbeobachtungen« als eigentlicher Beginn der Spektralanalyse in die Geschichte eingegangen ist. Darin ist ausführlich dargelegt, daß jedes Element ein nur ihm eigenes Spektrum emittiert, so daß es möglich ist, aus der Analyse dieses Spektrums auf das Vorhandensein des Elements zu schließen.

Das neue Hilfsmittel löste allerorts größte Verblüffung und lebhaftes Interesse aus. Bald verstummten diejenigen, die noch vor kurzem von Kirchhoff und Bunsen als »Verrückten« gesprochen hatten; denn die Erfolge der Spektralanalyse waren für jedermann unübersehbar. Vor allem für die Chemiker. Noch in den Jahren 1860 und 1861 entdeckten Kirchhoff und Bunsen mit Hilfe der Spektralanalyse zwei unbekannte Elemente: Zäsium und Rubidium. Doch bei diesem überraschenden Erfolg blieb es nicht. Bis zum Jahre 1880 waren insgesamt 10 neue Elemente gefunden.

Im Bereich der astronomischen Forschung waren die Erwartungen der Forscher verständlicherweise noch höher gespannt. Für die Chemiker bedeutete das neue Meßverfahren zwar eine Vereinfachung und Steigerung der Genauigkeit, aber für die Erforschung der Himmelskörper war es etwas prinzipiell Neues, da man zuvor überhaupt keine Möglichkeiten besessen hatte, die chemische Zusammensetzung der Gestirne zu bestimmen. In allen Ländern mit entwickelter Himmelsforschung wurde nun das Fernrohr mit dem Spektroskop verbunden.

Die größten Aktivitäten gingen dabei von einer Gruppe junger Forscher in Deutschland, England, Rußland, in den USA, in Italien und Frankreich aus, die allesamt eigentlich gar keine Astronomen waren, sondern zumeist aus der Physik kamen und erst am Anfang ihrer Laufbahn standen. Die anerkannten Fachleute waren damals mit großen Programmen im Rahmen der herkömmlichen astronomischen Forschung beschäftigt; zum Teil betrachteten sie die neue Forschungsmethode noch mit Skepsis, zum Teil hatten sie auch keine Zeit für die Mitwirkung an neuen Untersuchungsprogrammen. Aber der engagierte Einsatz der begeisterten Anhänger der Spektroskopie machte ihre zahlenmäßige Unterlegenheit wieder wett. In allen Ländern wurde beinahe jeden Tag etwas Neues entdeckt, und schon nach wenigen Jahren war die Fülle neuen Wissens so groß, daß dickbändige Monographien über die Ergebnisse der jungen Disziplin Astrophysik den wissenschaftlichen Büchermarkt bevölkerten.

Nur wenige Untersuchungen mögen hier für viele stehen: Nach den Resultaten von Kirchhoff über die Sonne war es klar, daß man jetzt das Rüstzeug besaß, eine Physik der Sterne aufzubauen. Freilich, die Sternspektren konnten bei weitem nicht so viele Informationen hergeben, wie das Spektrum der Sonne, da das Sternenlicht auf der Erde wesentlich weniger intensiv erscheint als das Sonnenlicht. Dennoch hatte schon Fraunhofer festgestellt, daß sich die Spektren der Sterne zum Teil erheblich voneinander unterscheiden. Sorgfältige Studien sehr vieler Sternspektren zeigten nun, daß sich drei deutlich voneinander unterschiedene Klassen definieren lassen. Der italienische Astrophysiker Angelo Secchi (1818–1878) schuf eine solche Klassifikation der Sternspektren nach ihrem Erscheinungsbild. Sie sind durch folgende Merkmale charakterisiert:

Klasse I. Relativ wenige Linien, hauptsächlich zum Wasserstoffspektrum gehörend, und einige Linien im gelben und grünen Spektralgebiet auf kontinuierlichem Untergrund;

Klasse II. Eine große Zahl von Linien in allen Bereichen des Spektrums, vergleichbar mit der Linienverteilung im Sonnenspektrum;

Klasse III. Zusätzlich treten noch schattierte Bänder auf, so daß der Reichtum an dunklen Linien insgesamt noch größer ist.

Gleichzeitig war dies eine Anordnung der Sterne nach den Farben der sogenannten Abkühlungssequenz, nämlich Weiß (Klasse I), Gelb (Klasse II) und Rot (Klasse III).

Freilich war dies nur der Beginn einer Spektralklassifikation, die lediglich von den augenfälligsten Merkmalen der Sternspektren ausging. Secchi selbst bemerkte bald, daß es Übergänge zwischen den einzelnen Klassen gibt und die Fülle der Merkmale durchaus eine größere Zahl von Spektralklassen rechtfertigen würde. Er ergänzte deshalb später seine Anordnung der Spektren noch um zwei weitere Klassen.

Je mehr Einzelheiten man dank verbesserter instrumenteller Hilfsmittel in den Sternspektren entdecken konnte, umso dringlicher stellte sich die Aufgabe, eine feinere Untergliederung der Spektren vorzunehmen. Diese Feinklassifikation wurde vor allem von den Mitarbeitern einer berühmten amerikanischen Sternwarte gegen Ende des 19. Jahrhunderts vorgenommen: Am Harvard-

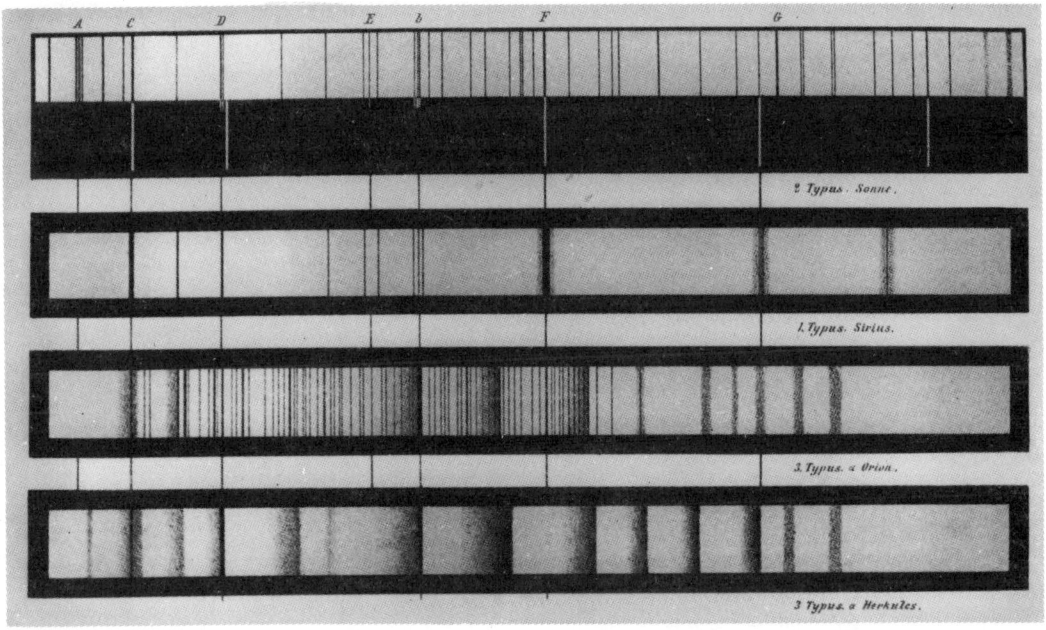

Die Spektralklassen der Fixsterne nach A. Secchi

Observatorium schufen Direktor Edward Charles Pickering (1846–1919) und seine Mitarbeiterinnen Antonia Caetana Maury (1866–1952) und Annie Jump Cannon (1863–1941) die Grundlagen der noch heute gültigen Einteilung der Fixsternspektren. Miß Maury teilte die Spektren in 22 Klassen, die sie jeweils mit den römischen Zahlen I bis XXII bezeichnete. Eine andere Einteilung gab den Spektren Bezeichnungen der großen lateinischen Buchstaben des Alphabets von B bis Q. Als man dann um 1900 noch einmal das ganze Material kritisch sichtete und prüfte, fielen manche Buchstaben weg, dezimale Unterteilungen kamen hinzu, die Reihenfolge änderte sich, so daß die heute übliche und auf den ersten Blick etwas merkwürdige Reihenfolge der Spektren zustande kam:

O – B – A – F – G – K – M.

Weitere Ergänzungen (die Sonderklassen R, N und S beispielsweise) wurden später hinzugefügt.

Äußeres Merkmal der von den Mitarbeitern des Harvard-Observatoriums getroffenen Einteilung war nach wie vor die schon bei Secchi vorkommende Abkühlungssequenz, d. h. die Reihenfolge der Farben von Weiß nach Rot; aber die Details in den Spektren, insbesondere die Anzahl und Lage sowie die Art der Linien, waren entscheidend für die Unterteilung gewesen. Die am Harvard-Observatorium ausgearbeitete Spektralklassifikation der Sternspektren wurde schließlich allgemein angenommen und damit zur Grundlage für die in allen Sternwarten der Erde durchgeführten Spektraluntersuchungen.

Nachdem mit der Spektralklasse eine Größe für die Kennzeichnung des Spektrums gefunden war, versuchte man, sich einen Überblick über die Verteilung dieser Größe unter den Sternen zu verschaffen. Ähnlich wie die klassische Astronomie von alters her über Positionskataloge verfügte, die mit der Zeit immer genauer wurden, erfolgten nun Spektraldurchmusterungen. Ein ganz klar umrissener wissenschaftlicher Zweck war damit zunächst noch nicht verbunden. Es ging vorerst um eine Bestandsaufnahme. Hermann Carl Vogel, der um 1879 (damals noch nach der einfachen Einteilung der Spektren in drei Klassen) mit einer Durchmusterung von Teilen des nördlichen Sternhimmels begann, sprach ganz allgemein von der Verpflichtung gegenüber der Nachwelt, den gegenwärtigen Zustand des Himmels auch nach den spektralen Merkmalen der Sterne festzuhalten, um eventuell mit der Zeit eintretende Veränderungen später feststellen und daraus Schlußfolgerungen ziehen zu können. Ähnliche Motive waren auch anderswo maßgebend für die großen Durchmusterungsarbeiten.

Die umfangreichste Datensammlung von Sternspektren des nördlichen Himmels schufen von 1918 bis 1924 die Mitarbeiter des Harvard-Observatoriums, nachdem ihnen schon Secchi, Vogel und Müller, Lockyer und andere mit kleineren Durchmusterungen vorangegangen waren.

Erst viel später stellte es sich heraus, daß die sehr sorgfältige Aufreihung der Spektren nach ihren äußeren Merkmalen (Linienreichtum und anderes mehr) auch physikalisch sehr sinnvoll war. Schon bei der Einführung der ersten drei noch wenig differenzierten Spektralklassen von Secchi hatten verschiedene Physiker, darunter auch Zöllner, vermutet und sogar durch Experimente und theoretische Überlegungen wahrscheinlich gemacht, daß die Spektralklassen eine »Sortierung« der Sterne von hohen zu tieferen Temperaturen darstellen.

Wachsende Bedeutung gewann in der Astrophysik seit der Mitte des 19. Jahrhunderts die Fotografie. Fotografisches Äquatorial von der Firma Heyde (Dresden) auf der alten Kaiserlichen Sternwarte in Moskau

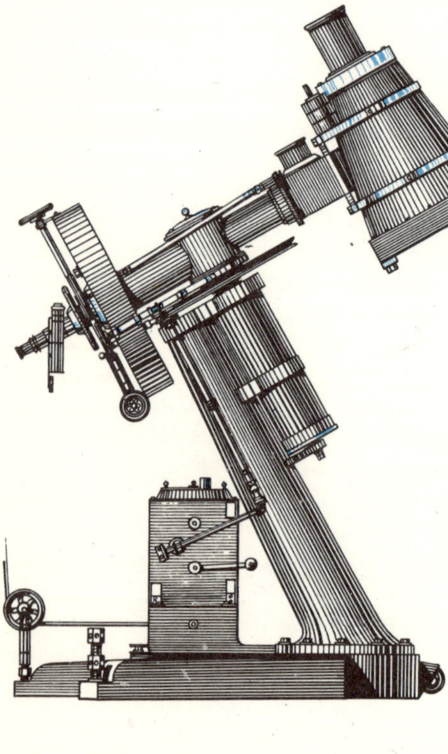

Diese Ansicht erfuhr zu Beginn der zwanziger Jahre unseres Jahrhunderts ihre glänzende Bestätigung. Freilich war dies schon das Produkt von physikalischen Erkenntnissen, von denen man zur Zeit der ersten Benutzung des Glasprismas zur Zerlegung des Sternlichts noch nichts ahnen konnte.

Der Wunderstern im Walfisch

Etwa um die gleiche Zeit beschäftigten sich Physiker und Astronomen auch mit dem Problem der Helligkeitsmessungen von Sternen. Während die Untersuchungen der Sternspektren etwas prinzipiell Neuartiges darstellte, hatte man allerdings Sternhelligkeiten schon seit rund 2000 Jahren registriert. Bereits Hipparch hatte seinem Sternkatalog Helligkeitsangaben beigefügt, um damit den nicht gerade mustergültig präzisen Ortsangaben noch eine zusätzliche Information an die Seite zu stellen, die bei der Identifizierung von Sternen helfen sollte. Irgendeine Aussage über die Sterne selbst leitete man aus diesen Angaben nie ab, obwohl in Anlehnung an die griechische Tradition bis zum 19. Jahrhundert Dutzende von Helligkeitskatalogen angefertigt worden waren. Das Interesse an genauen Helligkeitsangaben nahm aber zu, als man nach und nach immer mehr Sterne entdeckte, die ihr Licht auf rätselhafte Weise veränderten.

Erinnern wir uns des merkwürdigen Sterns, den Tycho Brahe im November 1572 im Sternbild Kassiopeia entdeckte und der zuvor nicht dort gesehen worden war. Die Helligkeit des Neulings war so groß, daß er selbst am Tageshimmel ausfindig zu machen war und somit der Venus Konkurrenz machte. Die ungewöhnliche Erscheinung erregte bei allen Sternforschern, aber auch in breitesten Kreisen der Öffentlichkeit großes Aufsehen. Brahe beobachtete das »Mirakel« mit höchster Sorgfalt. Im Unterschied zu den Planeten verblieb der neue Stern an seinem Ort. Indessen veränderte sich aber die Helligkeit. Sie nahm zusehends ab. Nach etwa mehr als vier Wochen war aus der »Venus« ein »Jupiter« geworden, und in den folgenden Wochen ging es weiter abwärts mit der Helligkeit des aufsehenerregenden Lichtpunkts. Im Frühjahr 1574, knapp anderthalb Jahre nach seinem spektakulären Erscheinen, war der Stern wieder verschwunden.

Eine der ersten Mondaufnahmen. Dieses Bild des Erdtrabanten fotografierte J. Draper am 3. September 1863 mit Hilfe eines 40-cm-Spiegelteleskops.

Für die erregten Gemüter der Gelehrten war die Sache damit freilich nicht abgetan. Von der »Tychonischen Nova«, wie der Stern heute allgemein genannt wird, war mit gutem Grund noch lange zu reden.

Nur wenige Jahre später leuchtete im Sternbild Walfisch ebenfalls ein eigenartiger Stern auf. Die Helligkeit nahm auch bei diesem Neuling bald wieder merklich ab, bis der Stern nach geraumer Zeit unsichtbar wurde. Im Unterschied zu der Tychonischen Nova tauchte jedoch der Walfischstern (Mira) später wieder auf. Er wurde erneut unsichtbar, dann wieder sichtbar und so fort. Der Beobachter Holwarda sah den Stern 1638 und im nachfolgenden Jahr wiederum. Er stellte damit erstmals fest, daß es sich um einen periodischen Wechsel der Helligkeit handeln mußte. Daß der Stern dabei zeitweise zu verschwinden scheint, liegt – wie wir heute wissen – daran, daß seine Helligkeit in dem weiten Bereich zwischen der 2. und 10. Größenklasse schwankt. Während seiner geringsten Helligkeit liegt seine Intensität um den Faktor 100 unter der Wahrnehmbarkeitsgrenze für unser Auge. Es ist also nicht verwunderlich, daß der Stern regelmäßig sichtbar und unsichtbar wird. Solche Sterne sind nach und nach in immer größerer Anzahl entdeckt worden. Daß man zunächst von dem merkwürdigen Verhalten der Sterne recht befremdet war, ist angesichts der völligen Unkenntnis der herrschenden Mechanismen verständlich. Dies findet auch in den Namen dieser Sterne seinen Widerklang: Mira heißt »der Wunderbare« und Algol, dessen Veränderlichkeit 1667 durch Montanari entdeckt wurde, der »Teufelsstern«. Heute sind mehr als 20000 Sterne mit veränderlicher Helligkeit bekannt. Die Erforschung dieser Objekte ist ein wichtiges Spezialgebiet der modernen Astrophysik.

Die Erfahrungen der Beobachter des 16. und 17. Jahrhunderts deuteten also darauf hin, daß die Kenntnis genauer Sternhelligkeiten sehr wünschenswert sein kann, weil die naheliegende und aus oberflächlicher Betrachtung folgende Annahme, alle Sterne seien für alle Zeiten gleichhell, unzutreffend war. Tatsächlich war die Erforschung der veränderlichen Sterne ein entscheidendes astronomisches Motiv für die Entwicklung der Fotometrie.

Der deutsche Astronom Friedrich Wilhelm Argelander (1799–1875) veröffentlichte im Jahre 1844 eine »Aufforderung an Freunde der Astronomie«, worin er einen eindringlichen Appell an alle Förderer der Sternkunde richtete, sie mögen doch den Sternen mit veränderlicher Helligkeit größte Aufmerksamkeit zollen. Argelander entwickelte für diesen Zweck eine Methode zum genaueren Schätzen der Helligkeiten durch Vergleich mit benachbarten Sternen. Während man es zuvor stets bei verbalen Benennungen wie »gleichhell«, »heller« oder »viel heller« hatte bewenden lassen, wurde nun nach der Methode der Helligkeitsstufen geschätzt, die eine Genauigkeit von einer Zehntel Größenklasse bei einem geübten Beobachter zuließ. Diese Methode hat sich so ausgezeichnet bewährt, daß sie noch bis in unsere Tage von Amateuren benutzt wird.

Waren die veränderlichen Sterne ein Anlaß, fotometrische Verfahren zur Himmelsbeobachtung zu nutzen, so führte letztlich doch eine andere, der Astronomie scheinbar fernliegende Entwicklung zu leistungsfähigen Helligkeitsmeßgeräten (Fotometern): die Lichttechnik und die Beleuchtungsindustrie. Mit dem Aufkommen der ersten leistungsfähigen künstlichen Lichtquellen, insbesondere mit der Einführung der Gasbeleuchtung, entstanden von Anbeginn auch fotometrische Probleme. Die großen Fabriken, die im 19. Jahrhundert förmlich aus dem Boden schossen, mußten wegen der auf Maximalprofit ausgerichteten Produktion auch nachts beleuchtet werden. Eine möglichst hohe Ausbeute der Energiequellen für die Beleuchtung sowie die Konkurrenz der Unternehmen, die Lichtquellen produzierten, hatten die rasche Entwicklung der Fotometrie notwendig zur Folge: Man wollte wissen, ob die Qualität des Lichts gleichbleibend sei, welches Verhältnis die künstlichen Lichtquellen zur natürlichen Beleuchtung durch das Tagesgestirn oder den bedeckten Taghimmel hatten, und anderes mehr.

Angesichts dieser Forderungen reichten einfache Schätzungen nicht mehr aus, und man ging zur Messung der Helligkeit über. Es ist nicht verwunderlich, daß die ersten Messungen, die mit den neuentwickelten Fotometern ausgeführt wurden, dem direkten Vergleich zwischen der Intensität des Sonnenlichts und der von künstlichen Lichtquellen galten. Durch diese instrumentelle Entwicklung wurde auch die Aufmerksamkeit der Astronomen stärker auf die genaueren Meßverfahren gelenkt. So kam es, daß – wenn auch zunächst nur vereinzelt – Helligkeitsmeßapparate auch auf die Sterne angewendet wurden. Obschon man einstweilen kaum angeben konnte, zu welchen konkreten Ergebnissen die genauere Messung von Sternhelligkeiten nützlich sein könnte, wurde doch immer wieder darauf hingewiesen, daß man der Argelanderschen Aufforderung folgen solle.

Einen Anstoß in dieser Richtung gab unter anderem die Kaiserliche Akademie der Wissenschaften zu Wien im Jahre 1854 durch eine Preisaufgabe über Sternhelligkeiten. Die Akademie forderte auf: »Es sind möglichst zahlreiche und genaue photometrische Bestimmungen von Fixsternen in solcher Anordnung und Ausdehnung zu liefern, daß der heutigen Sternkunde dadurch ein bedeutender Fortschritt erwächst.« Kennzeichnend für die einstweilen noch herrschende Grabesruhe auf dem Gebiet der Himmelsfotometrie war die Tatsache, daß dieser Aufruf ohne jedes Echo blieb. Die Akademie erhielt keinerlei Einsendungen. Die Preisaufgabe wurde deshalb im Jahre 1857 erneut gestellt. Diesmal fanden sich drei Einsender. Geradezu knapp vor Toresschluß ging die Arbeit des jungen Physikers Carl Friedrich Zöllner bei der Akademie ein. Zöllner hatte sich schon als Physikstudent an der Berliner Universität mit fotometrischen Problemen beschäftigt und war dann in Basel wiederum auf ein fotometrisches Thema gelenkt worden: die Lichtentwicklung galvanisch glühender Platindrähte. Zöllner ist also geradezu die typische Personifizierung des schon angedeuteten Zusammenhangs zwischen technischer und astronomischer Fotometrie. Seine ursprünglichen Themen galten ausschließlich der Lichterzeugung und Lichtmessung technischer Lichtquellen. Vielleicht wäre die Sternfotometrie auch nur sein Hobby geblieben, wenn nicht die Preisaufgabe der Wiener Akademie sowie die eindringliche Aufforderung seiner Basler Lehrer und Freunde gewesen wären, eine Bewerbungsschrift einzusenden.

Beobachtungen während einer Bahnfahrt

Der geistreiche Physiker Georg Christoph Lichtenberg (1742–1799) hat einmal den Zufall als den »Vater vieler herrlicher Erfindungen« bezeichnet. Nicht, daß dadurch der Gang der Wissenschaftsentwicklung entscheidend bestimmt würde, aber die zum Teil äußerst merkwürdigen oder kurzweilig-amüsanten Umstände, unter denen viele Entdeckungen zustande kommen, ist doch eine interessante Tatsache, die uns zeigt, daß in der Wissenschaftsentwicklung keineswegs nur streng logische Prinzipien walten, sondern ebenso auch das Zusammentreffen unvorhergesehener Umstände, gepaart mit Phantasie, eine Rolle spielen. So auch bei der Erfindung des für die Himmelsfotometrie so wichtigen Astrofotometers von Carl Friedrich Zöllner (1834–1882), das den Hauptinhalt seiner Preisschrift für die Wiener Akademie darstellt.

Eines Abends fuhr Zöllner mit der Eisenbahn von Olten nach Basel. Er lehnte sich gemütlich in seinem Coupé zurück und betrachtete durch das Fenster den sternklaren Himmel über der dahinjagenden Landschaft. Zu seinem Erstaunen stand unter den ihm bekannten Sternen des Himmels ein kräftig rötlich leuchtendes Objekt, das dort »nichts zu suchen« hatte. Der Mars konnte es keinesfalls sein. Zöllner wollte sich das Objekt genauer betrachten und öffnete das Fenster des Eisenbahnabteils. Der mysteriöse rote Stern war aber jetzt verschwunden. Zöllner schloß daraufhin das Fenster und nahm seinen alten Platz wieder ein. Wie stutzte er aber, als nun der Stern erneut an derselben Stelle stand! Ein nochmaliger Versuch, den Stern bei geöffnetem Fenster zu studieren, hatte dasselbe Ergebnis wie vorher, und auch diesmal erschien der Stern bei geschlossenem Fenster an der gleichen Stelle. Es mußte sich um einen »künstlichen« Stern handeln. Tatsächlich entdeckte Zöllner an der dem Fenster gegenüberliegenden Seite des Abteils eine kleine Gaslampe, die mit einem Tuch verdeckt war, um die Fahrgäste nicht zu blenden. Aber in dem Tuch, das die Lampe umgab, war ein kleines Loch, das den künstlichen Stern hervorrief. Dieser wurde vom Fensterglas des Coupés reflektiert, und zwar gerade so, daß er in Zöllners Blickrichtung fiel. Von den natürlichen Sternen jenseits der Fensterscheibe war er auf den ersten Blick nicht zu unterscheiden gewesen.

Zöllner war kaum in Basel angekommen, als er die neue Erfahrung schon in einem Experiment erweiterte. Rasch war aus Pappe ein Rohr improvisiert, in das eine schrägliegende Glasscheibe eingesetzt wurde. Ein seitlich in dem Papprohr angebrachtes winziges Loch sollte Licht aus dem Zimmer zu einem künstlichen Stern auf der Glasscheibe werden lassen. Zöllner beobachtete nun durch dieses objektivlose Fernrohr den klaren Himmel aus seinem Baseler Wohnzimmer, und je nachdem, ob er das seitliche Loch im Papprohr abdeckte oder nicht, war ein Stern mehr oder weniger im Gesichtsfeld. Wenn man nun den künstlichen Stern noch in Helligkeit und Farbe verändern könnte, dann hätte man ein ausgezeichnetes Fotometer, dachte Zöllner. Man müßte den von einer Quelle konstanter Helligkeit gespeisten künstlichen Lichtpunkt jeweils soweit abschwächen oder verstärken können, daß er mit dem gerade zu messenden natürlichen Stern die gleiche Helligkeit besaß. Da das Auge ziemlich genau feststellen kann, wann zwei Lichtpunkte oder -flächen gleichhell erscheinen, mußte sich auf diese Weise die Genauigkeit der Helligkeitsbestimmungen gegenüber den bisher

Karl Friedrich Zöllner

üblichen Schätzmethoden erheblich steigern lassen. Außerdem hatte dieses Fotometer den enormen Vorteil, daß seine Handhabung ebenso einfach wie seine Konstruktion war – ganz im Gegensatz zu verschiedenen Versuchen anderer Forscher, die sich ebenfalls um die Messung von Sternhelligkeiten bemühten.

Zöllner entschloß sich, die Helligkeit des Vergleichssterns mit Hilfe der Polarisation des Lichts zu verändern. Durch Drehung spezieller Prismen konnte er die Intensität der Lichtquelle soweit verändern, daß sie mit der des zu messenden Sterns übereinstimmte. Sogar eine Vorrichtung zur Erzielung von Farbengleichheit zwischen Vergleichsstern und Meßobjekt sah Zöllner vor. Entscheidend war, daß durch genaue Messung des Drehwinkels am Prisma die Intensitätsveränderung präzise festgestellt werden konnte. In einer ersten Serie von Messungen überzeugte sich Zöllner von der Brauchbarkeit der Methode. Eine Abhandlung darüber schickte er an die Akademie in Wien. Die Gutachter der Akademie gaben der Arbeit jedoch keinen Preis. Begründung: Die Anzahl der Sternhelligkeitsmessungen sei zu gering. Die anderen

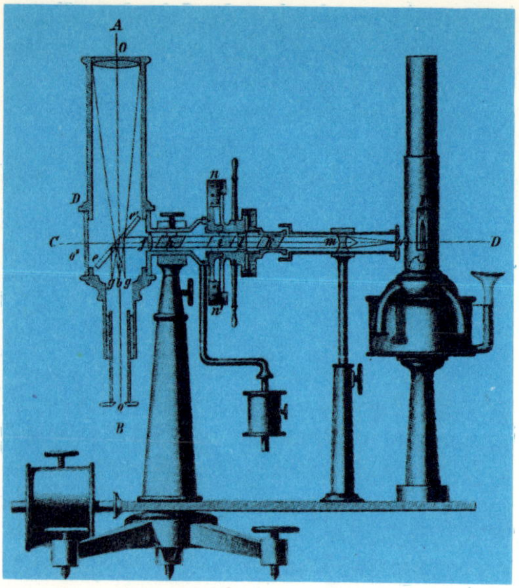

Das Zöllnerfotometer

beiden Bewerber erhielten den Preis übrigens auch nicht. Daß die Wiener Fachleute sich so penibel an die Formulierung ihrer Aufgabe klammerten, gereichte ihnen allerdings wenig zur Ehre. Denn kaum hatte Zöllner die Arbeit in Berlin drucken lassen, erhielt sie eine ausgezeichnete Besprechung in den international anerkannten »Astronomischen Nachrichten«.

Wenige Jahre später zogen »Zöllnerfotometer« in die Sternwartenkuppeln aller Herren Länder ein. Das Zöllnersche Fotometer war ein entscheidender Durchbruch auf dem Gebiet der Helligkeitsbestimmung von Sternen. Gegenüber den früheren Methoden konnte man nun die Sternhelligkeiten rund zehnmal genauer bestimmen. Zudem war das Verfahren einfach, und Resultate waren ohne eine komplizierte Auswertung schnell zu erlangen.

Das »logarithmische« Auge

Die Einführung der Messung statt der bloßen Schätzung brachte aber ein Problem mit sich, das vorher nicht unbekannt gewesen war, für dessen Lösung aber kein zwingender Grund bestanden hatte: Die Astronomen gaben die Sternhelligkeiten nach alter Sitte in sogenannten Größenklassen an, die auf Helligkeitseindrücken des menschlichen Auges beruhen. Die Meßapparaturen zeigten jedoch Intensitäten des Sternenlichts an. Somit stand man vor der Alternative: Entweder werden zukünftig die alten Größenklassen ganz fallengelassen, oder man muß die gemessenen Intensitäten in Größenklassen umrechnen. Dies war viel leichter gesagt als getan. Denn obwohl man praktisch schon immer mit Größenklassen arbeitete, wußte man doch fast nichts über den physikalischen Inhalt dieses Begriffs.

Die Problemstellung berührte übrigens keineswegs nur die Astronomen, sondern war auch für die Vertreter der Sinnesphysiologie interessant, so daß sich eine Zusammenarbeit zwischen Physikern und Physiologen anbot. Von den letzteren verdienen hier insbesondere Ernst Heinrich Weber (1795–1878) und Gustav Theodor Fechner (1801 bis 1887) Erwähnung.

Weber, oft als »Vater der Psychophysik« bezeichnet, beschäftigte sich um die Mitte des vergangenen Jahrhunderts mit den Eigenheiten der Gehörsempfindung und mit dem menschlichen Tastsinn. Etwa gleichzeitig untersuchte Fechner, der in philosophischer Hinsicht pantheistisch orientiert war, die Eigentümlichkeiten der Gesichtswahrnehmung. Beide Forscher fanden dabei eine Beziehung zwischen Empfindung und dem die Empfindung auslösenden Reiz. Fechner ging von der Beobachtung aus, daß die Helligkeitsdifferenz zweier verschieden heller Flächen vom menschlichen Auge als gleichbleibend empfunden wird, wenn man beide Flächen – etwa durch Filter – um denselben Betrag abschwächt. Die Differenzen von Eindrücken verhalten sich demnach wie die Verhältnisse von Intensitäten. Mathematisch ausgedrückt bedeutet dies, daß die Empfindung dem Logarithmus des Reizes proportional ist. Dies gilt sowohl für die Gesichtswahrnehmung als auch für Tast- und Gehörsinn. Unser »logarithmisch empfindendes« Auge kann demnach mit einer relativ kleinen Spannweite von Eindrücken eine relativ große Spanne von Reizen verarbeiten. Zwischen den schwächsten, mit dem bloßen Auge eben noch wahrnehmbaren Sternen und unserer Sonne, dem hellsten Stern unseres Himmels, besteht ein Unterschied von rund 33 Größenklassen. Das zugehörige Intensitätsverhältnis beträgt aber rund 1 : 10 Billionen (10^{13}). In der Astronomie spielt also die sinnesphysiologische Gesetzmäßigkeit, die nach ihren Entdeckern auch als Weber-Fechnersches Gesetz bezeichnet wird, eine erhebliche Rolle.

Kannte man nun die Beziehung zwischen den beiden für die Fotometrie wichtigen Größen, so mußte auch noch die Skalenweite festgelegt werden – ebenso, wie es bei einem Thermometer nicht ausreicht, nur zu wissen, daß die Länge des Quecksilberfadens eine lineare Funktion der gemessenen Temperatur darstellt. Man brauchte also den entsprechenden Proportionalitätsfaktor. Der englische Astronom Norman Robert Pogson (1829–1891) unterbreitete – wie auch andere seiner Zeitgenossen – einen Vorschlag für diesen Faktor. Pogson meinte, einen wissenschaftlich exakten Wert könne man ohnehin wohl kaum angeben, da die früheren Helligkeitsschätzungen durchweg mit Fehlern behaftet seien, deren Größe man nicht kenne. Er entschied sich deshalb für einen Faktor, der einerseits die älteren Helligkeitswerte gut darstellte und andererseits für die Handhabung der von ihm vorgeschlagenen Meßmethode besondere Bequemlichkeit bot. Er schlug den Wert von 2,500 vor. Dieser Wert ist heute international verbindlich und definiert die Skala des Systems der Helligkeiten. Allerdings wurde man sich darüber erst nach sehr vielen Auseinandersetzungen einig. Viele Astronomen schlugen andere Werte als Faktor für die Beziehung zwischen Eindrücken und Intensitäten vor, nicht wenige bestritten überhaupt die Gültigkeit des Weber-Fechnerschen Gesetzes. Es verging ein halbes Jahrhundert, bis der sinnreiche Vorschlag des Briten allgemein anerkannt war.

Auf Jagd nach Helligkeiten

Zöllner war davon überzeugt, daß den Sternhelligkeiten eine eigenständige Bedeutung zukomme und ihre Messung grundlegend neue Erkenntnisse über das Wesen der Sterne ermögliche. Als besonderes Beispiel führte er die veränderlichen Sterne an. Während diese Objekte von Argelander noch ohne nähere Begründung untersucht wurden, meinte Zöllner bereits, sie seien für die Erforschung des Lebensweges der Sterne wichtig. Nach seinen Vorstellungen, die auf der Anwendung einer naturwissenschaftlich-materialistischen Entwicklungskonzeption auf alle kosmischen Objekte basierten, sollte nämlich ein Stern während seines Abkühlungsprozesses an seiner Oberfläche nach und nach von schlackenartigen Ablagerungen bedeckt werden. Während der Stern rotierte, würden dem irdischen Betrachter Oberflächenteile mit mehr oder weniger dunklen Schlackeflächen zugewendet, so daß die Helligkeit periodisch variiere. Obschon diese Auffassung – wie uns heute bekannt ist – nicht den Tatsachen entspricht, war sie seinerzeit doch ein wesentliches Argument zugunsten von Helligkeitsbeobachtungen. Zöllner war deshalb von Anbeginn der Meinung, daß man mit den neuen Meßverfahren, die auch andernorts entwickelt wurden, möglichst bald eine umfassende Bestandsaufnahme von Sternhelligkeiten vornehmen sollte. Möglicherweise gab es gar keine Sterne mit unveränderlichen Helligkeiten.

Argelander, der unermüdliche Verfechter der Annahme von veränderlichen Helligkeiten, hatte bereits in den Jahren nach 1852 ein umfassendes Sternverzeichnis angefertigt, das auch Helligkeiten enthielt. Zwar waren die Helligkeiten nicht das Hauptanliegen dieser Datensammlung, aber immerhin war damit das umfassendste Verzeichnis von Sternhelligkeiten geschaffen, das hinsichtlich seines Umfanges damals kaum zu überbieten war. Zusammen mit seinen Mitarbeitern Schönfeld und Krüger hatte Argelander in 16jähriger Beobachtungsarbeit die genäherten Örter und Helligkeiten aller Sterne vom Himmelsnordpol bis knapp unter den Himmelsäquator für Sterne aller Helligkeiten bis zur Größenklasse 9,5 aufgenommen. Dies alles geschah mit einem kleinen Refraktor (78/630), wie ihn heute bei uns viele Schulen besitzen. Die Zahl der in Betracht gezogenen Sterne betrug 324 189. Die Helligkeitsschätzungen wurden aber nicht etwa aus einer einzigen Beobachtung abgeleitet. Man verglich, stellte Erwägungen an, wartete bessere atmosphärische Bedingungen ab, kurz: Insgesamt steckt in dem Verzeichnis die unvorstellbare Mühe von etwa einer Million Helligkeitsschätzungen. Die Astronomen bezeichnen diese Datensammlung nach der Sternwarte, an der sie gewonnen wurde, als »Bonner Durchmusterung«.

Entwicklungsphasen einer totalen Sonnenfinsternis. Während der vollständigen Verfinsterung ist die Sonnenkorona zu erkennen.

Angesichts der immensen Arbeitsleistung und des großen Wertes des Katalogs hat sich der Begriff »Durchmusterung« als Terminus technicus in der internationalen Fachsprache eingebürgert.

Nach dieser grundlegenden Vorarbeit war es aber nun an der Zeit, mit Hilfe der modernen Methoden genauere Ergebnisse zu erzielen. An solchen neuen Durchmusterungen, die allerdings nicht den kolossalen Umfang des genannten Vorbilds annahmen, arbeitete man nach der Einführung der Helligkeitsmessungen an verschiedenen Stellen in der Welt. Obwohl Zöllner vielleicht tatsächlich der erste war, der die Notwendigkeit einer solchen Arbeit klar ausgesprochen hatte, wurde in anderen Ländern eher damit begonnen. In Deutschland gab es noch keine Institution, die sich speziell dem neuen Arbeitsgebiet Astrophysik gewidmet hätte. Anders in den USA. Dort bestand seit 1839 das Harvard-Observatorium. Sein Direktor war von 1877 bis 1917 Edward Charles Pickering (1846–1919). Der um die Einführung astrophysikalischer Methoden hochverdiente Forscher begann um 1879 mit den Beobachtungen für eine umfangreiche Helligkeitsdurchmusterung des Himmels. Das Ergebnis erschien in abgeschlossener Form im Jahre 1907.

Sternwarte Bothkamp im 19. Jahrhundert

Ein äußerst umfangreiches Material über Sternhelligkeiten eines Teils des Südhimmels stellte J. Thome in Argentinien von 1892 bis 1914 zusammen. Diese Cordoba-Durchmusterung enthielt die Helligkeiten von mehr als einer halben Million Sternen.

Die Sonnenwarte

Die ersten Erfolge der Spektroskopie, namentlich bei der Erforschung der Sonne, stärkten bei einer kleinen Gruppe aktiver Forscher die Überzeugung, daß sich bald eine neue Spezialrichtung innerhalb der Astronomie herausbilden würde, die sich ausschließlich dem Problem der physikalischen Natur der Himmelskörper widmet. Diese wenigen Pioniere der Astrophysik waren verständlicherweise stark daran interessiert, eigene Institutionen ins Leben zu rufen, die mit speziellen Instrumenten ausgestattet und dadurch für die neuen Forschungen besonders geeignet sein sollten.

Eine der weitblickenden und international anerkannten Forscherpersönlichkeiten war damals der deutsche Astronom Wilhelm Förster (1832 bis 1921). Kraft seines hohen Ansehens hatte er die Bildung von zahlreichen Institutionen und Organisationen sowie die Durchführung verschiedener Aktionen angeregt, die für die Entwicklung der Astronomie von größtem Nutzen waren. Dazu gehörten insbesondere die Gründung der »Astronomischen Gesellschaft« sowie Erdmessungen in zahlreichen Ländern. Förster, der mit Carl Friedrich

Zöllner (1834–1882) eng befreundet war, begriff auch die Bedeutung der Astrophysik sofort und setzte sich für die Schaffung eines speziellen Instituts zur Erforschung der Physik der Sonne und der Sterne ein.

Auf Initiative Zöllners wurde in Bothkamp in der Nähe von Kiel eine Sternwarte erbaut, die sich der astrophysikalischen Forschung verschrieben hatte. Sie wurde von Zöllners Schüler, Hermann Carl Vogel (1841–1907), geleitet.

Berühmte Forscher stellten später rückblickend fest, daß die Bothkamper Sternwarte gleichsam eine »Wiege der Astrophysik« gewesen ist. Hier hatte Vogel zum erstenmal versucht, die Bewegung der Sterne im Visionsradius durch Linienverschiebungen im Spektrum zu messen, hier hatte er eine Spektralklassifikation ausgearbeitet, die gleichzeitig eine Entwicklungsfolge der Sterne begründete.

In Bothkamp keimte auch die Idee, ein größeres astrophysikalisches Institut zu bauen. In der im Herbst des Jahres 1871 von Wilhelm Förster ausgearbeiteten Denkschrift wird der Aufgabenbereich der vorgeschlagenen Sonnenwarte abgesteckt. Er war sehr umfassend. Förster schlug vor, nicht nur alle Vorgänge auf der Sonne und in ihrer Umgebung zu untersuchen, sondern diese Forschungen auch zu verbinden »mit vollständigen Messungen aller unmittelbaren und mittelbaren Einwirkungen auf irdische Zustände, insbesondere mit der Registrierung von Beobachtungen des Erdmagnetismus, der Erdströme, der Luftelektrizität, der Luft- und Bodentemperatur und des Luftdrucks unter gleichzeitiger Berücksichtigung aller einschlägigen Untersuchungen auf dem neueröffneten Gebiete der allgemeinen Physik des Himmels«.

Ein solches »Forschungskombinat« paßte jedoch schlecht in die Vorstellungswelt von konservativen und weniger universell denkenden Gelehrten der damaligen Akademie der Wissenschaften. Besonders die von Professor Dove angeführte ältere Meteorologenschule wollte »von dem Eingreifen

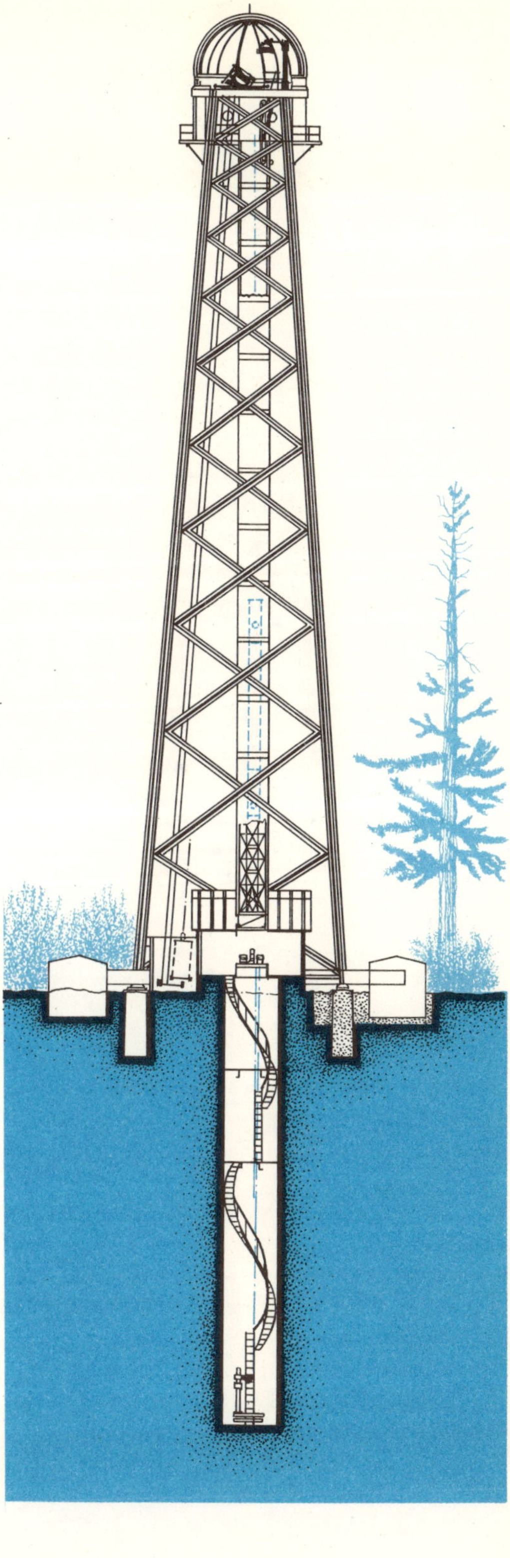

Schnitt durch das Sonnen-Turmteleskop des Mount-Wilson-Observatoriums. Die Kuppel birgt den Zoelostaten, mit dessen Hilfe das Licht in den Turmschacht reflektiert wird. Unterirdisch befinden sich die Laborräume zur Untersuchung des Sonnenlichts.

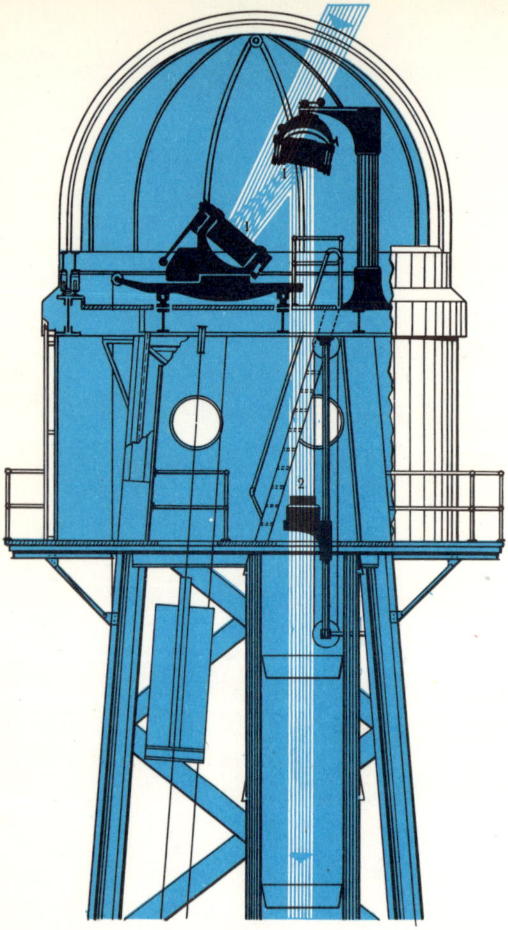

Blick in das Innere des Sonnenteleskops des Mount-Wilson-Observatoriums mit den beiden Planspiegeln des Zoelostaten (1), der das Licht in den Turmschacht reflektiert, wo sich ein in der Höhe verstellbares Objektiv (2) befindet.

der Flecken- und Fackelwirtschaft auf der Sonne in die irdischen Wetterzustände« nichts wissen. Die Häupter der Akademie schüttelten gleichsam »zu dem ganzen Projekte den Kopf«, wie Förster schrieb. Diese zunächst ablehnende Stellungnahme verzögerte die Realisierung des ganzen Plans. Erst im Spätherbst des Jahres 1874 begannen die Bauarbeiten auf den Anhöhen des Potsdamer Telegrafenberges.

Zum ersten Direktor der neuen Forschungsstätte wurde H. C. Vogel berufen. Das Potsdamer Observatorium trat in den ersten Jahrzehnten seines Bestehens mit einer Fülle von weltweit Aufsehen erregenden Pionierarbeiten hervor, die einen wesentlichen Beitrag zum Ausbau der Astrophysik und damit zur vertieften Erkenntnis der objektiven Bewegungs- und Entwicklungsgesetze des Weltalls darstellten.

Wie schnell sind die Sterne?

Zu den anerkannten Leistungen der Potsdamer Astrophysiker gehört neben einer Reihe größerer Durchmusterungsprogramme (z. B. der Potsdamer Fotometrischen Durchmusterung) auch die erfolgreiche Tätigkeit Vogels und seiner Mitarbeiter bei der Ausmessung von Linienverschiebungen im Spektrum von Sternen. Auf Anregung von Zöllner hatte sich Vogel schon während seiner Jahre in Bothkamp mit dem Versuch beschäftigt, Verschiebungen von Spektrallinien in Sternspektren gegenüber dem Laboratoriumsspektrum nachzuweisen. Daraus wollte Vogel die radiale Komponente der Geschwindigkeit der Sterne ableiten.

Die theoriegeschichtliche Wurzel dieser Methode liegt in den klassischen Arbeiten des Physikers und Mathematikers Christian Doppler (1803–1853), der 1842 erstmals aufgrund bestimmter Überlegungen die Behauptung aufstellte, daß die Frequenz einer rasch bewegten Schallquelle scheinbare Veränderungen erleiden müsse, wenn sie sich radial auf den Beobachter zu oder von ihm weg bewegt. Doppler machte diese Tatsache durch den anschaulichen Vergleich plausibel, daß auch ein Schiff, das den »andringenden Wellen gerade entgegensteuert, in derselben Zeit eine größere Anzahl ... Wellenschläge zu erleiden« habe als eines, das sich in Richtung der Wellen bewegt. Doppler wendete diese Überlegung sinngemäß auf die Lichtwellen an und erklärte: »Wenn ein leuchtendes Objekt ... sich mit einer gegen die Geschwindigkeit des Lichtes in Betracht kommenden Schnelligkeit in direkter Richtung dem Auge eines Beobachters nähert oder sich von ihm entfernt: so hat diese Bewegung notwendig eine Änderung in der Farbe ...des Lichtes zur Folge.« Dopplers Schlußfolgerungen waren allerdings, bedingt durch den damaligen Kenntnisstand, weit überzogen. Er nahm an, daß alle Sterne von Natur aus weiß sind und die verschiedenen Farben der Sterne nur durch ihre großen Radialbewegungen zustande kommen.

Das Astrophysikalische Observatorium Potsdam (DDR)

Nach der Einführung der Spektraluntersuchungen an Fixsternen stellte der damals noch junge Ernst Mach (1838–1916) fest, daß man die Lage der Linien in den Spektren untersuchen müsse, wenn man etwas über die Radialgeschwindigkeiten der Sterne aussagen will. Im Jahre 1868 unternahm der englische Pionier der Astrophysik, Sir William Huggins (1824–1910), die ersten Messungen an dem hellen Stern Sirius im Großen Hund. Ihre Genauigkeit war allerdings sehr gering. Auch als H. C. Vogel im Jahre 1871 die Linienverschiebungen in den Spektren der beiden Sonnenränder nachzuweisen versuchte, um daraus die Rotationsgeschwindigkeit der Sonne zu bestimmen, war die Genauigkeit noch nicht ausreichend. Aber hier erwies sich wenige Jahre später die große Fruchtbarkeit der Fotografie. Mit Hilfe der fotografischen Platte war eine wesentlich größere Genauigkeit zu erreichen, und Vogel erregte erhebliches internationales Aufsehen, als er seine Arbeit »über die Bestimmung der Geschwindigkeit von Sternen im Visionsradius durch spektrographische Beobachtung« mit den Radialgeschwindigkeiten der Sterne Sirius, Prokyon, Rigel und Arktur vorlegte. Vier Jahre später hatte er die Methode noch erheblich weiter entwickelt. Er konnte die Zuverlässigkeit der mit ihr zu erzielenden Resultate überzeugend demonstrieren.

Die Anwendung der Spektroskopie brachte Vogel noch einen anderen, geradezu spektakulären Erfolg. Vogel fand im Spektrum der beiden veränderlichen Sterne Algol im Perseus (β Persei) und Spika in der Jungfrau (α Virginis) periodisch auftretende Linienverschiebungen. Er deutete diesen Befund durch die Annahme, daß Algol kein Einzelstern sei, sondern ein Doppelsternsystem. Die Bewegung der Komponenten um einen gemeinsamen Schwerpunkt führt dann dazu, daß die Linien im Spektrum der einen Komponente sich nach Rot verschieben, wenn sie sich vom Betrachter entfernt, und nach Blau, wenn sie sich wieder auf ihn zu bewegt. Da die beiden Komponenten optisch nicht voneinander getrennt werden können, war auch nur die Überlagerung ihrer beiden Spektren zu

Doppelrefraktor des Astrophysikalischen Observatoriums Potsdam

Draperastrograph, mit dem an der Harvard-Sternwarte die bahnbrechenden Arbeiten zur Spektralklassifikation durchgeführt wurden. Das Instrument befindet sich heute auf der Copernicus-Sternwarte in Toruń (VR Polen).

beobachten, und die Bewegung äußerte sich in periodischen Linienverschiebungen.

Seit der Entdeckung des Lichtwechsels von Algol durch den italienischen Astronomen Montanari etwa um das Jahr 1667 hatte man vergebens versucht, stichhaltig zu erklären, warum etwa alle 69 Stunden die Helligkeit des Sterns um mehr als eine Größenklasse abnimmt, dann binnen kurzer Zeit wieder ansteigt und danach wieder für etwa 69 Stunden den alten Wert beibehält. Vogel hatte dem »Teufelsstern« damit ein altes Geheimnis abgerungen. Mehr noch: Gemeinsam mit dem Astronomen Julius Scheiner (1858–1913) leitete Vogel aus den Spektralaufnahmen eine Reihe von Daten über das Doppelsternsystem ab, so zum Beispiel die Radialgeschwindigkeit der helleren Komponente, die Durchmesser der beiden Sterne und die gegenseitige Entfernung. Die Mitarbeiter des Astrophysikalischen Observatoriums Potsdam hatten damit geholfen, das Tor zu einer systematischen Erforschung der Bewegungsvorgänge im Universum und der Erforschung der »spektroskopischen« Doppelsterne aufzustoßen.

Eine bedeutende Rationalisierung der Messung von Radialgeschwindigkeiten brachte die Idee Pickerings, ein riesiges Prisma vor das Objektiv eines Fernrohrs zu setzen und mit Hilfe eines solchen »Objektivprismas« gleich massenweise

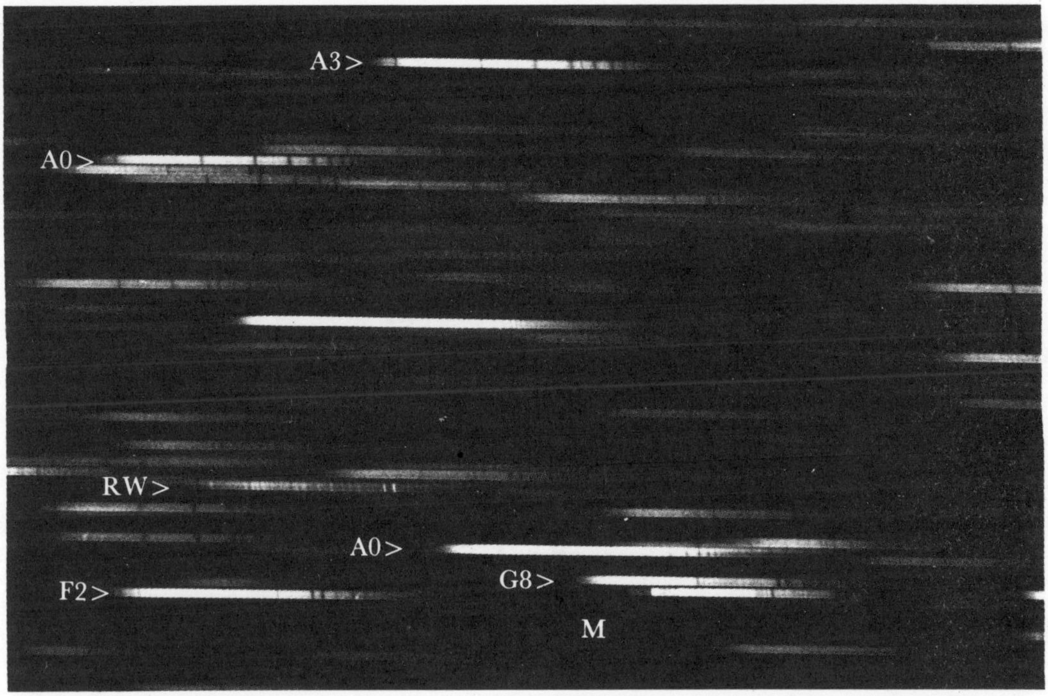

Vergrößerter Ausschnitt aus einer Objektivprismen-Aufnahme. Die unterschiedlichen Spektraltypen einiger Sternspektren sind eingetragen. Die Aufnahme zeigt auch das Emissionslinienspektrum von RW Aurigae.

Sternspektren »auf einen Streich« zu gewinnen. Dieses Verfahren spielte natürlich auch für Spektraldurchmusterungen eine bedeutende Rolle. Nur dank dieser Verfahrensweise war es möglich, am Harvard-Observatorium innerhalb von 6 Jahren einen Katalog mit 225 300 Sternspektren zu schaffen.

Von der Fruchtbarkeit und Notwendigkeit astrophysikalischer Forschungen war in den ersten Jahren dieser neuen Disziplin nur ein verschwindend kleiner Bruchteil von Gelehrten überzeugt. Die erstaunliche Fülle von Resultaten, die bis gegen Ende des 19. Jahrhunderts gewonnen wurde, darf nicht darüber hinwegtäuschen, daß dies vor allem ein Erfolg des enormen Fleißes einer im Verhältnis zum gesamten internationalen »Personalbestand« der Astronomie sehr kleinen Gruppe von Forschern war. Und diese kleine Schar besessener Gelehrter bestand durchweg aus Nichtastronomen. Zumeist waren es Physiker, die sich für die Erforschung des Weltalls interessierten und die die neuen Methoden für geeignet hielten, neue Erkenntnisse über die Objekte des Weltalls zu gewinnen.

Die »klassischen« Astronomen, die das Wissensgut ihrer Zeit auf Hochschulen in sich aufgenommen hatten, waren alle fest eingespannt in sehr umfangreiche Programme des Datensammelns, hauptsächlich auf dem Gebiet der Positionsastronomie. Hinter den aufwendigen Programmen stand die von Friedrich Wilhelm Bessel (1784 bis 1846) formulierte Überzeugung, daß es die eigentliche Aufgabe der Astronomie sei, die Positionen der Sterne zu kennen und die Bewegung der Himmelskörper zu berechnen.

So ist es auch nicht verwunderlich, daß die umfassendsten Bemühungen um die Lösung dieser Aufgabe von Bessels Schüler Argelander unternommen wurden. Argelander war es auch, der nach der Gründung der Astronomischen Gesellschaft im Jahre 1863 den Vorschlag unterbreitete, ein Riesenprojekt in Angriff zu nehmen, in dem vor allem die Positionen aller Sterne zwischen —2° und +80° Deklination bis zu einer Helligkeit von 9^m beobachtet werden sollten. Siebzehn Observatorien aus aller Welt beteiligten sich an der Reali-

Die berühmte russische Sternwarte Pulkowo, durch deren Arbeiten der Weltruf der russischen und sowjetischen Astronomie mit begründet wurde

sierung dieses Planes, darunter die Sternwarten in Pulkowo, Bonn und Berlin.

Gleichzeitig mit dem Beginn dieses höchst anspruchsvollen und aufwendigen Unternehmens wurde beschlossen, das gesamte Programm 50 Jahre später noch einmal zu wiederholen, um zu gültigen Aussagen über die Eigenbewegungen der Sterne zu kommen. Es ist klar, daß damit die Kräfte zahlreicher Observatorien voll in Anspruch genommen waren. In der berühmten Zeitschrift »Astronomische Nachrichten«, Sprachrohr der internationalen Astronomie fast während des gesamten 19. Jahrhunderts, befinden sich in dem für die Entwicklung der Astrophysik so entscheidenden und erfolgreichen Dezennium von 1870 bis 1880 nur 2 Prozent astrophysikalische Arbeiten. Die restlichen 98 Prozent entfallen zu einem beträchtlichen Anteil auf das relativ wenig ergiebige Sammeln von Daten über Planetoiden, Kometen usw. Aber gerade der winzige Bruchteil astrophysikalischer Arbeiten war inhaltlich so bedeutend, daß er innerhalb eines historisch kurzen Zeitraums zu einem Umbruch in der gesamten Fragestellung der astronomischen Forschung führte und neue Wege der Erkenntnis erschloß.

Mit der Einführung der spektroskopischen Untersuchung des Sternenlichts, mit der Verbesserung der Helligkeitsmeßverfahren und der Erprobung der Fotografie für zahlreiche astronomische Forschungsprobleme war aber nur ein Anfang gemacht. Die unbestreitbaren Erfolge in den ersten Jahrzehnten dieser neuen Disziplin waren erst ein winziger Teil dessen, was im 20. Jahrhundert noch nachfolgte.

Der entscheidende Durchbruch für die vollständige Etablierung der Astrophysik und ein tiefes Eindringen in das Wesen der kosmischen Prozesse gelangen schließlich mit der Entwicklung der theoretischen Physik zu Beginn unseres Jahrhunderts, wie sie durch die Namen der beiden Bahnbrecher der modernen Physik Max Planck (1858–1947) und Albert Einstein (1879–1955) symbolisiert wird. Die von diesen beiden hervorragenden Forschern ausgegangenen Impulse einer Erneuerung der Physik sind es vor allem gewesen, die in Verbindung mit der vervollkommneten Ausschöpfung der Informationen des Sternenlichts den Zugang zu Prozessen im Universum erschlossen und einen wissenschaftlichen Aufschwung herbeiführen halfen, den selbst phantasiebegabte Forscher in der Geburtsstunde der Astrophysik nicht einmal vorauszuahnen vermocht hatten. Die theoretischen Errungenschaften der Physik wirkten gleichsam wie ein Kompaß, der die anfangs noch orientierungslosen Forschungen fortan lenkte und mit großem Tempo zu wahrhaft aufsehenerregenden Erkenntnissen führte.

Eine merkwürdige Naturkonstante

Alles begann damit, daß Max Planck im Jahre 1900 jenes Programm zu einem vorläufigen Abschluß brachte, das mit den Entdeckungen Kirchhoffs rund vier Jahrzehnte zuvor auf die Tagesordnung gesetzt worden war. Kirchhoff hatte gezeigt, daß das Verhältnis des Absorptionsvermögens zum Emissionsvermögen für alle Körper lediglich von der Temperatur und der Wellenlänge der Strahlung, nicht aber von den besonderen Eigenschaften der strahlenden Körper abhängt. Dem Betrag nach sollte das genannte Verhältnis dem Emissionsvermögen eines Körpers entsprechen, der alle ankommende Strahlung zu absorbieren und wieder zu emittieren vermag und den Kirchhoff als einen »schwarzen Körper« bezeichnete. Es mußte also eine temperatur- und wellenlängenabhängige Funktion geben, die den Energieverlauf eines Strahlers darzustellen vermochte. Seit Kirchhoff hatten die Physiker intensiv nach dieser Funktion gesucht. Für die Astronomie war sie zweifellos von besonderem Interesse, mußte es doch mit ihrer Hilfe möglich sein, unter Zugrundelegung plausibler Annahmen die Temperaturen von Fixsternen zu bestimmen.

An Versuchen, Strahlungsgesetze ausfindig zu machen, hatte es nicht gefehlt. Das Wiensche Gesetz, die Formel von Rayleigh (J. W. Strutt, 1842 bis 1919) sind Beispiele für das intensive Suchen. Aber erst Planck gelang es, eine Formel anzugeben, die für alle Wellenlängen »stimmte« und nicht allein theoretisch hergeleitet, sondern auch praktisch überprüft war.

Planck war sich darüber im klaren, daß er eine sehr wichtige Beziehung gefunden hatte; aber leider hatte er zunächst keinen Schlüssel zur physikalischen Deutung dieser Formel. Selbst wenn man die umfassende Gültigkeit der Formel voraussetzte, so schrieb Planck, »würde die Strahlungsformel lediglich in der Bedeutung eines glücklich erratenen Gesetzes doch nur eine formale Bedeutung besitzen«. Mit anderen Worten: Es fehlte eine Theorie, aus der das gefundene Strahlungsgesetz als unvermeidbare Konsequenz hervorging. Für einen konsequenten theoretischen Denker mußte dies höchst unbefriedigend erscheinen. Planck setzte alles daran, mit der gefundenen Strahlungsformel einen physikalischen Sinn zu verbinden. Als widerborstige Merkwürdigkeit erwies sich eine Zahl, die Planck hatte einführen müssen, eine universell auftretende Konstante des unwahrscheinlich kleinen Betrages von $6{,}625 \cdot 10^{-27}$. Sie besaß die Dimension einer Wirkung: Energie mal Zeit. Da die Formel die Energieverteilung im Spektrum sehr genau beschrieb, mußte diese Zahl eine wesentliche Bedeutung für den gesamten Vorgang der Energieabstrahlung besitzen. Nach einer relativ kurzen, aber äußerst intensiven Arbeit gelangte Planck zu einem Resultat, das die gesamten physikalischen Vorstellungen, die man damals von den Strahlungsvorgängen besaß, über den Haufen warf.

Was Planck in diesen wenigen Wochen von der Auffindung der Strahlenformel bis zu ihrer Erklärung geleistet hat, bezeichnete er selbst später als die schwerste Arbeit seines Lebens. Das Resultat war: Bei allen Strahlungsprozessen wird die Energie nicht gleichförmig, sozusagen in beliebig kleinen Beträgen abgegeben oder aufgenommen, sondern – im Gegenteil – in lauter kleinen »Portionen«, in

Max Planck

sogenannten »Quanten«. Die Größe jeder Portion wird durch das Produkt aus der Frequenz der ausgesendeten oder aufgenommenen Strahlung und durch die schon genannte Konstante bestimmt, die heute den Namen »Plancksches Wirkungsquantum« trägt. Jener 14. Dezember des Jahres 1900, an dem Max Planck seine Erkenntnisse vor der Physikalischen Gesellschaft in Berlin unter dem Titel »Zur Theorie des Gesetzes der Energieverteilung im Normalspektrum« vortrug, gilt als Geburtsstunde der Quantenphysik.

Plancks grundlegende Erkenntnis war der Beginn einer großangelegten Erforschung der Mikrowelt der Atome und Elementarteilchen, von denen Planck selbst – gleich vielen anderen – noch wenige Jahre zuvor mit größter Skepsis gesprochen hatte. Dabei hatte Planck die theoretische Begründung für sein Strahlungsgesetz gefunden, ohne irgendeine konkrete Annahme über die Herkunft der Strahlung zu machen, geschweige denn von Atomen als strahlenden Gebilden zu sprechen. Erst einige Jahre später, als die Kenntnis über das Atom, vor allem aus den Streuversuchen von Philipp Lenard (1862–1947) und Ernest Rutherford (1871 bis 1937), erheblich angewachsen waren, konnte es gewagt werden, beide Vorstellungen miteinander zu verbinden. Der Mann, dem der anspruchsvolle Versuch auf verblüffende Weise gelang, war der dänische Physiker Niels Bohr (1885–1962). Er vereinte die Vorstellungen über das Atom mit der Quantenkonzeption und erklärte damit das Zustandekommen der Atomspektren, namentlich alle Einzelheiten des Wasserstoffspektrums. Auf der Grundlage dieser neuen Einsichten schufen später Arnold Sommerfeld (1868–1951), Werner Heisenberg (1901–1976) und andere namhafte Physiker die ausgearbeitete Quantentheorie mit der Aufhellung der zahlreichen Gesetzmäßigkeiten des Mikrokosmos.

Die Beziehungen zwischen Atom- und Elementarteilchenphysik einerseits und der Astrophysik andererseits wurden in der Folgezeit so eng, daß man heute mit Recht behaupten kann: Ohne die Mikrophysik ist eine Physik des Makrokosmos nicht möglich und umgekehrt.

Die optimale Ausschöpfung der im Sternenlicht verborgenen Informationen ist nur durch eine zuverlässige Theorie über Entstehung und Ausbreitung des Sternlichts möglich. In der modernen Astrophysik begegnet man daher heute der Atomphysik auf Schritt und Tritt.

Doch auch diese Einsichten haben sich erst im Verlauf einer längeren Auseinandersetzung durchgesetzt. Plancks Quantenhypothese stieß anfangs auf größtes Mißtrauen. Noch 10 Jahre nach der ersten Veröffentlichung von Planck über die Quantenhypothese war ein so namhafter Forscher wie Henri Poincaré (1854–1912) erklärter Gegner der neuen Erkenntnisse. Auch Arnold Sommerfeld, später einer der Pioniere des neuen Forschungsgebiets, äußerte Bedenken und verhielt sich abwartend.

Als der indische Astrophysiker Megh Nad Saha (1893–1956) wiederum rund 10 Jahre später die Quantentheorie auf die Sternspektren anwendete und seine berühmte Formel über die Ionisierungszustände der Atome als Funktion von Druck und Temperatur aufstellte, konnten sich die seriösen Herausgeber des 1896 in den USA gegründeten »Astrophysical Journal« nicht entschließen, die ihnen allzu spekulativ erscheinenden Gedanken zu veröffentlichen.

In diesem unterschiedlichen Verhalten zur großartigen Planckschen Entdeckung des Wirkungsquantums kommen unterschiedliche Denkweisen zum Ausdruck, die letztlich ideologischer Reflex entgegengesetzter philosophisch-weltanschaulicher Standpunkte sind. Naturforscher wie Ernst Mach, Wilhelm Ostwald und Werner Heisenberg tendierten mehr oder weniger ausgeprägt dazu, die neuen naturwissenschaftlichen Erkenntnisse im Sinne des sogenannten physikalischen Idealismus zu interpretieren, während der bedeutende österreichische Physiker und Mathematiker Ludwig Boltzmann (1844–1906), seit Mitte der neunziger Jahre auch Max Planck und viele andere, einen naturwissenschaftlich-materialistischen Standpunkt bezogen, der allerdings meist spontan war, philosophisch nicht tiefgründig genug verankert. Trotzdem besteht das Verdienst von Boltzmann, Planck und anderen in den Bestrebungen, die neuen naturwissenschaftlichen Entdeckungen auf der Grundlage materialistischer Prinzipien zu erklären. Mit dem Planckschen Nachweis, daß Wirkungen diskontinuierlich, in kleinen »Quanten«, übertragen werden, erwies sich das undialektische Dogma der

Naturwissenschaft des 18. und 19. Jahrhunderts, wonach die Natur angeblich keine »Sprünge« macht, als völlig unhaltbar.

Tatsächlich führte die Plancksche Entdekkung des Wirkungsquantums innerhalb der skizzierten Grenzen auf eine höhere Stufe der Beherrschung der Natur, zu einem vertieften Verständnis materieller Erscheinungen und Prozesse auch des kosmischen Geschehens.

Ohne die moderne Physik wüßten wir nichts über die stoffliche Zusammensetzung der Sternatmosphären, jener äußersten Schichten der Sterne, aus denen die elektromagnetischen Wellen unmittelbar abgestrahlt werden. Ohne die Quantentheorie könnten wir uns keine Vorstellung über das Innere der Sterne machen. Ohne die Kernphysik würden wir heute noch über die Quellen der Sternenergie rätseln. Kurzum: Das eigentliche Wesen der gewaltigen Energiequellen im Kosmos und damit auch der Weg von der Geburt bis zum Tod der Sterne wären uns verborgen geblieben, wenn nicht der gemeinsame Sturmangriff von Physik und Astrophysik erfolgt wäre, der in den letzten 50 Jahren beeindruckende Erfolge verzeichnen konnte und wesentlich am Ausbau des wissenschaftlichen Weltbildes beteiligt ist.

venus

GEBURT UND TOD DER SONNEN

Wenn man wissen will, ob ein Ding alt, ob es sehr alt oder noch jung zu nennen sei, so muß man es nicht nach der Anzahl der Jahre schätzen, die es gedauert hat, sondern nach dem Verhältnis, das diese zu derjenigen Zeit haben, die es dauern soll.

Immanuel Kant

Von Adam bis Noah

Wer in einer wolkenlosen Nacht den Blick auf das Sterngewimmel des Firmaments richtet, wird sich schwerlich dem Eindruck entziehen können, daß die Sterne – im Unterschied zu dem sich offenkundig rasch wandelnden Geschehen auf der Erde – in ewigem Gleichmaß verharren. Auch länger währende Beobachtungen scheinen diesen unmittelbaren Eindruck zu bekräftigen. Der Anblick des gestirnten Himmels unserer Tage unterscheidet sich kaum von dem Bild, das uns die griechischen Himmelskundigen vor beinahe 2000 Jahren aufgezeichnet haben.

Täuscht dieses Bild? Sind die Objekte des Himmels vor Zeiten gleichzeitig »aufgetaucht«, gar aus einem einmaligen Schöpfungsakt hervorgegangen? Oder sind sie auf natürliche Weise entstanden, wie alles Gewordene Veränderungen und Entwicklungen unterworfen und schließlich wieder zum Untergang verurteilt?

Aus jenen Kindheitstagen der Menschheit, aus denen die Mythen stammen, jene zu Dichtung gewordenen Erfahrungen und Ansichten der Menschen des frühen Altertums, sind uns beispielsweise solche bemerkenswerten Gedanken überliefert wie die folgenden:

»Es wird berichtet, daß unsere Welt – die Erde mit ihren Blumen und Früchten, die klaren Bäche und Quellen, Sonne und Mond, Tag und Nacht und die schnellen Winde – nicht von jeher so wie heute aussah. Die ganze Welt war ein wirbelndes, schwarzes Chaos, grenzenlos und formlos. Und aus dem Chaos, so erzählen die Dichter, löste sich unsere Erde in all ihrer Weite und Gebefreudigkeit.

Astrologie – eine allegorische Darstellung aus dem Mittelalter

Es war die Göttin Gaia selbst, die Erde, die aus dem Chaos auftauchte. Und ebenso löste sich aus dem Chaos der Gott Uranos, der hohe, bestirnte Himmel.«

Trotz unverkennbarer Mängel, die derartigen Vorstellungen aufgrund des damaligen Erkenntnisstandes zwangsläufig anhafteten, ist beachtlich, daß hier bereits gewisse Keimformen einer die Welt als Ganzes erfassenden Entwicklungskonzeption auftauchen. Es liegt auf der Hand, daß diese urwüchsig materialistischen Vorstellungen mit der religiösen Schöpfungslehre unvereinbar sind, handelt es sich doch um zwei grundverschiedene weltanschauliche Antworten – um eine materialistische und eine idealistische – auf die gleiche Frage. In all den Jahrhunderten, in denen das ptolemäische Weltbild beinahe unangefochten herrschte, dominierte der Schöpfungsgedanke. Erst mit Copernicus war es prinzipiell möglich geworden, an die Frage nach der Herkunft des Planetensystems und seiner Struktur wissenschaftlich heranzugehen. Aber vorerst wagte dies niemand, denn solange das heliozentrische Weltsystem noch den Charakter einer Hypothese besaß, konnte es noch nicht hinreichend wissenschaftlich begründet werden. Eine Änderung ergab sich erst, nachdem Newton die allgemeine Gravitationstheorie ausgearbeitet hatte. Wenn das Wirken der universellen Gravitation die ganze »Weltmaschine« in Gang halten konnte, so war der Gedanke gar nicht so fernliegend, daß es auch am Werden der »Weltmaschine« mitgewirkt haben konnte.

»Gott weist den Sternen ihre Bahnen zu«; Plastik (um 1350) am nördlichen Chorportal des Münsters zu Freiburg i. Br.

Newton selbst führte allerdings noch keine entscheidende Wende herbei. Die Idee einer natürlichen Entwicklung zu vertreten und im Detail auszuarbeiten, verlangte Mut und Konsequenz, denn sie stand im totalen Gegensatz zur Schöpfungslehre, an der die Kirche und die anderen feudalen Mächte im Interesse ihrer Herrschaft mit allen Mitteln und Methoden festhielten. Nach der damals herrschenden Weltanschauung hatten alle Geschöpfe der Natur vom ersten Tag der Schöpfung an ihren festen Platz, den sie bis in alle Ewigkeit unverändert beibehalten sollten. Die verschiedenen Arten der Pflanzen- und Tierwelt sollten nichts anderes als verschiedene Stufen einer »scala naturae« sein, Geschöpfe mit verschiedenem, aber immer gleichbleibendem Vollkommenheitsgrad. Am Firmament war es ebenso: Waren die Himmelskörper erst einmal durch Gott in Bewegung versetzt worden, dann kreisten sie auch immerfort weiter. Nur von Zeit zu Zeit – meinte beispielsweise auch Newton noch – müsse Gott eingreifen, um allmähliche himmelsmechanische Veränderungen wieder »in Ordnung« zu bringen.

Das Alter dieser angeblich durch Schöpfung entstandenen Welt galt lange Zeit als wohlbekannt. Aus dem Geschlechterregister der Patriarchen von Adam bis Noah und anderen Angaben des Alten Testaments leitete man ab, wie lange es zurückliegen mußte, daß Gott sein Werk begonnen und Himmel und Erde erschaffen hatte. Noch Kepler war der allgemein verbreiteten Überzeugung, daß im Jahre 1595 gerade 5572 Jahre seit der Erschaffung der Welt vergangen seien. Der englische Gelehrte John Lightfoot aus Cambridge versicherte noch im 18. Jahrhundert allen Ernstes: »Himmel und Erde sowie der Mensch wurden von der heiligen Dreieinigkeit im selben Augenblick erschaffen.

Dies geschah am 23. Oktober viertausendvier vor Christi Geburt um neun Uhr morgens.«

Allein die sorgfältige Erforschung der Natur durch Beobachtung und daran geknüpfte Überlegungen brachten dieses scheinbar so wohlbegründete Weltbild zuerst ins Wanken und schließlich zum Einsturz. In allen Wissenschaften, namentlich in Astronomie, Biologie und Geologie, häufte sich Material an, das mit der Vorstellung von einer in einem Schöpfungsakt erschaffenen Welt unverträglich war.

Am vermeintlich unveränderlichen Himmel waren seit eh und je gelegentlich Kometen unverhofft aufgetaucht und nach kurzer Zeit wieder verschwunden. Man hatte sich einstweilen mit der These beholfen, daß diese Objekte gar nichts »Himmlisches« seien, sondern Ausdünstungen der Atmosphäre und somit zu den Phänomenen der Witterung gehörten. Aber diese Auffassung war auf die Dauer nicht haltbar. Im Jahre 1577 erregte ein prachtvolles Exemplar von einem Kometen die Aufmerksamkeit vieler Menschen. Tycho Brahe verfolgte das Objekt mit der ihm und seinen Instrumenten eigenen Präzision und verglich diese Beobachtungen mit denen anderer Kollegen an verschiedenen Orten. Aus diesen Beobachtungen rekonstruierte Brahe die Bahn des Kometen. Ihm gelang die überaus erstaunliche Feststellung, daß der Komet quer durch das Planetensystem hindurchgeeilt war. Einerseits mußte er dabei die aristotelischen »Sphären« durchstoßen haben, andererseits mußte er sich außerhalb der Mondbahn bewegt haben, also dort, wo es – wiederum nach Aristoteles – eigentlich keinerlei Veränderungen geben dürfte.

Doch die Kometen waren längst nicht alles. Man entdeckte auch Sterne, die ihre Helligkeit regelmäßig veränderten, wie z. B. den »Teufelsstern« Algol im Sternbild Perseus, dessen Helligkeit innerhalb von rund 2,9 Tagen um mehr als eine Größenklasse schwankt. Und schließlich machten zwei spektakuläre Ereignisse kurz hintereinander am Ende des 16. und zu Beginn des 17. Jahrhunderts von sich reden: die »Tychonische« Supernova vom Jahre 1572 und die »Keplersche« Supernova vom Jahre 1604. Relativ plötzlich standen in jenen Jahren zwei »neue« Sterne am Himmel. Da man zuvor an dieser Stelle auch keinen schwach leuchtenden Stern wahrgenommen hatte, wurden die Objekte als neu entstanden betrachtet und sorgfältig untersucht.

Tycho Brahe unterbreitete die Ergebnisse seiner Beobachtungen in einer profunden Druckschrift, die im Jahre 1573 in Kopenhagen erschien. Brahe machte in dieser Publikation besonders auf das Fehlen einer Parallaxe aufmerksam, womit er beweisen wollte, daß der neue Stern der Sphäre der Fixsterne angehörte.

Eine Welt aus Materie

Seit der Antike war der Entwicklungsgedanke – wie das unverfälschte Wissensgut aus der Blütezeit der griechischen Naturforschung überhaupt – niemals ganz aus dem Gedankenkreis der Gelehrten verschwunden. Die besondere Rolle der arabischen Wissenschaft als Mittler zwischen Antike und europäischer Renaissance ist an anderer Stelle bereits gewürdigt worden. Deshalb können wir uns hier auf den Hinweis beschränken, daß der Entwicklungsgedanke, oft nur in recht vorsichtigen Formulierungen, von den arabischen Denkern des Mittelalters aufgegriffen und weitergeführt wurde.

Die gegen Ende des 10. Jahrhunderts in Basra entstandene Geheimorganisation der »lauteren Brüder« sammelte das antike und seither neu entstandene Wissen systematisch und gab dabei auch den Lebewesen eine Rangordnung. Ihre »scala naturae« unterschied sich jedoch in einem wesentlichen Punkt von der des Aristoteles. Die »lauteren Brüder« meinten nämlich, daß die Tiere von unvollständiger Natur seien und – in Abstufungen – jeweils vor vollkommeneren Lebewesen entstanden seien, die eine längere Zeit für ihre Entwicklung benötigten. Etwa um dieselbe Zeit sprach der tadshikische Philosoph Avicenna (Ibn Sina, 980 bis 1037) den Gedanken der Entwicklung der Erdoberfläche aus, indem er in seinem »Traktat über die Steine« betonte, daß lange Zeiträume erforderlich gewesen sein müssen, um durch Bewegungen der Erdoberfläche (Erdbeben) sowie Wind und Wasser diejenigen Strukturen hervorzurufen, die man beobachten könne. Avicenna, der die objektive Existenz der Materie und die Ewigkeit der Welt lehrte, führte bereits versteinerte Abdrücke von

Lebewesen als Beweis für die Geschichtlichkeit der Erscheinungen der Erdoberfläche an.

Den eigentlichen Sturmangriff auf das metaphysische Denken, das in der Natur etwas »mit einem Schlage Gemachtes« erblickte, verdanken wir der gewaltigen Bewegung der Renaissance und der nachfolgenden Aufklärerzeit. Engels hat die Rolle der sozialen und ökonomischen Umwälzungen als Basis für das neue revolutionäre Gedankengut in der Philosophie jener Epoche sehr treffend hervorgehoben, als er meinte, daß die Philosophie keineswegs durch die Kraft des reinen Gedankens vorangetrieben wurde: »Im Gegenteil. Was sie in Wahrheit vorantrieb, das war namentlich der gewaltige und immer schneller voranstürmende Fortschritt der Naturwissenschaft und der Industrie.«

Naturwissenschaft war seinerzeit im wesentlichen identisch mit »mathematischer Naturwissenschaft«. Die Mechanik hatte mit überzeugenden Erfolgen die Auffassung bestärkt, daß Wissenschaft schlechthin nur mechanisches Begreifen aller Vorgänge sein könne. In der Anfangsphase war diese Ansicht ein wichtiger Quell für die Ausbildung des mechanischen Materialismus, der damals gegenüber dem noch vorherrschenden mittelalterlichen Denken einen beachtlichen Fortschritt darstellte.

So sah auch Immanuel Kant (1724–1804) in der Mechanik das Muster einer entwickelten Wissenschaft, das er für die Philosophie nutzbar zu machen versuchte. Kant beschäftigte sich in seinen sogenannten Frühschriften, die er zwischen 1746 und 1768 schrieb, vorzugsweise mit philosophischen Fragen der Naturwissenschaften. Der kritische und kühne Geist, der den Abhandlungen aus dieser Schaffensperiode innewohnt, kommt bereits programmatisch in den 1747 erschienenen »Gedanken von der wahren Schätzung der lebendigen Kräfte« des damals erst 23jährigen Studenten zum Ausdruck. In dieser Schrift, in der er sich mit dem Maß der Bewegung auseinandersetzt, erklärt er unumwunden, daß er »keinen andern Überredungen als dem Zuge des Verstandes« gehorchen wolle, wenn es um die Wahrheit ginge, und im Zweifelsfalle auch das »Ansehen der Newtons und Leibnize vor nichts zu achten« sei.

Das zweifellos bedeutendste und radikalste Produkt jener Schaffensperiode Kants, das für den Gang der Naturwissenschaften sowie der weiteren philosophisch-weltanschaulichen Entwicklung von größter Tragweite war, ist seine »Allgemeine Naturgeschichte und Theorie des Himmels oder Versuch von der Verfassung und dem mechanischen Ursprunge des ganzen Weltgebäudes nach Newtonischen Grundsätzen abgehandelt«. Mit dieser 1755 veröffentlichten Schrift hatte sich Kant einem Problemkreis zugewendet, der in jeder Hinsicht voller Schwierigkeiten steckte. Nicht bloß, daß es sich um eines der kompliziertesten naturwissenschaftlichen Probleme handelte, für das es außer Descartes' Wirbeltheorie keine nennenswerten Vorarbeiten mit ernst zu nehmenden Lösungsversuchen gab; Kant berührte damit außerdem eine Thematik, für die die Kirche und der Klerus alleinige Zuständigkeit beanspruchten. In Anbetracht dessen versteht sich, daß schon die Inangriffnahme eines derartigen Projektes Mut, Entschlossenheit, Gedankenreichtum und eine erkenntnisoptimistische Grundhaltung erforderte.

Immanuel Kant

Dieser Umstände war sich Kant wohl bewußt,

bemerkte er doch in der Vorrede, daß er sich einen »Vorwurf« gewählt habe, der »sowohl von Seiten seiner innern Schwierigkeiten als auch in Ansehung der Religion« geeignet sei, bei einem großen Teil der Leser Bedenken hervorzurufen. In wortreichen Erklärungen versichert Kant, daß er den Plan zu diesem Werk nicht eher gefaßt habe, als bis er sich »in Ansehung der Pflichten der Religion in Sicherheit gesehen« habe. Er machte sich Gedanken darüber, wie seine theoretischen Überlegungen mit seinem Glauben, seinen religiösen Bindungen in Einklang zu bringen waren.

Worin lag der Kernpunkt der Kantschen »Allgemeinen Naturgeschichte«? Schon in der Vorrede gibt Kant eine kurze Zusammenfassung der wesentlichsten Punkte seiner Darlegungen: »Ich nehme die Materie aller Welt in einer allgemeinen Zerstreuung an und mache aus derselben ein vollkommenes Chaos. Ich sehe nach den ausgemachten Gesetzen der Attraction den Stoff sich bilden und durch die Zurückstoßung ihre Bewegung modificieren. Ich genieße das Vergnügen, ohne Beihülfe willkürlicher Erdichtungen unter Veranlassung ausgemachter Bewegungsgesetze sich ein wohlgeordnetes Ganze erzeugen zu sehen, welches demjenigen Weltsystem so ähnlich siehet, das wir vor Augen haben, daß ich mich nicht entbrechen kann, es vor dasselbe zu halten.«

Die historische Leistung von Kant besteht darin, daß er die natürliche Entstehung und gesetzmäßige Entwicklung aller Objekte des Himmels aus der Selbstbewegung der Materie zu erklären versucht. Er bringt die Überzeugung zum Ausdruck, daß sich Sonnen und Planeten, Planeten mit ihren Monden sowie Sonnensysteme nach ein und denselben Grundgesetzen bewegen und entwickeln. Die Annahme einer ursprünglich chaotisch verteilten Materie und die Annahme der allgemeinen Massenanziehung reichen nach seiner Auffassung aus, um das Werden der Welt in all ihrer Mannigfaltigkeit auf ganz natürliche Weise zu erklären. Charakteristisch für diese Grundauffassung Kants ist der schon in der Einleitung seiner Schrift mehrfach vorkommende Satz: »Gebt mir nur Materie, ich will euch eine Welt daraus bauen!«

Kants »Naturgeschichte« ist in drei Teile gegliedert: Der erste Teil handelt von der »Systematischen Verfassung unter den Fixsternen sowie von der Vielheit solcher Fixsternsysteme. Der dritte Teil enthält den Versuch eines auf die Analogien der Natur gegründeten Vergleichs zwischen den Einwohnern verschiedener Planeten, denn daß die Gestirne bewohnt sind, wurde damals allgemein angenommen. Im zweiten, umfassendsten und wichtigsten Teil beschäftigt sich Kant ausführlich mit der Entstehung aller Körper des Universums aus jener von ihm als Grundstoff angenommenen chaotisch verteilten Materie. Aber dieses ursprüngliche Chaos konnte nach Kant nicht lange bestehenbleiben: »Wenn demnach ein Punkt in einem sehr großen Raume befindlich ist, wo die Anziehung der daselbst befindlichen Elemente stärker als allenthalben um sich wirket, so wird der in dem ganzen Umfange ausgebreitete Grundstoff ele-

Titelseite zu »Allgemeine Naturgeschichte und Theorie des Himmels« von Immanuel Kant (1755)

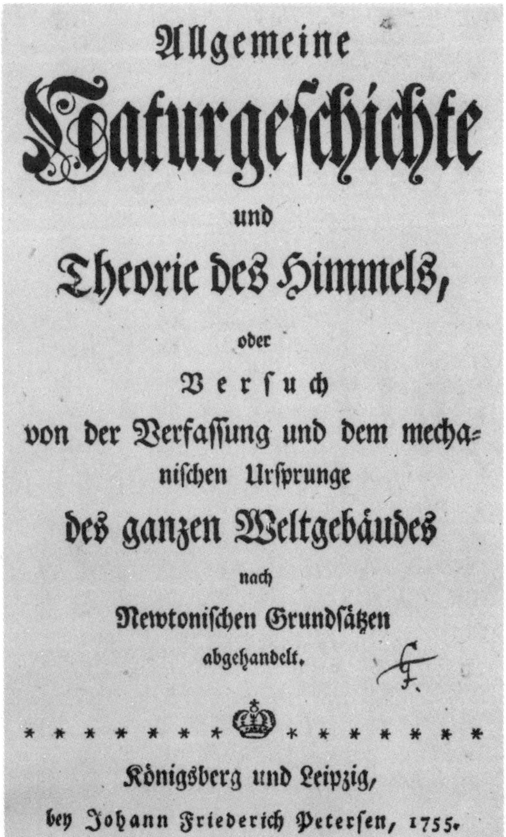
Allgemeine
Naturgeschichte
und
Theorie des Himmels,
oder
Versuch
von der Verfassung und dem mechanischen Ursprunge
des ganzen Weltgebäudes
nach
Newtonischen Grundsätzen
abgehandelt.
Königsberg und Leipzig,
bey Johann Friederich Petersen, 1755.

mentarischer Partikeln sich zu diesem hinsenken. Die erste Wirkung dieser allgemeinen Senkung ist die Bildung eines Körpers in diesem Mittelpunkte der Attraction, welcher sozusagen von einem unendlich kleinen Keime in schnellen Graden fortwächset.« Neben der Anziehung (Attraktion) soll nun aber auch eine abstoßende Wirkung (Repulsion) auftreten, die beim Zusammentreffen der verschiedenen Teile auf dem Wege zum Zentrum entsteht und dazu führt, daß nicht alle Teilchen ungehindert zum Zentrum gelangen können. Dadurch bilden sich gleichsam neue Zentren, aus denen die Körper hervorgehen, die den Zentralkörper umlaufen.

Nachdem René Descartes (1596–1650) bereits in der ersten Hälfte des 17. Jahrhunderts versucht hatte, die Entstehung der Welt als naturgeschichtlichen Entwicklungsprozeß darzustellen, unternahm Kant etwa 100 Jahre später mit seiner »Allgemeinen Naturgeschichte...« den großangelegten Versuch, auf einem Naturgesetz fußend, die Geschichtlichkeit des Kosmos aufzuzeigen.

Kant ging dabei weit über die Kosmogonie von Monden, Planeten, Sonnen und Sternsystemen hinaus. Er entwarf das faszinierende Bild eines in ständiger Entwicklung befindlichen Universums, also nicht nur seiner einzelnen Bestandteile, und er gestand damit auch dem Kosmos als Ganzem eine Geschichte zu. Im siebenten Hauptstück des zweiten Teils lesen wir: »Es ist vielleicht eine Reihe von Millionen Jahren und Jahrhunderten verflossen, ehe die Sphäre der gebildeten Natur, darin wir uns befinden, zu der Vollkommenheit gediehen ist, die ihr jetzt beiwohnet; und es wird vielleicht ein ebenso langer Periodus vergehen, bis die Natur einen ebenso weiten Schritt in dem Chaos tut: allein die Sphäre der ausgebildeten Natur ist unaufhörlich beschäftigt, sich auszubreiten. Die Schöpfung ist nicht das Werk von einem Augenblicke. Nachdem sie mit der Hervorbringung einer Unendlichkeit von Substanzen und Materie den Anfang gemachet hat, so ist sie ... die ganze Folge der Ewigkeit hindurch wirksam. Es werden Millionen und ganze Gebirge von Millionen Jahrhunderten verfließen, binnen welchen immer neue Welten und Weltordnungen nach einander ... sich bilden und zur Vollkommenheit gelangen werden.«

Was waren die knapp 6000 Jahre Weltalter der Bibel gegen Kants »ganze Gebirge von Millionen Jahrhunderten«?

Kants scharfsinniger und tiefdenkender Zeitgenosse, der Göttinger Physikprofessor Georg Christoph Lichtenberg (1742–1799), meinte sarkastisch: »Die Haare stehen einem zu Berge, wenn man bedenkt: was für Zeit und Mühe auf die Erklärung der Bibel gewendet worden ist ... Und was wird am Ende der Preis dieser Bemühungen ... sein? Gewiß kein anderer als der: die Bibel ist ein Buch von Menschen geschrieben, wie alle Bücher.« Und auf die gesellschaftlichen Verhältnisse anspielend, fügt Lichtenberg noch hinzu: »... das würde auch schon längst geschehen sein, wenn nicht unsere Erziehung ... und die gegenwärtige Lage der Sache entgegen wären.«

Der Entwicklungsgedanke, für den Kant in seiner Kosmogonie aus philosophischer Sicht eine Lanze brach, wurde in den einzelnen naturwissenschaftlichen Disziplinen erst allmählich aufgenommen und schließlich zur Geltung gebracht.

Eine bedeutende Rolle bei der Überwindung des starren metaphysischen Naturbildes spielte die Geologie. Schon ein Jahr vor der »Allgemeinen Naturgeschichte« hatte Kant in seiner Schrift »Die Frage, ob die Erde veralte, physikalisch erwogen« darauf hingewiesen, daß man offensichtlich ganz andere Zeitmaßstäbe benötigt, als sie die Dauer des menschlichen Lebens liefert, um die Entwicklung der Erde zu beschreiben.

Zu Beginn des 19. Jahrhunderts traten der bedeutende deutsche Geologe Karl Ernst Adolf von Hoff (1771–1837) und der hervorragende englische Geologe Charles Lyell (1797–1875) mit ihren Werken hervor, in denen sie natürliche Veränderungen der Erdoberfläche nachwiesen, die ganz andere Zeiträume umfaßten als das auf der Grundlage der biblischen Schöpfungslehre errechnete Weltalter.

Die Laplacesche Nebularhypothese

Gegen Ende des 18. Jahrhunderts trat der bedeutende französische Physiker Pierre Simon Laplace (1749–1827) mit einer Theorie der kosmischen Evolution hervor. Noch entschiedener als Kant lehnte er das Dogma einer übernatürlichen Schöpfung ab. Als ihn Napoleon einmal fragte, warum denn in seinen Schriften Gott überhaupt nicht vorkomme, soll er selbstbewußt erwidert haben: »Sire, dieser Hypothese bedurfte ich nicht!«

Im Unterschied zu Newton bezweifelte Laplace die Existenz eines göttlichen Weltenplans grundsätzlich. Insbesondere in seinem fünfbändigen Hauptwerk, der »Mechanik des Himmels«, suchte er nachzuweisen, wie auf natürliche Weise, allein durch die Wirkung der Gravitation, die Stabilität der Planetenbahnen gesichert blieb. Laplace begründete mathematisch, daß die tatsächlich beobachteten Unregelmäßigkeiten der Planetenbewegungen, »die lange eine Ausnahme von der Theorie der Schwerkraft zu machen schienen, jetzt zu einem ihrer bezeichnendsten Beweise« wurden.

In seiner im Jahre 1687 erschienenen Schrift »Philosophiae naturalis principia mathematica« hatte Newton eine erste Skizze für die Bestimmung von planetaren Bewegungen geliefert. Darin behandelte er allerdings nur den Einfluß der Sonne auf die Planeten und der Planeten auf ihre Monde. An der Weiterführung und detaillierten Ausarbeitung von Newtons Theorie, insbesondere unter Berücksichtigung jener Wirkungen, die aus der gegenseitigen Beeinflussung aller Körper des Sonnensystems stammen, waren dann vor allem Jean L. d'Alembert (1717–1783), Leonhard Euler (1707 bis 1783) und Joseph Louis Lagrange (1763–1813) beteiligt. In ihrem Sinne beschäftigte sich auch Laplace energisch damit, die Bewegung aller Himmelskörper auf der Grundlage der Gesetze der Mechanik, in ein umfassendes System zu bringen. Seine »Mechanik des Himmels« enthält eine vollendete Darstellung der klassischen Mechanik und gibt eine bis ins einzelne gehende Analyse der Gezeiten, der Schwerkraftänderungen auf der Erdoberfläche, der Bewegung des Mondes und vieler anderer Erscheinungen, die mit der Bewegung der Himmelskörper zusammenhängen. Dabei gelang es ihm besser als anderen, innere Beziehungen und Gesetzmäßigkeiten zwischen astronomischen Phänomenen aufzudecken, die bis dahin nicht zueinander zu passen schienen.

Laplace hatte gegenüber Kant die Möglichkeit, in seine Überlegungen neues empirisches Material einzubeziehen, wie es seinerzeit gerade in England durch den damals bedeutendsten Himmelsbeobachter und Instrumentenbauer, Friedrich Wilhelm Herschel (1738–1822), gewonnen worden war. Namentlich dessen Hypothese der Entwicklungsfolge von Nebelflecken veranlaßte Laplace, die systematische Ausarbeitung einer Theorie der Entstehung unseres Sonnensystems in Angriff zu nehmen.

Im Unterschied zu Kant ging Laplace dabei von einer Ursonne aus, die infolge ihrer raschen Rotation in der Äquatorebene Masse in den Raum hinausschleudert, woraus dann die Planeten entstanden seien. Trotz unterschiedlicher Ausgangspunkte besteht die übergreifende Gemeinsamkeit beider in dem Versuch, die Bildung und Entwicklung der Himmelskörper als natürliche Vorgänge zu erklären. Insofern spricht man zu Recht oft von der Kant-Laplaceschen Hypothese. Diese Hypothese, lange Zeit die verbreitetste kosmogonische Lehre, geriet verständlicherweise in den Brennpunkt weltanschaulicher Auseinandersetzungen um ein wissenschaftliches Weltbild. Trotz ihrer Beschränktheit, die auf der Grundlage des klassischen mechanischen Determinismus unvermeidlich war und die im sogenannten Laplaceschen Dämon ihren begrifflichen Ausdruck fand, vermittelte die Kant-Laplacesche Nebularhypothese mannigfache Impulse für die weitere Ausarbeitung einer auf dem Entwicklungsgedanken beruhenden modernen Kosmogonie.

Erste große Himmelsspäher

Die Astronomen wußten bereits, daß am Himmel nicht nur Sterne zu sehen sind, sondern auch einige diffuse nebelartige Gebilde. Immer wieder war es zu Verwechslungen zwischen längst bekannten »Nebelsternen« und Kometen gekommen. Um solche unliebsamen Irrtümer zu vermeiden, hatte der französische Astronom Charles Messier (1730–1817) einen Katalog von allen ihm bekannten Nebeln und Sternhaufen angelegt. Er umfaßte 101 Objekte. Die heute bei den bekanntesten Objekten verwendete Kurzbezeichnung M deutet noch auf diesen ersten Nebelkatalog hin. Zum Beispiel hat der Andromedanebel die Katalognummer M 31 und der Orionnebel die Katalognummer M 42.

Auch Herschel interessierte sich für die Nebel. Mit seinen Riesenteleskopen fand er aber bald heraus, daß es viel mehr dieser Objekte am Himmel gibt, als in dem Messierkatalog enthalten waren. Eine systematische Suche führte binnen zweier Jahrzehnte zu einem neuen Nebelverzeichnis mit mehr als 2000 derartigen kosmischen Erscheinungen.

Bei dieser großen Anzahl fiel nun die Mannigfaltigkeit der Formen ins Auge, die Herschel dazu veranlaßte, die gefundenen Objekte nach ihrem äußeren Anblick zu klassifizieren. Hierbei kam ihm der wegweisende Gedanke, daß die Nebel nicht einfach Ausdruck einer kosmischen Scala naturae sind, sondern Ausdruck zwar gleichzeitig vorkommender, aber dennoch verschiedener Stadien kosmischer Entwicklungsprozesse. Offenbar war Herschel bei dieser Idee von den Ansätzen einer Evolutionstheorie der zeitgenössischen Naturforschung, insbesondere der Biologie, beeinflußt worden.

Erste Überlegungen über Werden und Vergehen im Weltall hatten sich Herschel schon frühzeitig aufgedrängt. Als er mit seinen ersten großen Himmelsspähern den prachtvollen Orionnebel betrachtete, glaubte er, an diesem weitverzweigten, leuchtenden und diffusen Gebilde Veränderungen entdeckt zu haben. Er fragte sich, wozu diese Veränderungen im Lauf der Zeit wohl führen könnten, und äußerte gleichzeitig die Vermutung, daß einige Sterne, die sich in der Nähe des Orionnebels befinden, möglicherweise eine natürliche Verwandtschaft zu diesem Nebel aufweisen, zumal es sich hierbei um Sterne handelt, die von einer Nebelhülle umgeben sind. So wagte Herschel erstmals – wenn auch in sehr vorsichtigen Formulierungen – den Orionnebel als eine Geburtsstätte von Sternen zu bezeichnen.

Den Geburtsvorgang selbst stellte sich Herschel ähnlich wie Kant vor, nämlich durch stufenweise Verdichtung der fein verteilten Nebelmaterie. Aber auch hier blieb Herschel nicht bei theoretisch-spekulativen Überlegungen stehen, denn er untermauerte seine Annahme durch umfangreiches Beobachtungsmaterial. Was lag näher als die Vermutung, daß jene Nebel, von denen manche Sterne eingehüllt sind, gleichsam den Rest des Baustoffs darstellten, aus dem diese Sterne hervorgegangen sind? Möglicherweise würde auch der verbliebene Rest nach und nach durch die Wirkung der Gravitation in den Stern hineingezogen?

Es ist eindrucksvoll, wie sorgfältig Herschel übereilte Schlußfolgerungen zu vermeiden trachtete und daher auch andere Möglichkeiten in Betracht zog: Entweder, so meinte er abwägend, besteht der Nebel aus normalen Sternen, die wegen ihrer außerordentlichen Entfernung nicht als Einzelsterne gesehen werden können; dann muß der im Zentrum sichtbare Stern gigantische Dimensionen besitzen und alles übersteigen, »was wir unter dem Begriff eines Sterns verstehen«. Im anderen Fall, wenn man annimmt, der Zentralstern sei ein normaler Vertreter der Fixsterne, müßten die Sterne, aus denen der Nebel besteht, viel winziger als die normalen Sterne sein. Daraus folgte zwangsläufig die Alternative: »... entweder haben wir also einen Zentralkörper, welcher kein Stern ist, oder wir haben einen Stern, gehüllt in ein leuchtendes Wesen, dessen Beschaffenheit uns gänzlich unbekannt ist.« Angesichts dieser Situation erschien es Herschel nun viel wahrscheinlicher, einen Stern aus der Verdichtung der ihrer Zusammensetzung nach gänzlich unbekannten »leuchtenden Materie« hervorgehen zu lassen, als umgekehrt.

Für Herschel – und auch hierin zeigt sich eine Übereinstimmung mit Kants Kosmogonie – war mit dieser Feststellung das Problem der Entwicklung keineswegs erledigt. Vielmehr sah er in dem einzelnen Stern nur das erste Stadium der allmählichen Herausbildung von Fixsternsystemen, wobei die Anziehungskraft eine entscheidende Rolle spielen sollte. Unter der Wirkung der Gravitation sollten sich die Sterne zunächst zu Sternpaaren, dann zu kleinen lockeren Gruppen und schließlich zu den sehr sternreichen und zum Zentrum stark konzentrierten Kugelsternhaufen zusammenfinden.

Entsprechend dieser Entwicklungsfolge hatte Herschel die Objekte auch klassifiziert. Wir wissen heute, daß diese Auffassung nicht den Tatsachen entsprach. An der grundlegenden Leistung Herschels, den Entwicklungsgedanken unter Zugrundelegung von Beobachtungsmaterial und unter Beachtung allgemeingültiger Naturgesetze bereichert zu haben, ändert dies aber nichts. Es bleibt ein historisches Verdienst Herschels, das Prinzip jeder modernen Kosmogonie zum erstenmal ange-

Eine der ersten Sternwarten auf der Südhalbkugel der Erde: das Observatorium von John Herschel am Kap der Guten Hoffnung

wendet zu haben: im räumlichen Nebeneinander der verschiedenen Formen kosmischer Objekte ein zeitliches Nacheinander zu sehen.

Vom Mut, die Dinge neu zu sehen

Herschel war keineswegs ein Phantast. Seine Hypothese beruhte auf der Überzeugung, daß ohne Mut und Kühnheit kein Fortschritt in der Wissenschaft möglich ist. Um aber solche Ideen entwickeln zu können, die über den jeweils gegebenen Wissensstand hinausweisen, braucht man selbstverständlich eine erkenntnisoptimistische und zugleich realistische Grundeinstellung. Herschel besaß sie. Er meinte selbst: »Und sollten auch meine vereinzelten Bemühungen ... nicht gelingen, so darf man doch hoffen, daß, wenn man mit aller Macht an der Vervollkommnung der Teleskope ... arbeitet und mit Emsigkeit sie zur Erforschung des Himmels anwenden wird, mit der Zeit unsere Erkenntnis sich erweitern, oder wir vielleicht gar zu einem Abriß gelangen werden, von dem innern Bau des Himmels.«

Für die Fortbildung einer Wissenschaft ist die Aufnahme revolutionärer Ideen durch die Zeitgenossen selbstverständlich von Bedeutung; fehlt die Anerkennung, bleiben die kühnsten Ideen vorerst mehr oder weniger wirkungslos. Herschel war in der Fachwelt als einer der führenden Astronomen seiner Zeit anerkannt. In Lehrbüchern wurden seine Ergebnisse fleißig zitiert und seine Leistungen anerkennend hervorgehoben. Aber stets war nur von den Resultaten auf bereits etablierten

Gebieten die Rede. Man pries Herschels Planetenforschungen, überging jedoch geflissentlich seine Vorstellungen über Entwicklungsprozesse im Weltall oder lehnte sie offen ab.

Nur einzelne, philosophisch weitblickende Gelehrte sahen die zukunftweisende Bedeutung der Evolutionsvorstellungen. Der Göttinger Physikprofessor Georg Christoph Lichtenberg, ein prominenter Vertreter der europäischen Aufklärungsbewegung, schrieb an Herschel: »Mich hat vorzüglich der Mut gefreut, mit welchem Sie Dinge von Neuem zu untersuchen anfangen, die man schon für ausgemacht gehalten hat; wenn man sich mit eben dem philosophischen Geist an die übrigen Teile der Naturlehre machte, so würde man finden, wie wenig noch in der Welt ausgemacht ist.«

Einer der angesehensten Astronomen unter Herschels Zeitgenossen, der besonders als Kometenforscher bekannt gewordene Wilhelm Olbers (1758–1840), sprach von Herschel zwar anerkennend als dem »großen Entdecker des Himmels«, kritisierte aber dessen Entwicklungsvorstellungen vom Standpunkt eines recht begrenzten Empirismus.

Die Ablehnung von Überlegungen, die über das unmittelbar empirisch Gesicherte hinausgehen, ist bei den Naturforschern bis weit ins 19. Jahrhundert hinein nichts Ungewöhnliches. Diese Haltung hat ihre historischen Ursachen. Nicht zuletzt liegen sie darin, daß die spekulative Naturphilosophie, die, wie Friedrich Engels in »Dialektik der Natur« sagte, »die objektive Welt in den Rahmen ihres subjektiven Denkens einzuzwängen suchte«, bei den meisten Naturwissenschaftlern eine Abneigung gegenüber jeder Art von Philosophie und gegenüber dem theoretischen Denken überhaupt hervorrief. Das hatte aber zur Folge, daß sich eine tiefe Kluft zwischen Naturwissenschaft und Philosophie herausbildete. Demgegenüber wies Engels in seiner Schrift »Ludwig Feuerbach und der Ausgang der klassischen deutschen Philosophie« treffend darauf hin, daß gerade diejenigen Naturwissenschaftler, »die am meisten auf die Philosophie schimpfen«, Sklaven »gerade der schlechtesten vulgarisierten Reste der schlechtesten Philosophie sind«. Naturforscher, die das theoretische Denken »mit souveräner Verachtung« behandelten und die auf die bloße Erfahrung pochten, haben es dann, wie Engels in »Dialektik der Natur« bemerkt, »in der Gedankenlosigkeit und Konfusion am weitesten gebracht«.

Die ihrem Wesen nach positivistische Denkweise der meisten Naturwissenschaftler der folgenden Zeit muß umso kritischer eingeschätzt werden, als dadurch die Möglichkeiten zu tieferer theoretischer Durchdringung und philosophisch-weltanschaulicher Fundierung des angehäuften Beobachtungsmaterials nicht genutzt werden konnten. Dabei fällt natürlich besonders ins Gewicht, daß den Naturwissenschaftlern schließlich seit der Begründung des dialektischen Materialismus durch Marx und Engels eine konsequent wissenschaftliche Philosophie zur Verfügung stand. Die materialistische Dialektik, verstanden als Theorie und Methode der Erforschung allgemeiner Entwicklungszusammenhänge und Entwicklungsgesetze, hätte bei unverzüglicher Aufnahme und entsprechender Anwendung durch die Naturwissenschaftler zweifellos dazu beitragen können, die erforderlichen theoretisch-weltanschaulichen Verallgemeinerungen der empirisch gewonnenen Fakten vorzunehmen. Da viele Naturforscher jedoch noch längere Zeit in der Illusion befangen blieben, ohne Philosophie auskommen zu können, und die meisten von ihnen die bahnbrechende Bedeutung des dialektischen Materialismus noch nicht zu begreifen vermochten, mußten ihre Versuche zur theoretischen Bewältigung der anstehenden Probleme bestenfalls Stückwerk sein. Das gilt nicht zuletzt für die Entdecker des Himmels seit der zweiten Hälfte des vorigen Jahrhunderts. Auch die Geschichte der Astronomie zeigt, daß der positivistische Standpunkt den Erkenntnisfortschritt stark hemmte.

Engels führte in »Dialektik der Natur« unter anderem aus: »Man verachtet in der Tat die Dialektik nicht ungestraft. Man mag noch so viel Geringschätzung hegen für alles theoretische Denken, so kann man doch nicht zwei Naturtatsachen in Zusammenhang bringen oder ihren bestehenden Zusammenhang einsehn ohne theoretisches Denken. Es fragt sich dabei nur, ob man dabei richtig denkt oder nicht, und die Geringschätzung der Theorie ist selbstredend der sicherste Weg, naturalistisch und damit falsch zu denken. Falsch denken, zur vollen Konsequenz durchgeführt, kommt aber nach einem altbekannten dialektischen Gesetz regelmäßig an beim Gegenteil seines Ausgangspunkts.«

Nach diesen grundsätzlichen Bemerkungen über das Verhältnis von Naturwissenschaften und Philosophie kehren wir zum Ausgangspunkt zurück. Es muß nämlich noch auf einen anderen Grund dafür hingewiesen werden, daß es nach Kant und auch noch nach Herschel geringe Fortschritte auf dem Gebiet der Erforschung von Entwicklungsvorgängen im Weltall gab. Man besaß seinerzeit noch viel zu wenig Kenntnisse über die Objekte des Universums. Solange man über unsere Sonne, den nächsten aller Fixsterne, noch fast nichts wußte, solange die Entfernungen anderer Sterne rätselhaft und das Wesen der verschiedenen Nebel »Ansichtssache« waren, gab es wenig konkrete Ansatzpunkte für die erfolgreiche Lösung der von Kant und Herschel aufgeworfenen Fragen.

Fortschritte durch Spektroskopie und Fotometrie

Der deutsche Astrophysiker Karl Friedrich Zöllner, ein engagierter Pionier des Einsatzes von Spektroskopie und Fotometrie in der Astronomie, behauptete im Jahre 1865 aufgrund theoretischer Überlegungen eine gesetzmäßige Entwicklungsfolge der Himmelskörper. Nach seiner Meinung entwickeln sich die Sterne in folgenden fünf Phasen:

1. Periode des glühend-gasförmigen Zustandes;
2. Periode des glühend-flüssigen Zustandes;
3. Periode der Entwicklung einer kalten und nichtleuchtenden Oberfläche;
4. Periode der Eruptionen durch die innere Glutmasse;
5. Periode der völligen Erkaltung.

Wegweisend war Zöllners Ansicht, daß die Weltkörper in diesen verschiedenen Entwicklungsphasen einem entfernten Beobachter verschieden erscheinen müssen und daß gerade das Spektroskop ein geeignetes Hilfsmittel sei, um diese Unterschiede festzustellen. Um 1870 präzisierte Zöllner seine Ideen in einer Studie über den Einfluß der Temperatur auf die Spektren glühender Gase. Er formulierte dabei: »... daß die Spektren verschiedener Sterne unter sonst gleichen Umständen um so linienreicher sind, je tiefer ihre Temperatur liegt.« Somit erschien die Folge der Spektralklassen gleichzeitig als eine Folge der Temperaturen.

Zöllners Leistung wird verständlich, wenn man drei wesentliche Einsichten dieses Forschers betrachtet, die zu seiner Zeit keineswegs Allgemeingut gewesen sind. Zöllner war neben Hermann von Helmholtz (1821–1894) der einzige deutsche Naturforscher, der um die Mitte des 19. Jahrhunderts die kosmogonisch-kosmologischen Ideen Kants in ihrer historischen Bedeutung erkannte und nachdrücklich würdigte. Er stellte sich auf den im Prinzip materialistischen Standpunkt, »daß die allgemeine und wesentliche Eigenschaft der Materie im unendlichen Raume überall dieselbe sei«. Auf ähnliche Weise wie Engels spottete er über die »philosophische Enthaltsamkeit« der zeitgenössischen Naturwissenschaft und ihre einseitige Orientierung auf Erfahrungstatsachen. Er klagte darüber, daß oft schon »der bescheidenste Versuch, einen Teil der gesammelten Tatsachen durch induktive Verallgemeinerung zu einem Gesetz ... zu erheben, als der philosophischen Spekulation verdächtig ... gebrandmarkt« werde. Schließlich war Zöllner im Gegensatz zu den meisten Astronomen ein leidenschaftlicher Anhänger der astrophysikalischen Methoden. Das waren – rückwirkend betrachtet – gerade die entscheidenden philosophischen, wissenschaftlichen und wissenschaftshistorischen Voraussetzungen für einen neuen Ansatz in der Fixsternkosmogonie.

Als sich Antonia Caetana Maury (1866–1952) und Annie Jump Cannon (1863–1941) um die Jahrhundertwende mit der Ausarbeitung der noch heute benutzten Klassifikation der Sternspektren beschäftigten, stellten sie fest, daß die Spektren zum Teil bemerkenswerte Unterschiede der Linienschärfen aufwiesen. Sie sprachen dabei den Verdacht aus, daß die Sterne mit scharfen Linien eine andere Konstitution besitzen könnten als die sonstigen Sterne und möglicherweise einer abweichenden Entwicklungsreihe angehören. Daraus leitete der dänische Astronom Ejnar Hertzsprung (1873 bis 1967) die Frage nach den Unterschieden in den »auf gleichen Abstand reduzierten Helligkeiten der Sterne« (den sogenannten absoluten Helligkeiten) ab. Nach der damals vorherrschenden Entwicklungsauffassung war zu erwarten, daß die absoluten Helligkeiten der Sterne mit zunehmender »Rot-

Ejnar Hertzsprung

heit« geringer werden. Leider standen jedoch Entfernungsangaben von Sternen, die für die Ermittlung der absoluten Helligkeiten wichtig waren, nur in geringem Umfang zur Verfügung. Die Helligkeiten mußten also aus anderen Daten – insbesondere aus Beobachtungen der Eigenbewegungen der Sterne – abgeleitet werden. Hertzsprungs Untersuchungsergebnisse (1905 und 1907) brachten eine echte Überraschung: Die meisten Sterne ordneten sich (nach heutigem Sprachgebrauch) längs einer von links oben nach rechts unten verlaufenden Diagonalen im Helligkeits-Spektraltypen-Diagramm. Bei den Spektraltypen ab G fand Hertzsprung hingegen eine Aufspaltung in zwei Gruppen von Objekten, in absolut sehr helle und in sehr schwach leuchtende Sterne. Der eindeutige Zusammenhang zwischen absoluter Helligkeit und Spektraltyp fehlte also hier.

Obwohl Hertzsprung zunächst nicht angeben konnte, worauf die beträchtlichen Unterschiede zurückzuführen waren, bürgerten sich einstweilen die Bezeichnungen »Riesen« und »Zwerge« ein. Welche Bedeutung hatten diese Befunde Ejnar Hertzsprungs für die Kenntnis der Sternentwicklung, für die Kosmogonie und die Kosmologie insgesamt?

Der bedeutende deutsche Astronom Karl Schwarzschild (1873–1916) stellte 1909 fest: »Es ist an sich höchst merkwürdig und durch keine Theorie über die Entwicklung der Sterne vorauszusehen, daß so zerstreut zwischen den gewöhnlichen Sternen diese Giganten liegen.« Damit sollte gesagt sein, daß die neuentdeckten Riesen mit bestimmten Entwicklungsauffassungen, auf rein quantitative Evolutionen begrenzt, nicht in Einklang zu bringen waren. Die Erkenntnis von Hertzsprung brachte immerhin eine merkliche Verbesserung der damals unter bürgerlichen Gelehrten vorherrschenden stark metaphysischen Evolutionsvorstellungen. Dieser Schritt nach vorn fand rasch allgemeine Anerkennung: Man mutmaßte, daß die sehr großen und dennoch als sehr »kühl« bezeichneten »Riesen« möglicherweise am Anfang der Sternentwicklung stehen könnten. Unter ständiger Kontraktion würden sie die kosmischen Objekte nach und nach aufheizen, Wärmeenergie freisetzen und von den »späten« Spektralklassen schließlich in die »frühen« hinüberwandern. Dort liege dann gewissermaßen der Kulminationspunkt ihrer Evolution. Von dort an gehe es »abwärts« mit ihnen, und zwar im früher bereits angenommenen Sinn. Nach dieser Auffassung würde jeder Stern alle Spektralklassen zweimal, aber jeweils in umgekehrter Richtung durchlaufen: einmal in seiner Jugendzeit von rot nach weiß und dann in seiner zweiten Lebenshälfte von weiß nach rot. Am Anfang und am Ende des Sternenlebens müßte also ein roter Stern stehen, aber einmal ein »Roter Riese« und im anderen Fall ein »Roter Zwerg«.

Diese Auffassung befand sich ausgezeichnet im Einklang mit einer theoretischen Untersuchung, die fast vier Jahrzehnte vorher der englische Physiker J. H. Lane angestellt hatte. Ihm war es gelungen, in einer 1870 erschienenen Abhandlung auf der Grundlage der Gasgesetze und des Energieerhaltungssatzes nachzuweisen, daß eine Gaskugel durch Zusammenziehung (Kontraktion) Energie freisetzen kann. Die freiwerdende Gravitationsenergie wird in Wärme umgewandelt, so daß sich die Gaskugel während der Kontraktion aufheizt. Die Aufheizung ist unter anderem auch deswegen möglich, weil die sich verdichtende Gaskugel ständig mehr Energie gewinnt, als sie durch Abstrahlung verliert. Erst in einem bestimmten Stadium beginnt sich das Verhältnis umzukehren, so daß dann der Abkühlungsprozeß einsetzt.

Auch diese Auffassung wurde unter dem Eindruck neuen Beobachtungsmaterials weiter modifiziert. Im Jahre 1911 fand der amerikanische Astronom Henry Norris Russell (1877–1957), daß die Massen der »Giganten« größer sind als die Massen der anderen Sterne. Da andererseits auch die Massen der B-Sterne die der anderen Gaskugeln im Durchschnitt übersteigen, vermutete Russell zwischen diesen beiden Tatsachen einen Zusammenhang. Er schlußfolgerte, daß sie sich bei ihrer Kontraktion bis zum Spektraltyp B hin entwickeln, während masseärmere Sterne es gar nicht bis zu diesem Stadium bringen und schon früher umkehren. Historisch interessant an dieser Ansicht ist die Tatsache, daß man schon damals die Abhängigkeit der Entwicklungsprozesse bei Sternen von den Sternmassen für möglich hielt.

Seit die Untersuchung der Sternspektren als neues Arbeitsgebiet in die Himmelsforschung eingetreten war, hatte also die Entwicklungslehre der Sterne einen sehr lebhaften Aufschwung genommen. Zu bleibenden Erkenntnissen konnte sie einstweilen noch nicht gelangen, da man über den inneren Aufbau der Sterne und die Energieerzeugungsprozesse noch nichts wußte. Erst im Zusammenwirken von astronomischer Beobachtung und physikalischer Theorie und unter konsequenter Anwendung aller errungenen astronomischen und physikalischen Erkenntnisse bahnte sich eine grundlegende Wende an, die den Weg für die moderne Sternentwicklungstheorie ebnete. Die großen Erfolge auf dem Gebiet der Fixsternkosmogonie in der jüngsten Vergangenheit belegen eindrucksvoll die zielsichere Feststellung von Friedrich Engels in der Einleitung zu »Dialektik der Natur«, als er bezüglich der »Allgemeinen Naturgeschichte und Theorie des Himmels« meinte, in Kants Entdeckung liege der »Springpunkt alles ferneren Fortschritts«.

Anschauliche Darstellung der Entwicklungsvorstellung nach der Entdeckung der Riesen und Zwerge – mit den Roten Riesen geringer Dichte am Anfang des Sternlebens und den Roten Zwergen hoher Dichte am Ende des Lebensweges

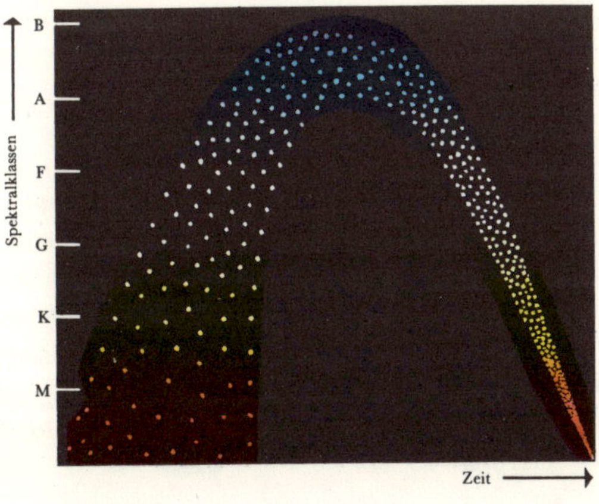

Vorstoß ins Sterninnere

Die gewaltigen Gaskugeln, die wir Sterne nennen, sind so gut wie undurchsichtig. Licht und Wärme werden nur aus einer sehr dünnen, oberflächennahen Schicht abgestrahlt. Unsere Sonne hat einen Durchmesser von rund 1,4 Millionen km. Aber selbst wenn wir senkrecht auf diesen glühenden Gasball schauen, also in die Mitte der Sonnenscheibe, reicht unser Blick nur etwa 450 km ins Innere dieses Sterns. Wenn wir mit unseren Spektroskopen die Temperaturen messen, so sind es letztlich stets »Oberflächentemperaturen«; wenn wir die chemischen Elemente ausfindig machen, die uns ein Blick auf die Linien der Spektren verrät, so sind es nur die Elemente jener dünnen äußeren Schicht der Sterne.

Angesichts dieser Situation scheint es hoffnungslos zu sein, überhaupt etwas über das Innere der Sterne zu erfahren. Und doch ist ohne diese Kenntnisse letztlich ein Verständnis des Wesens der Sterne und ohne dies eine Erforschung ihrer Entwicklung nicht möglich. Glücklicherweise aber sind die Sterne relativ einfache Gebilde. Und glücklicherweise ist die Wissenschaft auch dort zu Aussagen fähig, wo sie keine unmittelbaren Meßergebnisse erlangen kann. So ist es – ausgehend von der schon erwähnten ersten Abhandlung des

A. S. Eddington mit fünf anderen führenden britischen Astronomen. Von links nach rechts: Prof. H. H. Plaskett, Direktor der Universitäts-Sternwarte Oxford; Sir Harald Spencer Jones, Astronomer Royal, Greenwich; Professor A. Fowler, Imperial College London; Sir Arthur Eddington, Direktor des Universitäts-Observatoriums Cambridge; Prof. F. J. M. Stratton, Direktor des Solar Physics Observatory Cambridge; und rechts: C. C. L. Gregory, Direktor der Londoner Universitätssternwarte

Engländers Lane – nach und nach gelungen, mit Hilfe des theoretischen Rüstzeugs in das Innere der Sterne hinabzutauchen und sich durch den Vergleich der dabei gewonnenen Resultate mit dem wenigen beobachtungsmäßig Zugänglichen vor Trugschlüssen zu bewahren und dabei ebenso sichere Ergebnisse zu gewinnen, als wäre man mit Sonden und Meßwerkzeugen direkt ins Sterninnere vorgedrungen.

Lane hatte den ersten Versuch unternommen, durch Anwendung der Gasgesetze zu Aussagen über das Sonneninnere zu gelangen. Ihm folgten weitere Arbeiten, vor allem von Karl Schwarzschild (1873–1916) und Robert Emden (1862 bis 1940). Schwarzschild befaßte sich unter anderem mit dem Problem des Gleichgewichts in der Sonnenatmosphäre, und Emden schrieb 1907 sein berühmtes Buch »Gaskugeln«. Darauf aufbauend, schuf dann der Engländer Arthur Stanley Eddington (1882–1944), einer der bedeutendsten Astrophysiker des 20. Jahrhunderts, die Grundlagen der noch heute gültigen Theorie des Sternaufbaus, die in enger Wechselwirkung mit neuen Beobachtungsbefunden und theoretischen Fortschritten im Laufe der Zeit immer weiter ausgebaut und verbessert wurde.

Wovon konnte man ausgehen? Eine elementare Bedingung, die offenkundig durch die Sonne und die überwiegende Zahl aller anderen Sterne erfüllt ist, besteht in dem Gleichgewicht zwischen einem nach innen und einem nach außen wirkenden Druck der Sterne, und zwar an jeder Stelle des jeweiligen Sterns. Nach innen wirkt die Masse des Sterns und nach außen der Druck des Gases. Die Masse bestimmt den Gesamtdruck, der den Gasball zusammenzupressen trachtet. Die Temperatur hingegen bestimmt den Druck, der den Gasball auseinandertreiben würde. Die Beobachtung liefert den Befund, daß ein Stern – wie beispielsweise unsere Sonne – einen konstanten Durchmesser besitzt; er fliegt weder auseinander, noch stürzt er in sich zusammen. Daraus folgt, daß die beiden entgegengesetzt gerichteten Kräfte offenbar an jeder Stelle des Sterns gleichgroß sind. Da der Druck nach innen hin wegen der immer größer werdenden Masse, die von außen auf den betreffenden Schichten lastet, ständig anwächst, muß auch die Temperatur zunehmen, und zwar stets gerade so weit, daß der daraus folgende Druck ausreicht, um die über der jeweiligen Schicht liegende Masse zu tragen.

Außerdem gibt es noch eine andere Kraft im Innern der Sterne, die nach außen weist und damit der Gravitationskraft entgegenwirkt – den Strahlungsdruck: Je weiter man ins Sterninnere vordringt, umso größer muß entsprechend der immer kurzwelligeren Strahlung auch der nach außen gerichtete Strahlungsdruck werden. Auf diese Weise kann man also prinzipiell zu Aussagen über die Temperatur- und Dichteverhältnisse im Innern der Sterne gelangen.

Die Sternmodelle, die man konstruierte, unterschieden sich zwar in verschiedener Hinsicht. Manche Autoren nahmen an, daß nur in der unmittelbaren Umgebung des Zentrums der Sterne Energie freigesetzt werde; sie schufen das »Punktquellenmodell« des Sterns. Andere meinten, Energie werde überall im Sterninnern erzeugt. Darüber war einstweilen keine begründete Entscheidung herbeizuführen, aber das war hierbei auch von untergeordneter Bedeutung. Unabhängig davon, mit welchem Modell man auch rechnete, ergab sich im wesentlichen stets derselbe Zusammenhang zwischen Masse, Radius und Leuchtkraft der Sterne.

Zu einer bemerkenswerten Erkenntnis gelangten H. Vogt und Henry Norris Russell, als sie die mathematischen Beziehungen analysierten, die den Sternaufbau beschreiben. Sie fanden, daß der innere Aufbau eines Sterns vollständig durch seine chemische Zusammensetzung und durch seine Masse bestimmt ist. Dieses »Eindeutigkeitstheorem des Sternaufbaus« hat größte Bedeutung für die Erforschung der Entwicklung der Sterne. Allerdings ist die Klärung des Problems der Sternentwicklung nicht ohne das Wissen um die Energiefreisetzung denkbar. Nach dem »Eindeutigkeitstheorem des Sternaufbaus« kann sich ein Stern zwar nur entwickeln, indem sich entweder seine Masse oder seine chemische Zusammensetzung oder auch beides ändert, aber für die Art und Geschwindigkeit dieser Änderungen sind selbstverständlich jene Prozesse maßgebend, aus denen die Energie der Sterne stammt.

Rätsel des »himmlischen Feuers«

Kennt man die Leuchtkräfte der Sterne, so sind auch schon einige wesentliche Anforderungen an die Energiequellen der Sterne bekannt: Sie müssen so beschaffen sein, daß sie über längere Zeit jene Energiemengen bereitstellen können, deren Abstrahlung wir beobachten. Hat man nun außerdem aufgrund von Hinweisen aus anderen Wissenschaften eine Vorstellung von den Zeiträumen, während deren mindestens die Ausstrahlung angehalten haben muß, so ist bereits ein erstes Kriterium für die Überprüfung der angenommenen Hypothese über die Energiequelle gefunden. Es ist naheliegend, für solche Überlegungen zunächst unsere Sonne heranzuziehen, weil sich hier die Zeitskala der Erdgeschichte als Hilfsmittel anbietet.

Gegen Ende des 19. Jahrhunderts nahmen der bekannte deutsche Gelehrte Hermann von Helmholtz (1821–1894) und der englische Physiker William Thomson (Lord Kelvin; 1842–1907) an, daß die Sternenergie aus der Kontraktion der Sternmaterie stammt. Die dabei umgewandelte Gravitationsenergie hätte aber nur rund 20 Millionen Jahre vorgehalten. Kelvin war selbstsicher genug, von den Geologen zu verlangen, sie sollten mit diesem Zeitraum für die Beschreibung der Erdentwicklung auskommen. Auf eine befremdende Paradoxie wies aber bereits Eddington hin, als er die mit ihrer Energie »haushälterisch« umgehende Sonne zahllosen anderen Sternen gegenüberstellte, die ungleich viel größere Energiemengen in den Weltraum ausstrahlen: Sterne mit höheren Leuchtkräften könnten auf dem Wege der Kontraktion ihren Energiebedarf bestenfalls 100000 Jahre decken. Sollte demnach das Alter vieler am Himmel sichtbarer Sterne geringer sein als das Alter der Menschheit?

Doch es fanden sich auch direkte Beweise dafür, daß die Kontraktionshypothese offenkundig nicht den Tatsachen entsprach. Durch die Entdeckung der natürlichen Radioaktivität im Jahre 1896 war es möglich geworden, das Alter der irdischen Gesteine zu bestimmen, indem man aus dem Verhältnis von Uran zu Blei, dem Endprodukt der Radiumzerfallsreihe, die Zeit berechnete, die zur Bildung der festgestellten Bleimenge nötig war. Dabei zeigte sich, daß die Gesteine etwa eine Milliarde Jahre alt waren. Das Sonnenalter mußte also mindestens eine Milliarde Jahre betragen, wenn die Erde nicht älter als die Sonne sein sollte.

Energie von Sternen muß zwangsläufig im Innern der Sterne erzeugt werden, um den Stern im stabilen Gleichgewicht zu halten. Die Energie der Sterne mußte also in ihrem Inneren vorrätig sein, und der Vorrat sollte für den gesamten Bedarf eines Sternenlebens ausreichen.

Die spezielle Relativitätstheorie von Albert Einstein hatte die grundlegende Äquivalenz von Masse und Energie nachgewiesen. Seit dem Jahre 1905 war bekannt, daß Masse und Energie zwei verschiedene Erscheinungsformen der Materie sind. Die einer bestimmten Ruhmasse entsprechende Energie kann berechnet werden, indem man das Produkt aus dieser Masse und dem Quadrat der Lichtgeschwindigkeit bildet. Diese Erkenntnis, in die berühmte einfache Formel $E = m \cdot c^2$ gekleidet, besagt, daß jeder Masse eine enorme Energie innewohnt. Nach der Einsteinschen Gleichung entsprechen bereits $1{,}1 \cdot 10^{-21}$ g Masse einer Energie von 1 erg.

Ein Gramm Ruhmasse »beherbergt« die enorme Energie von $9 \cdot 10^{20}$ erg. Würde also in den Sternen die der Masse innewohnende Energie freigesetzt werden, so könnte man die maximal zur Verfügung stehende Energie aus der Masse der Sterne berechnen und aus der Energieabstrahlung der Sterne die maximale Lebensdauer bestimmen. Unserer Sonne mit $2 \cdot 10^{33}$ g Masse würde nach dem Äquivalenzprinzip eine Energie von $1{,}8 \cdot 10^{54}$ erg zur Verfügung stehen. Bei der bekannten Energieabstrahlung der Sonne würde dieser Vorrat für eine Zeit von rund 15 Billionen Jahren ausreichen. Stammte die Sonnenenergie aus einer totalen Umwandlung von Masse? Oder kamen noch andere Mechanismen in Frage?

Mit der Entdeckung der Radioaktivität hatte man in der Natur Vorgänge gefunden, bei denen inneratomare Energie freigesetzt wird. Es war daher eine durchaus ernst zu nehmende Frage, ob die Sternenergie eventuell aus dem Zerfall radioaktiver Elemente im Sterninnern stammen könne. Doch von den radioaktiven Zerfallsprozessen, die man kannte, war keiner auch nur annähernd energiereich genug, um den durch Ausstrahlung auftretenden Energieverlust auszugleichen.

Aber es gab noch eine andere Möglichkeit, die dank der inzwischen gewonnenen Einsichten in die Physik der Atome und Elementarteilchen in den Bereich der Denkmöglichkeiten rückte: inneratomare Energie durch Elementumwandlung bei der Bildung schwererer Elemente aus leichteren. Zum Beispiel ließ sich denken, daß in den Sternen Helium aus Wasserstoff aufgebaut wird. Freilich waren dies bis Ende der zwanziger Jahre noch Vermutungen.

Es ist aber höchst bemerkenswert, mit welchem

Albert Einstein

wissenschaftlichen Spürsinn Eddington, der bereits zu einer Zeit, da noch nicht einmal die Neutronen als Bestandteile der Atomkerne entdeckt waren, die Entstehung der Elemente mit der Freisetzung von Energie in den Sternen in Zusammenhang brachte.

Wie sah zu dieser Zeit die Entwicklungstheorie der Sterne aus?

Im Schmelztiegel der Forschung

Die Situation war viel komplizierter geworden. Die frühere Übereinstimmung zwischen theoretischem Rüstzeug und Beobachtungsresultaten war dahin. Das harmonische Bild war gestört, und es erschien in höchstem Maße fragwürdig, ob die alte, so scheinbar in sich geschlossene Entwicklungstheorie der Sterne richtig war. Sie konnte sogar in einem ganz entscheidenden Punkt falsch sein.

Die Ursache für das »Umschlagen« von der Erwärmungs- in die Abkühlungsphase bei den Sternen war theoretisch so begründet worden, daß die Dichte im Laufe der Kontraktion des Sterns ein solches Stadium erreichte, daß man nicht mehr von einem idealen Gas sprechen konnte. Der Stern sollte sich deswegen wie ein fester oder flüssiger Körper abkühlen. Aber die neuere Theorie hatte gezeigt, daß sich auch die Materie in allen Sternen der Hauptreihe des Hertzsprung-Russell-Diagramms (HRD) noch wie ein ideales Gas verhält.

Ein anderer Punkt, der die alte Theorie strittig erscheinen ließ, war der: Nahm man an, daß die Abkühlung tatsächlich im beobachteten Sinne eintrat, so konnte diese Aussage nur für die oberflächennahen Schichten der Sterne gelten. Die daraus berechneten Temperaturen für das Sterninnere hingegen variierten nur unwesentlich. Gerade dies war aber mit der alten »Abkühlungstheorie« nicht gemeint. Und schließlich – sowohl aus Beobachtungsdaten als auch auf theoretischem Weg – hatten die Forscher gefunden, daß es eine Beziehung zwischen der Masse und der Leuchtkraft der Sterne gibt: Je größer die Masse, umso größer die Leuchtkraft. Die Entdeckung dieser Masse–Leuchtkraft-Beziehung brachte natürlich neue Probleme. Hatte man zuvor angenommen, die Sterne »rutschten« während ihrer Abkühlungsphase auf der Hauptreihe des Hertzsprung-Russell-Diagramms abwärts, so mußte man sich nun von dieser Vorstellung trennen; denn die Hauptreihe des Diagramms war nun zugleich eine Anordnung nach der Masse. Ein Stern rechts unten im Diagramm hat eine kleinere Masse als ein Stern links oben. Ein Stern aber, der sich einfach wie ein fester oder flüssiger Körper abkühlt, verliert dabei natürlich keine Masse!

Demnach muß ein Stern, wenn er die Hauptreihe des HRD erreicht hat, dort verharren. Kühlt er ab, so verändert er sein Spektrum. Mit konstanter Masse kann er seinen Platz auf der Hauptreihe zwar behalten, nicht aber mit veränderter Oberflächentemperatur und Farbe.

Man hatte also keine allgemein anerkannte Sternentwicklungstheorie mehr. Die Theorie befand sich »im Schmelztiegel«, wie Eddington formulierte, und man wartete darauf, daß dabei etwas Befriedigendes herauskam.

Immerhin war folgendes denkbar: Die Sterne entstehen durch Kontraktion und gewinnen in der ersten Lebensphase auch ihre Strahlungsenergie auf diese Weise. Auf der Hauptreihe angekommen, produzieren sie Energie durch »Vernichtung« von Masse, also aus inneratomarer Energie. Sie verlieren dabei allmählich Masse und haben Zeit für einen Entwicklungsweg. Sollten sie andererseits ihre Energie doch zwangsläufig aus ihrer Masse decken, so würde der Vorgang der Umwandlung von Masse in Energie – wie er im einzelnen auch beschaffen sein mochte – unter Umständen sehr rasch ablaufen, und für eine wirkliche Entwicklung bliebe gar keine Zeit.

Und schließlich war es auch noch denkbar, wenn auch sehr unwahrscheinlich, daß es gar keinen genetischen Zusammenhang der Sterne verschiedenen Spektraltyps und verschiedener Masse gab, daß die Sterne sich einfach deswegen voneinander unterschieden, weil sie bereits ursprünglich unterschiedlich gewesen waren.

So viele Fragen – so viele Zweifel. Und doch befand man sich zu dem Zeitpunkt, als Eddington diese Fragen erörterte, schon kurz vor der prinzipiellen Lösung des Problems. Sie kam aus der Kernphysik.

Wesentlichen Anstoß dazu gab eine aus der astronomischen Beobachtung und Theorie des Sternaufbaus abgeleitete Forderung: Beschränkt man sich der Einfachheit halber zunächst auf die zahlenmäßig bei weitem überwiegenden Sterne der Hauptreihe des Hertzsprung-Russell-Diagramms, so verdient die schon erwähnte Tatsache Beachtung, daß alle Sterne – ungeachtet ihres Platzes auf der Hauptreihe – etwa dieselbe Zentraltemperatur besitzen.

Man kann daher vermuten, daß gerade diese einheitliche Temperatur die Existenz eines energieerzeugenden Prozesses ermöglicht, der für alle Hauptreihensterne gleichermaßen bestimmend ist. Andererseits gibt die Masse-Leuchtkraft-Beziehung einen weiteren wichtigen Hinweis auf die Natur der Energiequelle: Die Energieerzeugung je Masseeinheit wächst nämlich trotz nur wenig zunehmender Temperatur stark an. Daraus mußte man schließen, daß die energiefreisetzenden Prozesse extrem temperaturabhängig sind.

Die wellenmechanische Theorie der Atomkernkräfte gibt eine Möglichkeit, die Wahrscheinlichkeit dafür zu bestimmen, daß sich bei einer bestimmten kinetischen Energie von Teilchen Kernumwandlungen vollziehen. Um Kernumwandlungen durch Zusammenstoß von Teilchen (Aufbau schwererer aus leichteren Kernen) überhaupt in Gang kommen zu lassen, müssen die stoßenden Teilchen die elektrostatischen Abstoßungskräfte der Kerne überwinden. Die Wahrscheinlichkeit dafür steigt einerseits mit der kinetischen Energie der Teilchen, d. h. mit der Temperatur, andererseits findet man bei leichteren Kernen größere Eindringwahrscheinlichkeiten, weil die Abstoßungskräfte proportional den Kernladungen sind. Schließlich wächst die Wahrscheinlichkeit noch mit abnehmender Masse der stoßenden Teilchen. Es läßt sich nun theoretisch zeigen, daß hauptsächlich nur solche Prozesse für die Energieerzeugung in Sternen in Frage kommen, bei denen Protonen in die Kerne leichter Elemente eindringen. Diese einschränkende Bedingung hat zur Folge, daß nur eine relativ geringe Zahl von Reaktionen als hauptsächlicher Energieerzeugungsmechanismus möglich ist. Einige davon laufen so rasch ab, daß man sich gezwungen sieht, noch andere Reaktionen anzunehmen. Andere Prozesse wiederum verlaufen zu langsam.

Durch Überlegungen über die Temperaturabhängigkeit der Energieerzeugung und das Maß der beobachteten Energiefreisetzung fanden die Physiker Hans Albrecht Bethe (geb. 1906) und Carl Friedrich von Weizsäcker (geb. 1912) im Jahre 1937, daß als Energieerzeugungsmechanismus hauptsächlich die Bildung von Helium aus dem leichten Wasserstoff in Frage kommt. Man nennt diesen Prozeß, bei dem der Gewinn an Energie relativ hoch liegt, Kernfusion.

Das Wissen um den Ablauf der Kernprozesse war die entscheidende Voraussetzung für die Ausarbeitung einer wissenschaftlich begründeten Entwicklungstheorie der Fixsterne. Denn erst mit diesem Wissen ergibt sich die Möglichkeit, aus den im Innern der Sterne ablaufenden Prozessen der Energieerzeugung die Veränderung der chemischen Zusammensetzung der Sterne zu ermitteln. Betrachten wir wiederum die Hauptreihensterne, so wird jetzt klar, daß der anfängliche Wasserstoffgehalt im Prozeß des Sternenlebens immer mehr zugunsten eines wachsenden Heliumgehalts abnehmen muß. Mit der Änderung der chemischen Zusammensetzung muß sich aber nach dem Theorem von Vogt und Russell auch der innere Aufbau des Sterns ändern. Dieser wieder findet seinen Niederschlag in den beobachtbaren Zustandsgrößen. Mit anderen Worten: Der Stern entwickelt sich im Laufe seines Lebens, und zwar gerade dadurch, daß er Energie in den Weltraum abstrahlt.

Die Charakterisierung eines Sterns durch einen bestimmten Punkt im Hertzsprung-Russell-Diagramm (HRD) ist also nicht für alle Zeiten gültig. Dieser Punkt führt vielmehr eine Bewegung aus, durch die der Lebensweg des Sterns charakterisiert wird. Dieser Weg ist freilich nicht so einfach, wie man anfangs angenommen hatte, und die Geschwindigkeit, mit der sich Sterne entwickeln, ist in bestimmten Phasen auch so langsam, daß man geradezu von einem Verharren des Bildpunktes im HRD sprechen muß. Die Bewegung geht im allgemeinen so extrem langsam vor sich, daß – wie ein Experte einmal scherzhaft formulierte – »zwischen Immatrikulation und Emeritierung eines Astronomen keine meßbare Veränderung stattfinde«.

Dennoch kann man aufgrund der theoretischen Kenntnisse über den inneren Aufbau der Sterne und den Energieerzeugungsmechanismus begründete Aussagen darüber machen, wie lange ein Stern seine »Position« auf der Hauptreihe des HRD

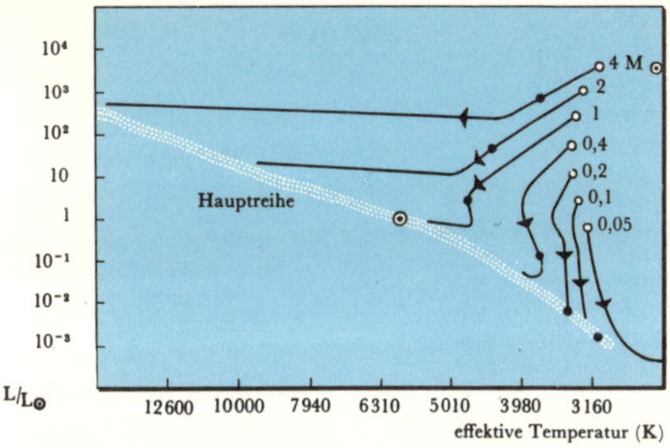

Entwicklungswege von Sternen verschiedener Anfangsmassen im Hertzsprung-Russell-Diagramm (M_0 = Sonnenmasse, L/L_0 = Leuchtkraft in Einheiten des Sonnenwertes)

halten kann. Die Masse-Leuchtkraft-Beziehung zeigt, daß die massereicheren Sterne mehr Energie produzieren als die masseärmeren. Und zwar gilt angenähert, daß die Leuchtkraft mit der dritten Potenz der Masse steigt. Die Konsequenzen dieser Tatsache sind beträchtlich: Ein Stern mit der 10fachen Masse eines Vergleichssterns hat eine rund 1000fache Leuchtkraft! Man kann demnach ausrechnen, wie lange der Wasserstoffvorrat bei den verschiedenen Massen ausreicht. Als Resultat findet man, daß die massereichsten Sterne sozusagen »über ihre Verhältnisse leben« und infolgedessen auch die geringste »Lebenserwartung« besitzen. Masseärmere Sterne haushalten besser mit ihrem Wasserstoffvorrat und existieren daher viel länger. Die Verweilzeit auf der Hauptreihe des HRD beträgt bei den Sternen mit etwa 10 bis 15 Sonnenmassen nur etwa 1 Million Jahre, bei Sternen mit etwa 0,5 Sonnenmassen hingegen etwa 30 Milliarden Jahre, d. h. das 30000fache.

Aufgrund der Kenntnisse über den Sternaufbau und die Energieerzeugung läßt sich nachweisen, daß die Sterne nach Erschöpfung des Wasserstoffvorrats die Hauptreihe im HRD verlassen müssen. Diese Erkenntnis hat eine bedeutsame Konsequenz für die Erforschung der Sternentwicklung: Alle Sterne auf der Hauptreihe müssen dann nämlich – da sie noch aus ihrem Wasserstoffreservoir schöpfen – jünger sein als die aufgrund ihrer Masse maximal mögliche Verweilzeit auf der Hauptreihe. Für die sehr hellen blauen Sterne bedeutet dies, daß sie nicht wesentlich älter als eine Million Jahre sein können. Dies ist zweifellos ein verblüffender Befund, wenn man bedenkt, daß sich das Alter der Erdkruste auf etwa 4 Milliarden Jahre beläuft.

Die Schlußfolgerung lautet: Die im Weltall vorhandenen Sterne sind keineswegs alle gleichalt, es gibt unter ihnen Sterne, die – verglichen mit der Erdgeschichte – erst in allerjüngster Vergangenheit entstanden sind. Dies bedeutet, daß es praktisch mehrere »Sorten« von Sternen gibt, die sich hinsichtlich ihres Alters und anderer Eigenschaften voneinander unterscheiden. Solche »Sternsorten« entdeckte der Astronom Walter Baade (1893 bis 1960) im Jahre 1944, als er die Sterne verschiedener Sterngruppen in das HRD eintrug. Er fand z. B. eine ganz unterschiedliche Besetzung des Diagramms für Sterne der Kugelsternhaufen und der offenen Sternhaufen. Dies veranlaßte ihn, von zwei »Populationen« der Sterne zu sprechen.

Inzwischen hat sich herausgestellt, daß es zwischen den Sternen der Population I und der Population II fließende Übergänge gibt, die eine feinere Unterteilung erforderlich machen. Zu den Sternen der Baadeschen Population I zählen z. B. alle Objekte der Kugelsternhaufen. Bei ihnen handelt es sich um die ältesten Objekte des Sternsystems überhaupt. Je weiter man sich nun den Sternen der Baadeschen Population II annähert, um so jünger werden die Sterne, mit denen man es zu tun hat,

Kugelsternhaufen M 13 im Sternbild Herkules

was sich unter anderem in einer zunehmenden Metallhäufigkeit in den Spektren ausdrückt. Man erklärt sich diese Zunahme der Metallhäufigkeit dadurch, daß die jungen Sterne bereits aus interstellarer Materie entstanden sind, die mit schwereren Elementen angereichert ist. Diese Elemente sind im Innern von Sternen aufgebaut und dann von jenen Mitgliedern der »ersten Generation« unter katastrophenartigen Ereignissen in den Raum »abgeblasen« worden. Die Sterne der verschiedenen Populationen unterscheiden sich jedoch außerdem noch durch andere wichtige Merkmale, beispielsweise durch ihre Stellung im Milchstraßensystem.

Wie Sterne geboren werden

Die bisherigen Überlegungen gestatten uns, das Leben der Sterne über den längsten und stabilsten Abschnitt hinweg zu beschreiben. Es ist das sogenannte Hauptreihenstadium. Während dieser Zeit verändern sich die Sterne, ihre Zustandsgrößen, praktisch nicht. Auch der Verlust an Masse ist nicht nennenswert.

Was ist aber vorher? Wie bilden sich die Sterne, und wie gelangen sie auf die Hauptreihe des HRD?

Auch bei der Klärung dieser außerordentlich interessanten Frage muß man auf indirekte Verfahren zurückgreifen, denn die Entstehung von Sternen, wie auch ihre weitere Entwicklung, läßt sich nicht direkt beobachten.

Man geht im allgemeinen von der Annahme aus, daß Sterne aus interstellarem Medium hervorgehen. Die sehr fein verteilten Gas- und Staubmassen (Dichte etwa 1 Wasserstoffatom je Kubikzentimeter, Staubdichte noch etwa 100mal kleiner) bilden demnach den »Rohstoff«, aus dem Sterne entstehen. Wie kann man sich diesen Prozeß vorstellen?

Schon der Engländer James Jeans (1877–1946) hat vor mehreren Jahrzehnten darauf hingewiesen, daß im interstellaren Medium Instabilitäten vorkommen müssen: Ist an irgendeiner Stelle eine etwas größere Häufung von Teilchen der interstellaren Materie vorhanden als anderswo, so bildet diese Abweichung von einer gleichmäßigen Dichteverteilung infolge der Anziehungskraft der Teilchen ein Gravitationszentrum. Die Folge davon ist, daß weitere Teilchen aus der Umgebung in Richtung auf diese Verdichtung stürzen. Jeans hat auch darauf hingewiesen, daß dieser in Richtung auf ein Zentrum wirkenden Bewegung eine nach außen gerichtete Kraft entgegenwirkt, nämlich der Gasdruck, der mit der Dichte ansteigt. Es läßt sich aber zeigen, daß die Gravitation den Kampf zwischen beiden Kräften »gewinnt«, so daß sich eine einmal begonnene Kontraktion zwangsläufig fortsetzen muß, sofern sich die Störung über ein genügend großes Raumgebiet erstreckt. Die in diesen Vorgang verstrickten Massen sind entsprechend hoch; es handelt sich um etwa 10000 Sonnenmassen.

Theoretische Überlegungen zeigen nun, daß die massereiche und über gewaltige Dimensionen ausgebreitete Wolke interstellarer Materie sich nicht als Ganzes ständig weiter verdichtet, sondern in zahlreiche kleinere Wolken zerfällt, die wiederum kontrahieren. Man spricht vom sogenannten Fragmentationsprozeß (Fragmentation: Zerteilung). Die Fragmentation setzt sich sogar noch weiter fort, d. h., es entstehen auch innerhalb der jetzt gebildeten Teilwolken weitere, noch kleinere Teilwolken. So kann man sich erklären, warum letztlich nur Sterne in den relativ engen Massegrenzen zwischen etwa 0,5 und 50 Sonnenmassen vorkommen, obwohl die Kontraktion einer Gaswolke nur beginnen kann, wenn viel größere Gesamtmassen daran beteiligt sind. Außerdem wird auch gleichzeitig eine andere Beobachtungstatsache verständlich: daß die jungen Sterne stets in ganzen Haufen vorkommen.

Der bedeutende sowjetische Astrophysiker Viktor A. Ambarzumjan (geb. 1908), der sich mit diesen Fragen gründlich beschäftigt hat, bezeichnet solche Haufen als Sternassoziationen. Daß man diese Assoziationen nur bei den jüngsten Sternen (O- und B-Assoziationen) findet, ist recht gut dadurch erklärlich, daß die lokal zunächst ziemlich nahe beieinander stehenden Mitglieder der Gruppen sich im Laufe der Zeit infolge der Bewegungsvorgänge über größere Raumgebiete verteilen, so daß ihre ursprüngliche Zusammengehörigkeit schließlich nicht mehr erkennbar ist.

Was wird nun aus einem Einzelprodukt des Teilungsprozesses? Dank der heute zur Verfügung stehenden schnellen Rechenmaschinen ist es möglich, das Schicksal einer einzelnen, zunächst relativ kühlen Gaskugel über einen längeren Zeitraum theoretisch zu verfolgen und so rein rechnerisch die Entwicklung einer solchen Gaskugel zu bestimmen. Später kommt es dann darauf an, aus den Berechnungsergebnissen Schlußfolgerungen abzuleiten, die eine Überprüfung der Resultate an den im Weltall beobachtbaren Tatsachen gestatten und somit eine Überprüfung des Wahrheitsgehaltes der theoretischen Überlegungen zulassen.

Ein Stern wie unsere Sonne

Das Schicksal eines Fragments fällt natürlich unterschiedlich aus, je nachdem, welche Masse die entstandene Gaskugel besitzt. Sehr häufig wurden aus naheliegenden Gründen solche Gaskugeln durchgerechnet, deren Massen mit der Masse unserer Sonne übereinstimmen.

Am Ende des Teilungsprozesses der Riesenwolke beträgt die Dichte in einer Kugel mit Sonnenmasse etwa 60000 Wasserstoffatome je Kubikzentimeter. Von der späteren Größe eines Sterns wie unsere Sonne unterscheidet sich das Gebilde zu diesem Zeitpunkt natürlich noch erheblich. Der Durchmesser der kühlen Gaskugel ist zunächst noch etwa 5 Millionen Mal so groß wie der spätere Sonnendurchmesser. Die entstehende Energie, die aus der Gravitation stammt, gelangt bei der geringen Dichte des Objekts noch ungehindert in den Weltraum hinaus. Der riesige Gasball ist noch mehr oder weniger durchsichtig. Die Folge davon ist, daß praktisch keine Temperaturerhöhung eintritt.

Die Teilchen der Gaswolke bewegen sich im freien Fall in Richtung auf das Zentrum des Gebildes, so daß es immer kleiner wird. Somit nimmt auch die Größe der Oberfläche ständig ab. Da aber die Temperatur nicht wächst, bedeutet dies, daß die Leuchtkraft bei gleichbleibendem Spektraltyp sinkt. Der Bildpunkt des Sterns im Hertzsprung-Russell-Diagramm bewegt sich also aus dem Überriesengebiet fast senkrecht in Richtung auf die Hauptreihe. Die Ergebnisse der Rechnungen lassen erkennen, daß ein qualitativ neues Stadium der Entwicklung nach rund 423000 Jahren erreicht wird. Bis dahin ist nämlich der Durchmesser der Gaskugel auf ein Zweihundertfünfzigstel des ursprünglichen Wertes abgesunken. Die Dichte ist jetzt so groß, daß die entstehende Wärme nicht mehr vollständig abgeführt werden kann. Das Gas hat seine anfänglich vorhandene Durchsichtigkeit verloren. Mit dem weiteren »Zusammenstürzen« von Materie ist eine Erhöhung der Temperatur zunächst nur so lange verbunden, wie der nach außen wirkende Druck kleiner ist als die Schwerkraft der darüber liegenden Gasmassen. Sind nach einer bestimmten Zeit beide gleichgroß, so wird der im Werden begriffene Stern stabil: Druck und Schwerkraft halten sich die Waage.

Nach mehreren weiteren Zwischenstufen, die letztlich zu einer weiteren Temperaturerhöhung führen, geschieht etwas entscheidend Wichtiges in bezug auf den ferneren Lebensweg des Sterns. Die gewaltigen Temperaturen, die inzwischen einige Hunderttausend Grad im Innern erreicht haben, setzen das Deuteriumbrennen in Gang. Dabei wird aus schwerem Wasserstoff das Heliumisotop $^{3}_{2}He$ aufgebaut. Bis zu diesem Zeitpunkt würde man den Stern trotz erheblicher Temperaturen am Himmel noch kaum bemerken können, da eine Hülle ihn umgebender Materie den Durchblick verhindert. Erst wenn der größte Teil dieser umgebenden Materie auf den Kern hinabgefallen ist, kann das neu entstandene Objekt sichtbar werden. Mit dem weiteren Ansteigen der Temperatur werden die Bedingungen für das Einsetzen des Wasserstoffbrennens gegeben. Der Anteil an der Gesamtenergie, der aus der Kontraktion stammt, sinkt immer mehr, bis schließlich der Kontraktionsprozeß beendet ist und die gesamte Energie aus dem Wasserstoffbrennen geschöpft wird. Der Stern ist auf der Hauptreihe des Hertzsprung-Russell-Diagramms angekommen und in die schon beschriebene langdauernde Phase stabilen Lebens eingetreten.

So stellen sich Geburt und frühe Jugend eines Sterns den Theoretikern dar. Wie wir gesehen haben, ist dies freilich alles andere als ein reines Spiel der Phantasie. Eine lange Geschichte der Erforschung der Sterne führte zu all jenen Kenntnissen, die es uns gestatten, die Entwicklung des Sterns auszurechnen.

Gewisse Vereinfachungen waren dabei allerdings nicht zu vermeiden. Obwohl wir wissen, daß es im

Raum zwischen den Sternen, wo der Sternenrohstoff schwebt, auch Magnetfelder gibt, sind diese Felder bei den vorgetragenen Überlegungen unberücksichtigt geblieben. Auch ein möglicherweise vorhandener Drehimpuls der Riesenwolke, aus der schließlich ein ganzer »Wurf« von Sternen hervorging, wurde hier außer acht gelassen. Deshalb wird sich das gewonnene Bild in Zukunft gewiß noch verfeinern, wenn auch wohl nicht grundlegend verändern.

Bedenken muß man schließlich, daß dies alles nur Theorie ist. Jetzt müssen wir die ernste Frage aufwerfen: Hat uns die Rechenmaschine die Wahrheit gesagt? Befindet sich das Resultat auf unserem Papier auch mit den gewaltigen Prozessen im Universum in Übereinstimmung? Zu diesem Zweck gilt es nun zu überlegen, welche beobachtungsmäßigen Anhaltspunkte gesucht werden müssen, um zu entscheiden, ob das gewonnene Bild richtig oder falsch ist, beziehungsweise in welchem Maße es zutrifft.

Theorie im Prüfstand

Junge Sterne sollten prinzipiell in der unmittelbaren Nachbarschaft ausgedehnter Ansammlungen interstellarer Materie vorkommen. Außerdem müßten sich heiße Objekte, die noch von einer Hülle auf sie herabstürzender Materie umgeben sind, durch langwellige Wärmestrahlung bemerkbar machen, d. h. im Infrarotgebiet des Spektrums elektromagnetischer Wellen strahlen: Die Strahlung des heißeren Kerns wird von der Hülle verschluckt, die sich dadurch aufheizt und die Energie als Wärme- und Radiostrahlung wieder abgibt.

Die im Milchstraßensystem vorhandenen Gasansammlungen werden seit längerer Zeit auf das Vorhandensein von Protosternen abgesucht. Bekanntlich hatte schon Herschel im Orionnebel eine Geburtsstätte von Sternen vermutet und dieses kosmische Objekt deshalb mit besonderer Akribie ins Visier genommen. In den letzten Jahren wird diesem ausgedehnten Gas- und Staubnebel erneut verstärkte Aufmerksamkeit gewidmet. Gemeinsam mit einer Gasregion im Sternbild Kassiopeia bildet er den Schwerpunkt bei der Suche nach »frischentstandenen« Sternen.

Im Jahre 1967 ist im Gebiet des Orionnebels ein Infrarotstern entdeckt worden, der sich durch sehr hohe Leuchtkraft und relativ geringe Oberflächentemperatur auszeichnet. Bei nur rund 700 K strahlt er mit der 1000fachen Sonnenleuchtkraft. Gewöhnliche Sterne – das ergibt sich aus entsprechenden theoretischen Überlegungen – können bei dieser niedrigen Temperatur nicht existieren. Es dürfte sich also um einen noch von einer Hülle umgebenen gerade entstehenden Stern handeln. Inzwischen sind im Orionnebel noch mindestens vier weitere gleichermaßen interessante Gebiete ausfindig gemacht worden. Sie zeichnen sich durch eine sehr hohe Wasserstoffdichte aus, ihre Dimensionen sind im Verhältnis zu dem gesamten Gebiet mit Wasserstoff relativ klein, aber ihre Durchmesser liegen mit 500000 Sonnendurchmessern schon beträchtlich unter den vorhin genannten Werten für die anfängliche Ausdehnung einer mit der Kontraktion beginnenden Wolke. Es ist also sehr wahrscheinlich, daß wir hier Zeuge von Sterngeburten im Weltall sind.

Auch im Gebiet der Radioquelle W 3 im Sternbild Kassiopeia haben sich zahlreiche Infrarotobjekte ausfindig machen lassen. Keine der nachgewiesenen Quellen ist im Bereich des sichtbaren Lichts zu beobachten. Das Maximum der abgestrahlten Energie liegt offenkundig im Wärmewellengebiet. Unter den Quellen befinden sich ein Strahler, der mit rund 30000 Sonnenleuchtkräften auf sich aufmerksam macht, sowie ein Gebilde, das man als einen jungen Stern bezeichnen kann, der sehr heiß, aber von einer Staubhülle umgeben ist. Bezeichnend ist, daß man hier nebeneinander Staub- und Gaskomponenten unterschiedlicher Temperaturen findet. Auch im Orionnebel lassen sich Staubemissionen nachweisen, die beinahe über den ganzen Nebel verteilt sind. Die Temperatur beträgt nur wenige hundert Grad.

Ein besonders interessantes Objekt (Kleinmann-Low-Objekt), unweit der Zentralpartie des Orionnebels zeigt mehrere Einzelquellen mit Infrarotstrahlung, die möglicherweise das Vorstadium eines Sternhaufens darstellen.

Interessant ist die Rolle des interstellaren Staubes, der bei den Beobachtungen immer wieder in

Großer Orionnebel

Erscheinung tritt, sei es als weitverbreitete Form der Materie in den Gaswolken oder in den Hüllen der eben entstandenen Sterne. Es fragt sich: Ist dieser Staub bereits von vornherein vorhanden, oder entsteht er als Nebenprodukt bei der Sternbildung? Es wird für durchaus möglich gehalten, daß unter bestimmten Bedingungen in den Hüllen der Sterne Staubteilchen aus der Gasphase entstehen können. Sollte der Staub ausschließlich auf diesem Wege entstehen, so würde man es hierbei mit einem Nebenprodukt der Sternbildung zu tun haben. Durch den Strahlungsdruck und den Sternenwind (entsprechend dem bei »unserem« Stern festgestellten Sonnenwind) könnte dann der in der Umgebung des Sterns vorhandene Staub in das interstellare Medium »abgeblasen« werden.

Die Infrarotastronomie, letztlich ein meßtechnischer Fortschritt der modernen Astronomie, bringt also rasche Erkenntnisfortschritte mit sich, die man ohne diese neuen Hilfsmittel nicht gewinnen könnte.

Obschon die Beobachtungen in naher Zukunft gewiß noch viel mehr Einzelheiten zutage bringen werden, sind wir durchaus berechtigt, bereits jetzt zu behaupten, daß wir mögliche Sternentstehungs- und Entwicklungsprozesse schon recht gut kennen. Namentlich der Orionnebel ist offenkundig in größtem Ausmaß eine Geburtsstätte von Sternen. Hier befinden sich Sterne, die nicht älter als eine Million Jahre sein können, neben Objekten, die gerade erst entstehende Sterne darstellen und in absehbarer Zukunft als optisch sichtbare Lichtpunkte aufleuchten werden.

Wenn der Wasserstoff verbrannt ist

Der Lebensweg der Sterne liegt jetzt zu einem guten Stück recht übersichtlich vor uns. Nach allem, was wir bisher wissen, drängt sich nun die Frage auf: Was wird mit den Hauptreihensternen, wenn ihr Wasserstoffvorrat aufgebraucht ist?

Die chemische Zusammensetzung der Sterne kann sich nicht sprunghaft ändern; vielmehr findet in jeder kleinsten Zeiteinheit eine Veränderung des Verhältnisses zwischen Wasserstoff und Helium statt. Zunächst macht sich der abnehmende Wasserstoffanteil nicht bemerkbar, da durch Konvektion immer neuer Wasserstoff aus den äußeren Schichten der Sterne in die zentrumnahen Gebiete geführt wird. Allmählich wird auf diese Weise der Heliumanteil in diesen Gebieten größer. Für die äußeren Bereiche, die von der konvektiven Durchmischung nicht erfaßt werden, bleibt die anfängliche Zusammensetzung ungeachtet der Vorgänge im Innern bestehen. Aber letztlich müssen sich doch die immer einschneidenderen Veränderungen des inneren Aufbaus in den Zustandsgrößen ausdrücken, so daß die Sterne gezwungen sind, die Hauptreihe im Hertzsprung-Russell-Diagramm wieder zu verlassen.

Schon in den dreißiger Jahren des 20. Jahrhunderts hat sich der indische Astrophysiker Subrahmanyan Chandrasekhar (geb. 1910) mit den Zuständen der Materie befaßt, die möglicherweise in den Endstadien der Sternentwicklung realisiert sind. Da für die Zündung von Kernprozessen, in deren Verlauf immer schwerere Elemente aufgebaut werden, auch immer höhere Temperaturen erforderlich sind, entsteht zwangsläufig die Frage, wieweit die Sternmaterie überhaupt zusammengedrückt werden kann und wie sie sich verhält, wenn sie immer größere Dichten erreicht.

Die Atome sind bekanntlich größtenteils »leer«. Dies haben die Physiker schon zu Beginn des 20. Jahrhunderts erkannt, als sie sich mit dem Aufbau der Atome beschäftigten. Der Atomkern beispielsweise hat nur einen Durchmesser in der Größenordnung von einigen 10^{-13} cm. Der Durchmesser des gesamten Atoms, einschließlich seiner »Hülle«, beträgt hingegen einige 10^{-8} cm, ist also rund hunderttausendmal größer. Der Raum, in dem sich die Elektronen entsprechend den von der Quantenmechanik gefundenen Regeln bewegen, ist also äußerst »dünn besiedelt«. Wächst nun aber der Druck, so kann sich diese Struktur grundlegend verändern. Die Elektronenhüllen können zusammenbrechen, und die Elektronen können ein von den Atomkernen losgelöstes »Elektronengas« bilden. Man spricht dann vom Zustand der Entartung. Dieses entartete Gas hat eine ganze Reihe merkwürdiger Eigenschaften, die man bei normalen Gasen nicht findet. So übt es z. B. einen von der Temperatur unabhängigen Druck aus, der verhindert, daß eine weitere Kompression erfolgt.

Chandrasekhar fand bei seinen Berechnungen,

daß Sterne mit vollständig entartetem Zustand der Gase nur möglich sind, wenn die Masse jeweils unterhalb von 1,2 Sonnenmassen liegt. Solche Sterne erreichen also in der Endphase ihres Bestehens einen sehr dichten Materiezustand, der danach nicht mehr verändert wird, weil das entartete Gas für Objekte unterhalb der angegebenen Grenzmasse jeder weiteren Kontraktion entgegenwirkt (Weiße Zwerge). Damit können auch keine höheren Temperaturen mehr entstehen und keine neuen Kernprozesse mehr gezündet werden. Ein Stern in diesem Stadium sollte sich genauso verhalten, wie man es anfangs in der noch unausgereiften Theorie der Sternentwicklung von allen Sternen angenommen hatte: Er muß sich nach und nach abkühlen und dabei die Farben von Weiß bis Rot durchlaufen.

Wie bereits dargelegt, können allerdings nur Sterne mit einer Masse von weniger als 1,2 Sonnenmassen diesen Weg gehen. Sterne, die zuvor größere Masse hatten, müssen diese also auf irgendeinem Weg eingebüßt haben. Bei sogenannten Zwergen mit 0,5 Sonnenmassen können wir den Masseverlust sogar mit Sicherheit behaupten, denn Sterne so geringer Masse entwickeln sich derart langsam, daß sie in der bisherigen Lebenszeit unseres Sternsystems das Hauptreihenstadium noch gar nicht verlassen haben können. Sie müssen zwangsläufig eine größere Masse besessen und diese auf irgendeine Weise eingebüßt haben.

Sind Prozesse denkbar, bei denen Sterne beträchtliche Teile ihrer Masse verlieren?

Gegenwärtig sind verschiedene Vorgänge bekannt, die zu einer allmählichen oder plötzlichen Masseeinbuße führen können. Unter anderem denkt man an Erscheinungen ähnlich dem bei unserer Sonne festgestellten »Sonnenwind«, durch den erhebliche Anteile der Gesamtmasse eines Sterns mit der Zeit in den interstellaren Raum »abgeblasen« werden.

Um die Mitte der sechziger Jahre wurde zur allgemeinen Überraschung eine völlig neue Möglichkeit für den Übergang von großen zu kleinen Massen gefunden. Geht man nämlich von der Tatsache aus, daß ein beträchtlicher Prozentsatz aller Sterne Doppelsterne sind, so kann man zeigen, daß ein Verlust an Masse durch einen Austausch der Massen beider Komponenten möglich und wahrscheinlich ist. Man hat verschiedene Modelle durchgerechnet und dabei ganz verblüffende Ergebnisse gefunden: Ein Sternpaar bestehe z. B. aus einem Partner mit 1 Sonnenmasse und einem Partner mit 2 Sonnenmassen. Nach allem, was wir bereits über die Sternentwicklung wissen, »altert« der massereichere Stern früher und erreicht deshalb auch das Stadium der Expansion (Abwandern in den Bereich der Riesensterne) bedeutend eher als der masseärmere.

Die Ausdehnung des Sterns führt nun aber (bei einem angenommenen Abstand beider Sterne von 6,6 Sonnenradien) dazu, daß die Masse des Riesensterns in den kleineren Begleiter hinüberströmt. Davon sind insbesondere die äußeren Schichten des massereicheren Sterns betroffen, in denen der Wasserstoffanteil noch recht hoch ist. Unausbleibliche Folge dieses Vorganges: Der »ausgelaugte« Stern besteht nach Abschluß des Prozesses nahezu vollständig aus Helium und besitzt außerdem in unserem Beispiel nur noch rund ein Achtel seiner ursprünglichen Masse. Die daraus resultierende Innentemperatur ist zu gering, um das Heliumbrennen in Gang zu setzen. Die Änderung des inneren Aufbaus hat ein Abwandern aus dem Riesengebiet ins Gebiet der Weißen Zwerge zur Folge.

Welche Konsequenzen hat der Vorgang hingegen für die ursprünglich masseärmere Komponente? Diese wandert ein Stück hauptreihenaufwärts, da ihre Masse und ihre Leuchtkraft inzwischen beträchtlich gestiegen sind.

Es ist aber keineswegs zwangsläufig, daß bei eintretenden Masseverlusten ausnahmslos Objekte mit Massen unterhalb von 1,2 Sonnenmassen übrigbleiben. Was geschieht, wenn diese von Chandrasekhar angegebene Grenze nicht erreicht oder unterschritten wird? Auch diesen Fall vermag die Theorie durchzurechnen. Geht man wieder von einer Kugel aus nuklear restlos verbrannter Materie (Eisenkugel) aus, so läßt sich zeigen, daß der Zustand der Elektronenentartung erreicht wird, wenn die Kugel etwa Planetengröße erreicht hat. Je größer die Masse der Kugel ist, umso geringer wird der Durchmesser und umso größer die Dichte. Das entartete Gas kann schließlich eine derart hohe Energie erreichen, daß die Elektronen in den Atomkern eindringen. Dort findet eine Umwand-

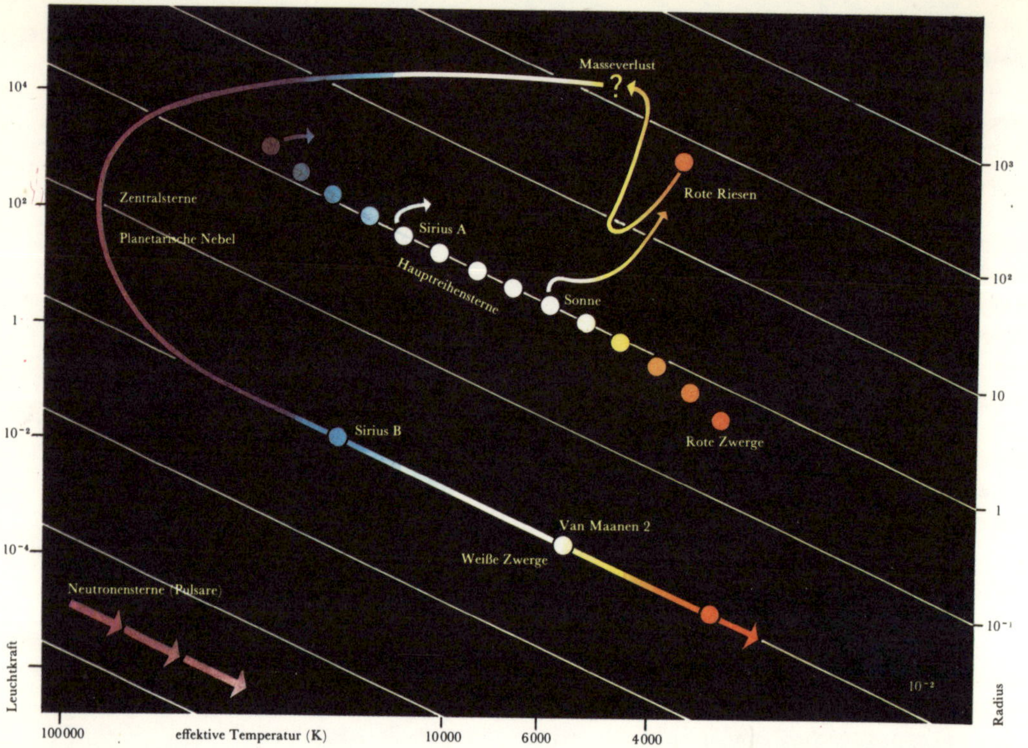

Entwicklungsweg der Sonne im Hertzsprung-Russell-Diagramm nach Verlassen der Hauptreihe (schematisch). Nachdem die Sonne etwa 10 Prozent ihres Wasserstoffs vollständig in Helium umgewandelt hat und dadurch ein »Heliumkern« entsteht, wandert sie von der Hauptreihe in das Gebiet der Roten Riesen ab. Bei etwas sinkender Oberflächentemperatur vergrößert sich die Leuchtkraft. Unter Masseverlust, dessen Mechanismus noch nicht genau aufgeklärt ist, wechselt die Sonne dann bei steigender Temperatur und etwa gleichbleibender Leuchtkraft in das Gebiet der Zwergsterne über, wobei sie den Bereich der Hauptreihe kreuzt. Als Zwergstern unterliegt sie dann einem Abkühlungsprozeß. Die Leuchtkräfte sind in Einheiten der Sonnenleuchtkraft, die Radien in Einheiten des Sonnenradius angegeben.

lung der Protonen in Neutronen statt, und das gesamte Gebilde kann nun noch weiter zusammenbrechen, da die Elektronen keinen Widerstand mehr bieten können. Der Prozeß des totalen Zusammenbruchs kann erst dann zum Abschluß kommen, wenn die Kernkräfte selbst ein weiteres Zusammendrücken verhindern. Dies ist erst bei Dichten um 100 Millionen Tonnen je Kubikzentimeter der Fall. Da die jetzt vorliegenden Objekte nur noch aus entarteten Neutronen bestehen, spricht man von »Neutronensternen«.

Die Existenz solcher Objekte war bereits vor Jahrzehnten von mehreren Theoretikern vorausgesagt worden. Unter anderem hatte sich auch der sowjetische Physiker Lew D. Landau (1908–1968) mit dem Problem beschäftigt, ob es in der Natur möglicherweise große Objekte geben könne, in denen die Dichte Werte erreicht, wie sie ansonsten nur in den winzigen Atomkernen auftreten. In seinem Aufsatz »Über die Theorie der Sterne«, den er in der »Physikalischen Zeitschrift der Sowjetunion« veröffentlichte, kam er zu dem Schluß, daß es Sterne geben könnte, bei denen die Materie zusammengebrochen ist und dennoch den Gravitationskräften das Gleichgewicht zu halten vermag. Die Masse der Sterne dürfte allerdings dann nicht beliebig groß sein; sie lag nach Landaus Berechnungen bei etwa 1,5 Sonnenmassen.

Landau hatte seine Überlegungen allerdings angestellt, ohne etwas von der Existenz der Neutronen zu wissen; sie wurden gerade zur selben Zeit, nämlich 1932 durch James Chadwick (geb.

1891), entdeckt. Die Bedingungen für ein entartetes Neutronengas wurden unmittelbar darauf von J. Robert Oppenheimer (1904–1967), Volkoff und Fritz Zwicky (geb. 1898) untersucht. Daraus ergab sich die Möglichkeit der Existenz von Neutronensternen, die außerordentlich rasch rotieren: Beim Zusammenbrechen des ursprünglichen Sterns zu einem Neutronenstern muß nämlich der Drehimpuls erhalten bleiben. Der Stern verhält sich dabei etwa wie ein Tänzer, der eine Pirouette ausführt; mit dem Zusammenziehen des Sterns auf einen kleineren Durchmesser steigt die Rotationsgeschwindigkeit. Man kann unschwer nachweisen, daß ein »Neutronenstern«, der nur noch ein Hunderttausendstel der Abmessungen eines normalen Sterns besitzt, lediglich Sekunden oder Bruchteile von Sekunden benötigt, um sich einmal um seine Achse zu drehen. Die dabei entstehenden gewaltigen Fliehkräfte sind durchaus in der Lage, das Objekt zu stabilisieren. Ein Weißer Zwerg, der an seiner Oberfläche bereits eine Schwerkraft besitzt, die etwa 10000mal größer ist als bei der Sonne, würde durch diese Fliehkräfte augenblicklich auseinandergerissen werden.

Aber auch für die Neutronensterne gibt es Grenzmassen, bei deren Überschreitung ein noch weiter reichender Zusammenbruch erfolgen muß. Die Grenzmasse liegt etwa bei 2 Sonnenmassen. Dann kommt es zu einem endgültigen Kollaps des Sterns. Die Folgen sind ungewöhnlich: Die Schwerkraft überwindet alle anderen Kräfte und läßt das Objekt sozusagen aus dem Weltall »verschwinden« – die Gravitation erreicht im Raum um das Objekt so enorme Werte, daß es weder für Masseteilchen noch für elektromagnetische Wellen ein Entrinnen daraus gibt. Mit anderen Worten: Das Objekt kann sich nun nicht mehr durch Strahlung bemerkbar machen, weil auch Strahlung das Gravitationsfeld nicht mehr überwinden kann. Wir haben ein »schwarzes Loch« (Black hole) vor uns. Daß tatsächlich keinerlei materielle Zeugnisse von »schwarzen Löchern« mehr nach außen dringen können, läßt sich aus der Raumkrümmung ableiten, die sich in der Nähe des kollabierten Objekts nach der von Albert Einstein begründeten allgemeinen Relativitätstheorie ausbildet. Die einzige physikalische Wirkung, die noch bleibt, ist das »Aufsaugen« von Materie einschließlich elektromagnetischer Wellen durch »schwarze Löcher«, deren Gravitationswirkung demnach Bestand hat. Und gerade diese Wirkung verschafft uns dann schließlich doch einen Zugang zu den merkwürdigen Gebilden der Materie!

»Weiße Zwerge« und »schwarze Löcher«?

Die Theorie der Endstadien der Sternentwicklung hat durch die beobachtende Astronomie erhebliche Stützen gewonnen.

»Weiße Zwerge« kennt man sogar schon viel länger als die Theorie der Weißen Zwerge. Den ersten »Weißen Zwerg« hatte Friedrich Wilhelm Bessel (1784–1846) mit seiner »Astronomie des Unsichtbaren« vorausgesagt, als er aus der pendelartigen Eigenbewegung des Sirius auf einen unbekannten Begleiter schloß, der dann 1862 durch den amerikanischen Forscher Alvan Clark gefunden wurde. Freilich hatte man damals weder eine Ahnung von der Besonderheit des Siriusbegleiters noch eine Veranlassung, von einem Weißen Zwerg zu sprechen.

Die Massebestimmung im Siriussystem erbrachte den Befund, daß Sirius selbst etwa 2 Sonnenmassen auf sich vereint, während der Begleiter Sirius B etwa die Masse unserer Sonne besitzt. Daß die Leuchtkraft von Sirius B etwa 10000mal schwächer als die von Sirius A ist, erregte in dem Moment begründeten Verdacht, als man 1915 aus spektroskopischen Untersuchungen für beide Sterne etwa die gleiche effektive Oberflächentemperatur von etwas mehr als 10000 K ableitete. Wie war es dann zu verstehen, daß der Begleiter 10 Größenklassen schwächer strahlt? Offenbar nur dadurch, daß er eine viel geringere Oberfläche besitzt. Wegen seiner bekannten Masse bedeutete dies wiederum, daß er ein außerordentlich dichter Stern sein mußte. In jedem Kubikzentimeter mußte sich rund eine Tonne Masse befinden.

Die Zahl der bekannten Weißen Zwerge ist seither bedeutend angestiegen. Gegenwärtig kennt man mehrere hundert Objekte dieses Typs, und zwar in allen möglichen Temperaturbereichen (Farben). Präzise ist also der Ausdruck Weißer Zwerg keineswegs, denn von diesen Sternen sind viele auch gelb oder rot. Aus Massebestimmungen an Weißen Zwergen hat man gefunden, daß die Massen nur sehr wenig schwanken, d. h., alle bekannten Weißen Zwerge besitzen etwa dieselben Massen. Der Mittelwert liegt bei 0,5 Sonnenmassen. Auch ihre Dimensionen sind einander sehr ähnlich.

Die bedeutend höheren Schwerkräfte an den Oberflächen dieser Sterne prägen sich auch in den Spektren eindrucksvoll aus: Die bekannten Linien im Spektrum der Sterne sind durch die enormen Drücke so verbreitert, daß ein verwaschener Eindruck entsteht. Als Kennzeichen der Weißen Zwerge sind diese spektralen Merkmale außerordentlich wesentlich; sie werden meistens sogar daran erkannt. Massebestimmungen sind nur in den wenigsten Fällen möglich, nämlich, wenn es sich um Mitglieder von Mehrfachsternsystemen handelt, weil man nur dann aus den Gravitationswirkungen auf die Massen schließen kann.

Die kleinen grünen Männer

Die Sterne funkeln, weil ihr Licht in der Erdatmosphäre verschieden dichte Luftschichten durchdringen muß, die ihrerseits in Bewegung sind. Auch die Radiostrahlung aus dem Universum muß durch unterschiedlich dichte Schichten des interplanetaren Gases hindurchgelangen. Um diese Prozesse genauer zu studieren, hatte man um die Mitte der sechziger Jahre im radioastronomischen Zentrum von Cambridge (England) eine spezielle

Impulsfolge des Pulsars CP 1919 im Radiofrequenzbereich

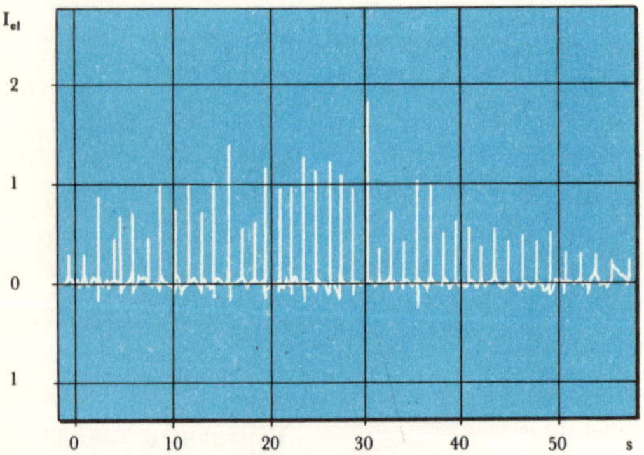

Empfangseinrichtung aufgebaut, die das »Funkeln« im Radiowellenbereich messen sollte. Die charakteristischen Szintillationsperioden waren im Bereich um eine Sekunde zu erwarten. Man brauchte also eine spezielle Empfangseinrichtung, die auf Intensitätsschwankungen in dieser zeitlichen Ausdehnung gut reagiert. Als sich nun im Jahre 1967 die Radioastronomin Jocelyn Bell mit der Szintillation kosmischer Radioquellen beschäftigte, fiel ihr etwas sehr Merkwürdiges auf: An einer bestimmten Stelle des Himmels waren Intensitätsschwankungen nachzuweisen, die sich wie einzelne Pulse verhielten. In stets gleichen Zeitabständen war ein »Signal« festzustellen. Es war völlig rätselhaft. Phantasiebegabte Leute witzelten, es stamme von den »kleinen grünen Männern«, die irgendwo im Universum sitzen und uns durch ihre mit sturer Regelmäßigkeit ausgestrahlten Signale auf sich aufmerksam machen wollten.

Da keine zufriedenstellende Erklärung für das Phänomen gefunden werden konnte, entschlossen sich die Astronomen vorerst, die Entdeckung nicht zu veröffentlichen. Als man aber bis Ende des Jahres 1967 noch mehrere Objekte fand, die sich durch dieselben Eigenschaften auszeichneten, wenn auch andere Perioden dabei auftraten, stellte man das Material zur Veröffentlichung zusammen. Daraufhin begann die weltweite Suche nach weiteren Objekten der neuen Klasse. Bis 1969 waren schon mehr als 20 davon bekannt. Auch eine erste »Theorie« hatte sich allgemeine Anerkennung verschafft: Man nahm an, daß es sich um pulsierende Weiße Zwerge handelte. Deshalb bezeichnete man die eigentümlichen Neulinge auch als Pulsare. Gegen diese Deutung sprach allerdings ein Faktum: Es gelang nämlich in keinem einzigen Falle, einen der Pulsare mit einem weißen Zwergstern zu identifizieren. So wendete man sich mit größerer Aufmerksamkeit einer anderen Deutungsmöglichkeit zu, die unter anderem von Thomas Gold vorgeschlagen worden war; nach seiner Meinung konnte es sich bei den Pulsaren auch um rasch rotierende Neutronensterne handeln.

Aus der Theorie der Neutronensterne war bekannt, daß es sich bei dem Kollaps auf Neutronendichte um einen Vorgang handelte, bei dem in sehr kurzer Zeit außerordentlich große Mengen Gravitationsenergie frei werden. Wegen der Plötzlich-

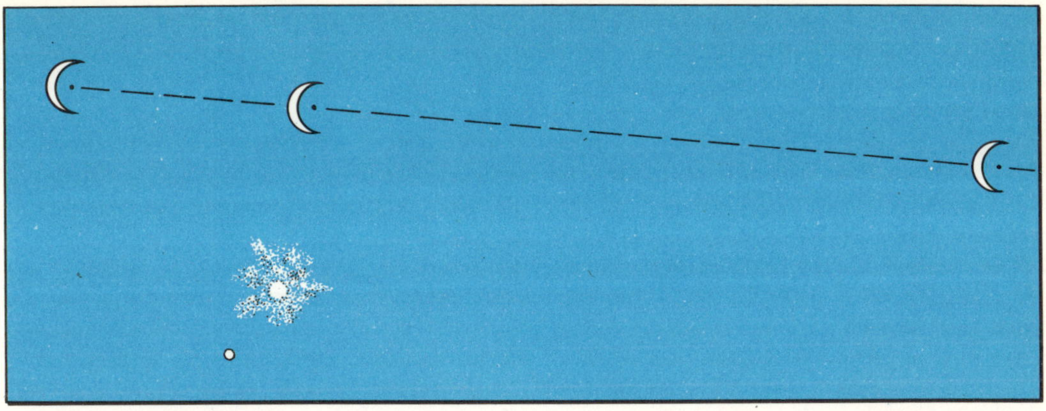

Eine interessante Konstellation registrierten japanische und chinesische Astronomen im Jahre 1054 u.Z.: Zu dem »Neuen Stern« (Supernova) oberhalb des Sterns ζ Tau im Sternbild Stier gesellte sich Anfang Juli noch der abnehmende Mond. An der Stelle der Supernova beobachten wir heute den Krebsnebel mit dem Krebsnebelpulsar im Zentrum.

keit, mit der diese Energiemengen entstehen, ist eine Explosion des gesamten Sterns die sehr wahrscheinliche Folge. Somit war es naheliegend, in solchen Gegenden des Himmels nach Pulsaren zu suchen, wo sich Überreste von Supernovaexplosionen befanden. Das bekannteste und eindrucksvollste Objekt, das mit Sicherheit auf den Ausbruch einer Supernova zurückgeht, ist der Krebsnebel im Sternbild Stier. Japanische und chinesische Aufzeichnungen aus dem 11. Jahrhundert lassen kaum Zweifel daran, daß ebenda, wo sich heute die Filigranarme des Krebsnebels ausstrecken, im Jahre 1054 eine gewaltige Supernova aufleuchtete. Die systematische Suche nach einem Pulsar in dieser Gegend hatte bald Erfolg. Etwa in der Position dieser Supernova fand man ein Objekt, dessen Pulse mit der erstaunlich kurzen Periode von 0,033 s abgestrahlt wurden.

Den Zentralstern des Krebsnebels, also den eigentlichen Überrest der Supernova von 1054, hatten Rudolf Minkowski (geb. 1895) und Walter Baade (1893–1960) bereits vor Jahrzehnten aufgrund seines Spektrums identifiziert. Es erhoben sich jetzt also zwei Fragen: War der von Baade und Minkowski vermutete Zentralstern tatsächlich mit dem Pulsar identisch? Und: Läßt sich die Helligkeitsschwankung mit einer Periode von 33 Millisekunden auch im optisch sichtbaren Bereich nachweisen? Beides gelang innerhalb kurzer Zeit!

Der Nachweis der Helligkeitsvariationen im optischen Bereich bereitete allerdings erhebliche Schwierigkeiten. Angesichts der äußerst kurzen Periode kamen weder die fotografische Platte noch das menschliche Auge für den Nachweis in Frage. Hier konnte nur die Elektronik brauchbare Dienste leisten. Mit hochentwickelten elektronischen Apparaturen arbeitete man damals gerade auf dem Observatorium Kitt Peak in Arizona. In der Nacht vom 15. zum 16. Januar 1969 gelang dort unter Anwendung dieser Apparaturen der Nachweis, daß der Krebsnebelpulsar auch im optischen Bereich mit der im Radiobereich gefundenen Periode von

Fotografie des Krebsnebels von Roberts (1895)

33 Millisekunden variiert. Später konnte dieselbe Periode mit Hilfe von Spezialapparaturen in der Hochatmosphäre auch für den Röntgenwellenbereich bestätigt werden.

Die Überzeugung, daß man in dem Krebsnebelpulsar einen der hypothetischen Neutronensterne vor sich hatte, war durch diese Ergebnisse erheblich gefestigt worden. Sind aber auch die beobachteten Erscheinungen vom Standpunkt der Theorie der Neutronensterne zu verstehen, und gibt es nicht möglicherweise noch andere theoretische Begründungen für die beobachteten Eigenheiten?

Seit den spannenden Tagen der ersten Resultate über die Pulsare sind einige Jahre vergangen. Gegenwärtig sind bereits etwa 200 Pulsare in den verschiedensten Tiefen des Raumes bekannt. Über sie sind wesentlich mehr Einzelheiten zusammengetragen worden, als man sich bei den ersten spärlichen, aber vieldiskutierten Beobachtungen träumen ließ. Man kann heute einen allgemeinen Mechanismus angeben, der das Zustandekommen der auffallendsten Beobachtungstatsachen, z. B. der Pulsfrequenz, als Rotationsfrequenz erklärt; aber eine Fülle von Beobachtungsdetails ist heute noch unverstanden und trotzt jeder Theorie. Wir haben es schließlich bei den Pulsaren mit Materieformen im Universum zu tun, die wir in unseren irdischen Laboratorien nicht studieren können. Viele Eigenschaften der Materie sind uns deshalb zur Zeit noch unbekannt. Dazu zählt beispielsweise das elektromagnetische Feld in der Umgebung eines Neutronensterns oder das Plasma selbst, aus dem der Stern besteht. Gerade am Phänomen der Pulsare bestätigt sich die von Astrophysikern immer wieder vertretene Ansicht, daß die vor unseren Augen im Universum ablaufenden Vorgänge eine einzigartige Gelegenheit darstellen, die Eigenschaften der Materie über das bisher bekannte Maß hinaus auszukundschaften.

Unsichtbare Sterne

Zweifellos gibt es Sterne, deren Masse bedeutend größer ist als die Grenzmasse für stabile Neutronensterne, so daß es keine Kräfte mehr gibt, die den totalen Kollaps eines solchen Gebildes aufhalten können, wenn der Stern am Ende seines normalen Sternenlebens angekommen ist. Obwohl die Gravitation von allen Wechselwirkungen, die wir kennen, die schwächste ist, gibt es einerseits keine Abschirmung für sie, andererseits besitzt sie eine viel größere Reichweite als die Kernkräfte. Ein massereiches Objekt, das einmal in das Stadium des Kollapses geraten ist, muß immer weiter zusammenbrechen, bis die gesamte Masse eine unendlich hohe Dichte und eine unendlich kleine Ausdehnung annimmt.

Die Erscheinungen, die uns ein vollständig kollabierendes Objekt darbietet, sind so außergewöhnlich, daß sie gegenwärtig auf größtes Interesse aller Fachleute und auch der breiten Öffentlichkeit stoßen. Eine wichtige Schlußfolgerung hatte schon im Jahre 1916 der deutsche Astrophysiker Karl Schwarzschild aus der Relativitätstheorie abgeleitet. Er fand, daß es einen bestimmten, von der Masse des Objekts abhängigen Radius gibt, bei dem die Gravitationsbeschleunigung für einen ruhenden Beobachter unendlich groß wird (»Schwarzschildradius«). Will man einen »Satelliten« auf einer Kreisbahn um den kollabierenden Körper laufen lassen, so müßte sich dieser schon beim 1,5fachen dieses kritischen Radius mit Lichtgeschwindigkeit bewegen. Für die Masse unserer Sonne wäre der Schwarzschildradius erreicht, wenn das Zentralgestirn von 1400000 km Durchmesser auf rund 6 km Durchmesser zusammengeschrumpft wäre. Unsere Erde gar müßte zu einer Kugel mit einem Radius von 44 mm zusammenbrechen, ehe der kritische Radius erreicht wäre.

Wie stellt sich das Ereignis eines kollabierenden Sterns einem außerhalb stationierten Beobachter dar? Die von dem Objekt ausgehenden Strahlen erreichen die »Außenwelt« nach immer längeren

In vergleichsweise geringem Abstand beobachteten Astronomen am 23. Februar 1987 in der Großen Magellanschen Wolke (GMW) am südlichen Sternhimmel einen Supernova-Ausbruch. Eine Fülle von Daten wurde unter Einsatz moderner Beobachtungsinstrumente und -verfahren gesammelt, die unsere Kenntnisse über die Endphasen der Sternentwicklung wesentlich vertiefen.

GMW ohne Supernova (Foto: ESO)
Große Magellansche Wolke mit Supernova (Foto: ESO)

Zeitabschnitten, und zwar je weiter sich das Objekt dem Schwarzschildradius annähert. Hat der Körper diesen Radius erreicht, so kommen die in diesem Augenblick ausgestrahlten Signale überhaupt nicht mehr an. Mit anderen Worten: Das Objekt nähert sich dem Schwarzschildradius für einen außenstehenden Beobachter in unendlich langer Zeit; es erreicht ihn also nie. Demgegenüber nimmt aber die Helligkeit des Objekts sehr rasch ab, vor allem wegen der immer stärker werdenden gravitativen (relativistischen) Rotverschiebung. Werden beispielsweise nahe dem Schwarzschildradius extrem harte Gammastrahlen ausgestrahlt, so erleiden sie infolge der Rotverschiebung derartig extreme Energieverluste, daß sie nur noch als langwellige Radiostrahlung zum Beobachter gelangen. Das Resultat ist, daß der außenstehende Beobachter schon nach sehr kurzer Zeit, etwa nach Sekundenbruchteilen, von dem zusammenstürzenden Objekt nichts mehr sehen kann. Deshalb bezeichnete man diese Objekte als »schwarze Löcher«.

Möglichkeiten für stabile kosmische Objekte: Planeten, weiße Zwergsterne, Neutronensterne und schwarze Löcher. Auf der Ordinate können die Radien der jeweiligen Objekte (bezogen auf den Erdradius), auf der Abszisse die Massen (bezogen auf die Erdmasse) abgelesen werden. Zum Vergleich sind entsprechende Sonnenradien und Sonnenmassen eingetragen.

Stellen wir uns nun einen Beobachter vor, der das Ereignis nicht von außen verfolgt, sondern in seinem Laboratorium auf der Oberfläche des Objekts operiert. Für ihn dauert das Ereignis nicht unendlich lange, es geht vielmehr sehr rasch vor sich. Theoretiker haben gezeigt, daß beim Überschreiten des Schwarzschildradius für ihn etwas äußerst Merkwürdiges geschieht: Die Raumkoordinaten können von dem Augenblick an, in dem der kritische Radius überschritten wird, nur noch in einer Richtung durchlaufen werden. Es gibt prinzipiell keine Möglichkeit, wieder ins Raumgebiet zurückzugelangen, das der Körper mit dem Überschreiten des Schwarzschildradius verlassen hat. Der Beobachter muß dem Zentrum der Kugel entgegenstürzen. Manche Theoretiker sagen, der kollabierende Stern sei einfach »aus dieser Welt verschwunden«. Man könne zwar jederzeit aus dem Raum, in dem wir uns befinden, ebenfalls in dieses Raumgebiet gelangen, aber nichts, was sich dort befindet, komme wieder zurück. Theoretisch befinde sich das Objekt in einem »anderen Universum«, das mit unserem Universum nicht in Verbindung treten könne.

Nachdem die Theorie der Weißen Zwerge und der Neutronensterne von der beobachtenden Astronomie so nachdrückliche Bestätigungen erfahren hatte, begaben sich die Astrophysiker verständlicherweise auch auf die Suche nach schwarzen

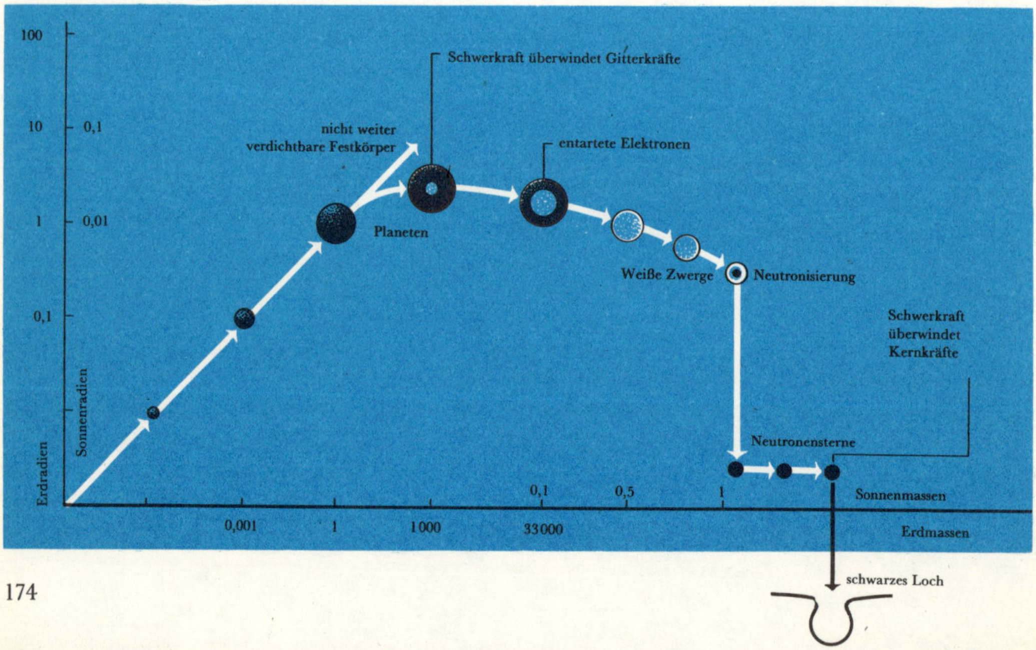

Löchern im Weltall. Wie könnte man sie finden?

Wenn auch keinerlei Informationen in Form von elektromagnetischen Wellen von den total kollabierten Objekten mehr zu uns gelangen können, so müssen die »Löcher« aber doch eine Gravitationswirkung von immensem Ausmaß besitzen. Infolgedessen müßten sie auch das Licht nahe bei ihnen stehender Sterne »aufsaugen«. Aufgrund der Eigenbewegung, die diese Körper ebenso wie alle anderen Sterne besitzen, sollten sie gelegentlich in die Sichtlinie irgendwelcher anderer Sterne gelangen. Aber wie groß ist die Wahrscheinlichkeit dafür, daß ein solches Ereignis entdeckt wird? Offenbar sehr gering, wenn man bedenkt, daß es keine Möglichkeit gibt, gezielt danach zu suchen. Eine andere Möglichkeit besteht darin, die Existenz schwarzer Löcher aus fehlenden Massen in der Energiebilanz von Galaxien zu erschließen. Doch die Sicherheit eines solchen Verfahrens wäre sehr gering, da man aus dem Fehlen von Massen noch keine sicheren Aussagen über die Natur dieser Massen ableiten kann.

Es bleibt noch eine dritte Möglichkeit, die erfolgversprechender zu sein scheint: Ein hoher Prozentsatz aller Sterne sind Doppelsterne. Sollte es Doppelsterne geben, deren eine Komponente bereits ein schwarzes Loch darstellt und infolge der gewaltigen Gravitation Masse aus der anderen Komponente zu sich hinüberreißt, so sollte bei diesem Fallen von Sternmaterie in das schwarze Loch Röntgenstrahlung entstehen; denn die Materie müßte durch die Kompression auf enorme Temperaturen erhitzt werden. Man müßte demnach im Weltall nach Doppelsternsystemen Ausschau halten, von denen nur eine Komponente sichtbar ist und die gleichzeitig als intensive Röntgenstrahlenquellen auftreten. Bisher hat die Suche nach solchen speziellen Quellen allerdings nicht zu sicheren Erfolgen geführt. Vielleicht gibt es auch gar keine schwarzen Löcher!

In einer theoretischen Untersuchung wies H.-J. Treder vor einiger Zeit darauf hin, daß auch Gravitationstheorien möglich sind, in denen es nicht unausweichlich zu einem totalen Gravitationskollaps kommen muß. Vielmehr ist es auch denkbar, daß der Kollaps eines Sterns bei der Gültigkeit bestimmter Gravitationsgesetze zum Stehen kommt, noch ehe der Schwarzschildradius erreicht oder gar unterschritten wird. Diese Aussage ist sogar unabhängig davon, ob die betreffende Gravitationstheorie klassisch oder relativistisch formuliert ist.

Alles dies macht deutlich, daß die »Schwarzen Löcher« keineswegs mit anderen kosmischen Objekten verglichen werden können. Sie stellen vielmehr offenkundig ein theoretisches Problem dar, das uns unmittelbar bis an die Grenzen unseres gegenwärtigen physikalischen Wissens führt.

An dieser Stelle bricht der Bericht über die astrophysikalische Forschung vorerst ab. Die bisher gewonnenen Erkenntnisse über Leben und Tod der Sterne lassen aber keinen Zweifel daran, daß wir in absehbarer Zeit noch tiefer in die Geheimnisse ihrer Biographie eindringen werden. Kühne theoretische Konzeptionen und neue hochentwickelte technische Hilfsmittel werden die unverzichtbaren Helfer auf diesem Wege sein.

Einen wesentlichen Beitrag zur Präzisierung und Erweiterung unserer Kenntnisse über die Evolution der Sterne lieferten die Beobachtungen der unverhofft am 23. 2. 1987 in der Großen Magellanschen Wolke (GMW) entdeckten Supernova 1978 A. Noch nie in der Geschichte der modernen astronomischen Forschung war es gelungen, einen Supernova-Ausbruch in vergleichsweise geringer Entfernung (rd. 180000 Lichtjahre) mit den Hilfsmitteln der modernen Astrophysik (Spektroskopie, Fotometrie, Untersuchungen im Bereich nichtoptischer Wellenlängen des elektromagnetischen Spektrums, Neutrinoereignisse) zu beobachten. Die letzte große Supernova wurde im Jahre 1604, d. h., noch vor der Erfindung des Fernrohrs, beobachtet. Schon heute steht fest, daß die SN 1987 A ein bedeutsames Ereignis für die Forschung darstellt. Die zahlreichen Untersuchungen von Forschergruppen aus aller Welt haben unsere bisherigen Vorstellungen von der Entwicklung der Sterne im Großen und Ganzen bestätigt. Andererseits wurden aber auch viele Einzelheiten gefunden, die sich nicht in das Bild einfügen, das wir uns von den Supernovae bisher gemacht haben.

IM REICH DER GALAXIEN

Gesetzt, es wäre erreichbar, alle Eigenschaften eines Sandkorns zu ergründen, hätte man damit das gesamte Universum erforscht? Einstein erklärte: »Würde man wissenschaftlich das Geschehen in dem Sandkörnchen vollständig beherrschen, so wäre dies nur möglich auf Grund der Erkenntnis der allgemeinsten Weltgesetze.«

Alexander Moszkowski im Gespräch
mit Albert Einstein

Der Andromedanebel, NGC 224, M 31

Ein unermeßliches Medium

In den griechischen Heldensagen wird berichtet, daß Herakles als Säugling von seiner Mutter Alkmene auf freiem Felde ausgesetzt wurde. Zeus aber, der Vater des Knaben, befahl dem Götterboten Hermes, sich des Neugeborenen anzunehmen und ihn heimlich zur Nachtzeit an die Brust der Göttermutter Hera zu legen. So holte Hermes den Knaben in den Olymp, und aus der Brust der schlafenden Hera saugte er, gierig vor Hunger, die Göttermilch, die ihn unsterblich machen sollte. Hera aber erwachte und stieß das Kind erzürnt von sich. Aus der Brust der Göttin strömte die göttliche Milch und ergoß sich über den weiten Himmel. So entstand nach der Sage die Milchstraße.

Doch schon Demokrit hatte vermutet, daß die Milchstraße aus zahllosen Sternen bestehe, und Galilei konnte diese Vermutung mit Hilfe seines Fernrohrs bestätigen.

Im 18. Jahrhundert schließlich gab es rasche Fortschritte bei der Deutung des Phänomens der »göttlichen Milch«: Im Jahre 1750 erschien in London eine Schrift des damals neununddreißigjährigen Philosophen und Naturforschers Thomas Wright of Durhem mit dem Titel »An original Theory or new Hypothesis of the Universe«.

In neun vertraulichen Briefen des Verfassers an seine Freunde entwickelte Wright in der kleinen Schrift eine Reihe von Gedanken über die Grundsätze, denen der Bau des Weltalls gehorcht, wobei er besonders ausführlich über das Phänomen der Milchstraße spekulierte. Auf die naheliegende Frage, wie es komme, daß ausgerechnet in einem so kleinen Streifen entlang des gesamten Himmels so viele Sterne stehen, gab Wright die plausible Antwort, daß dies eine Folge der räumlichen Anordnung der Sterne sei. Die Sterne sind, wie er feststellte, in einer relativ dünnen, ausgedehnten Schicht angeordnet, so daß für einen Betrachter, der sich selbst etwa in der Mitte der Schicht befindet, umso mehr Sterne sichtbar werden, je mehr er in Richtung auf die Kante des flachen Gebildes schaut. Dies ist die Erklärung des Milchstraßenphänomens.

Die Wrightsche Abhandlung geriet auch in die Hände eines jungen Philosophen aus Königsberg, der sich gerade ebenfalls sehr lebhaft für naturphilosophische Probleme interessierte: Immanuel Kant (1724–1804). Bei ihm fielen die Gedanken Wrights auf fruchtbaren Boden. Sie gaben den unmittelbaren Anstoß zur Ausarbeitung seiner bedeutsamen Jugendschrift »Allgemeine Naturgeschichte und Theorie des Himmels« (1755). Darin übernimmt Kant die Wrightsche Erklärung des Milchstraßenphänomens. Er knüpft aber noch viel weiter reichende Betrachtungen daran und kommt schließlich zu einer Entwicklungskonzeption der Sterne und Sternsysteme, die ihn zu einem der Stammväter des Entwicklungsgedankens in den Naturwissenschaften werden ließ.

Die prinzipiell richtige Deutung des zartschimmernden Sternenbandes der Milchstraße lieferte nun den Schlüssel für die wissenschaftliche Erforschung der Struktur des Sternsystems, wenn auch infolge fehlender Detailkenntnisse zunächst nur erste Schritte auf einem langen Weg gegangen werden konnten, dessen Ende auch die Astronomen unserer Tage noch nicht erreicht haben.

Herschels Sterneichungen

Pionier dieser Forschungen wurde gegen Ausgang des 18. Jahrhunderts der aus Deutschland stammende, in England wirkende große Astronom Friedrich Wilhelm Herschel (1738–1822). Als er sich der Sternforschung zuwandte, faßte er den bemerkenswerten Entschluß, »nichts auf Glauben anzunehmen«, sondern alles, was andere vor ihm gesehen hatten, mit eigenen Augen zu überprüfen.

Die Erfolge dieses vielseitigen Forschers beruhten nicht zuletzt auf den großartigen technischen Hilfs-

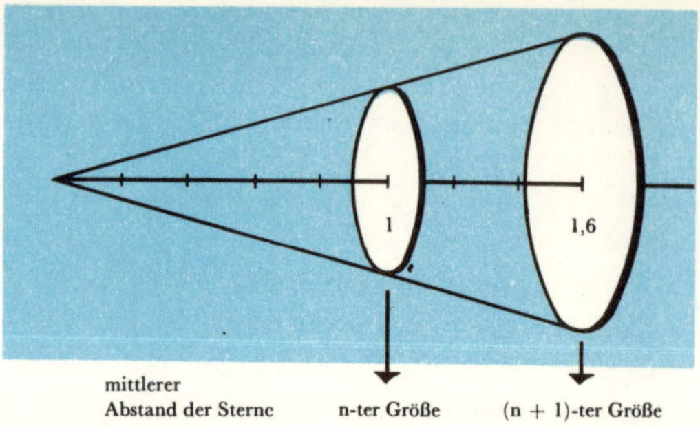

Aufgrund des Zusammenhangs zwischen scheinbarer Helligkeit und Intensität des Sternlichts und unter Berücksichtigung des Gesetzes der Abnahme der Lichtintensität mit der Entfernung läßt sich eine Beziehung zwischen der scheinbaren Helligkeit der Sterne und ihrem mittleren Abstand ableiten. Überlegungen dieser Art vermitteln wichtige Grundlagen für stellar-statistische Untersuchungen.

mitteln, die er sich unter den günstigen Bedingungen der industriellen Revolution im kapitalistischen England nach eigenen Vorstellungen herstellen ließ oder selbst herstellte. Der auch handwerklich geschickte und technisch einfallsreiche Gelehrte soll in der relativ kurzen Zeit von nur 6 bis 7 Jahren neben seinen zahlreichen anderen Arbeiten mit eigenen Händen rund 400 Metallspiegel für Teleskope geschliffen haben! Das größte seiner Teleskope, konkurrenzloses Spitzeninstrument seiner Zeit, barg einen Metallspiegel mit 122 cm Durchmesser in seinem mächtigen Tubus. Herschels Leidenschaft im Erbauen von Instrumenten war aber keineswegs Selbstzweck: Er nutzte sie, um die größten Forschungsprobleme seiner Zeit in Angriff zu nehmen. Dazu zählte auch die Frage nach der räumlichen Verteilung der Sterne im All. Zahlreiche Abhandlungen zu diesem Thema hat Herschel seit dem Jahre 1784 veröffentlicht. Was er über »The Construction of the Heavens« aussagte, blieb weit bis ins 19. Jahrhundert hinein gültiges wissenschaftliches Gedankengut.

Herschel ging von dem Grundgedanken aus, daß die wenigen Angaben über die Verteilung der Sterne am Himmel und die quantitative Beschreibung des Milchstraßenphänomens viel zu dürftige Anhaltspunkte für begründete Aussagen über die wahre Verteilung der Sterne im Raum sind. Er begann deshalb damit, die Sterne in den verschiedenen Gebieten des Himmels systematisch zu zählen. Mit Hilfe seiner großen Teleskope vermochte er dabei weiter in den Raum hinauszudringen als andere. Herschel wählte 3400 über den ganzen Himmel verteilte Felder, in denen er die Sterne zählte. In sternreichen Gegenden war das Gewimmel der Lichtpünktchen so dicht, daß die Zählung sich zu einem schier unlösbaren Problem auszuwachsen drohte. In einer knappen Stunde zogen in einer sternreichen Gegend des Bildes Schwan einmal Zehntausende Sterne durch das Gesichtsfeld.

Wollte Herschel aus diesen »Sterneichungen«, wie er sein Verfahren nannte, Aufschlüsse über die Verteilung der Sterne ableiten, so mußte er zwangsläufig von bestimmten Voraussetzungen ausgehen, die zwar plausibel erscheinen mochten, aber nicht exakt bewiesen werden konnten. So nahm er z. B. an, daß die Sterne im Mittel gleichmäßig über den Raum verteilt sind. Mit dem Fernrohr schweift der Blick des Beobachters in einen Raumkegel hinaus, dessen Spitze im Brennpunkt des Fernrohrs und dessen Basis in der Entfernung liegt, bis zu der das Instrument vordringt. Das Volumen dieses Kegels wächst mit der dritten Potenz des Radius an; aus der Sternenanzahl kann man dann den Radius erschließen. Aus solchen Überlegungen kam Herschel zu einem Bild der Sternverteilung, das in seinen Grundzügen die Wirklichkeit richtig widerspiegelt. Schließlich ging Herschel methodisch noch weiter, indem er sich sagte, daß die lichtschwächsten Sterne durchschnittlich weiter entfernt als die helleren sind. Er begann ein noch viel mühevolleres Unterfangen, indem er nicht nur die Anzahl der Sterne in verschiedenen Himmelsgegenden, sondern auch noch ihre Helligkeiten ermittelte und nun nicht allein die Gestalt des Sternsystems, sondern sogar dessen Dimensionen ableitete.

Absolute Sternentfernungen waren zu Herschels Zeit noch unbekannt. Er legte deshalb die »Siriusweite« als Entfernungseinheit zugrunde und gab an, daß die Schicht, innerhalb derer die Sterne angeordnet seien, einen Durchmesser von 850 Siriusweiten sowie eine Dicke von 155 Siriusweiten und demnach eine Abplattung von rund 1:5,5 besitze. Obwohl diese Angabe vom tatsächlichen Wert 1:6 nicht wesentlich abweicht, entsprachen die Dimensionen keineswegs den wahren Werten, wie sich allerdings erst etwa 150 Jahre später herausstellte.

Herschel war sich der Vorläufigkeit seiner Bemühungen und Ergebnisse durchaus bewußt. Dieser große Sternforscher war sich darüber im klaren, daß nur im zähen Ringen vieler Generationen und unter Verwendung noch mächtigerer Teleskope die zahlreichen Geheimnisse zu entschleiern waren, die die Natur einstweilen noch verborgen hielt.

Der erste Schritt ins Neuland war schwer und notwendig zugleich. Wie alle Pioniere hatte auch Herschel Mißerfolge und Spott der Fachwelt riskiert. Aber wie allen Pionieren gebührt auch ihm das Verdienst, die Grundlagen geschaffen zu haben, auf denen spätere Generationen zu gesichertem Wissen fortschreiten konnten.

Stichproben des Himmels

Als sich die Astronomen zu Beginn des 20. Jahrhunderts erneut und mit größerem Aufwand der Lösung des »Herschelproblems« zuwandten, standen ihnen viele neue Erkenntnisse zur Verfügung, an die zu Herschels Zeit noch nicht zu denken war: Um 1838 hatten Friedrich Wilhelm Bessel (1784 bis 1846), Friedrich Wilhelm Struve (1793–1864) und Thomas Henderson (1798–1844) erstmals die Entfernungen von Fixsternen bestimmt. Zahlreiche Astronomen hatten sich während des 19. Jahrhunderts mit der Herstellung umfassender Kataloge beschäftigt. An der Sternwarte in Bonn war der ganze nördliche Himmel von Friedrich Wilhelm Argelander (1799–1875) und seinen Mitarbeitern systematisch durchmustert worden. Durch dieses Beispiel an Sammler- und Beobachterfleiß angespornt, lieferten zahlreiche andere Sternwarten ähnliche oder ergänzende Sternlisten.

Seit der Einführung der visuellen Helligkeitsmessungen anstelle der bis dahin üblichen Schätzungen hatte man auch eine Beziehung zwischen den klassischen Größenklassen und den Intensitäten des Sternlichts herleiten können. Das von den Gelehrten Ernst Heinrich Weber (1795–1878) und Gustav Theodor Fechner (1801–1887) aufgedeckte psychophysische Grundgesetz gab prinzipiell die Möglichkeit, die in den Helligkeiten enthaltenen

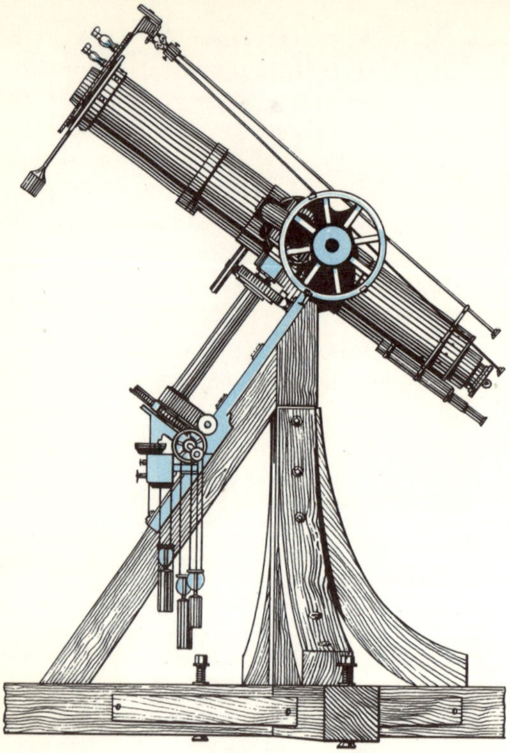

Heliometer von J. Fraunhofer, mit dem Bessel die Parallaxe des Sterns 61 Cygni maß

Informationen über die Entfernungen der Sterne auch tatsächlich zu nutzen. Dazu war es aber erforderlich, die sogenannten absoluten Helligkeiten der Sterne zu kennen, d. h. zu wissen, wieviel Licht die Sterne wirklich abstrahlen. Bei diesen Untersuchungen fand man nun, daß Herschels Vermutung, alle Sterne seien gleichhell, in Wirklichkeit nicht zutrifft, sondern recht erhebliche Unterschiede in den absoluten Helligkeiten der Sterne bestehen.

Alle diese Kenntnisse boten einerseits sehr gute Voraussetzungen für einen neuen Vorstoß zur Erkundung der Sternverteilung im Universum; andererseits waren die Schwierigkeiten durch die komplizierteren Zusammenhänge noch größer geworden. Wie konnte man die große Aufgabe anpacken? Der naheliegendste Weg war ausgeschlossen: Keinesfalls konnte man für jeden Stern individuell die Entfernung bestimmen. Es blieb nichts anderes übrig, als unter Berücksichtigung der neuen Erkenntnisse und unter Benutzung des inzwischen gewonnenen Datenmaterials wieder an die Methode anzuknüpfen, die Herschel vorgeformt hatte. So entstand die Methodik der modernen Stellarstatistik. Als Grundlage für diese statistischen Untersuchungen dienten die in den zahlreichen Katalogen niedergelegten Daten über die Sterne, vor allem über die Sternhelligkeiten. Der Astronom Hugo von Seeliger (1849–1924) bearbeitete beispielsweise die Beobachtungen von Herschel neu, und sein Kollege F. Ristenpart (1863 bis 1913) zog das Material der »Bonner Durchmusterung« für seine Betrachtungen heran.

Zu Anfang war man versucht, mathematische Methoden zu entwickeln, um den Verlauf der Besetzungsdichte des Weltalls mit Sternen zu ermitteln. Berühmte Forscher haben sich dieser Aufgabe zugewendet, unter anderem auch Karl Schwarzschild (1873–1916). Allerdings gingen die Pioniere dieser Forschungen erneut von der seit Herschel üblichen Annahme aus, daß sich die Sterne zentralsymmetrisch um die Sonne verteilen. Das Ergebnis trug entsprechend stark schematisierte Züge. Die Ausnahmestellung der Sonne unter so vielen Sternen erschien von vornherein fragwürdig. Das Ergebnis war ein Sternsystem, in dem die Dichte der Sterne vom Zentrum nach allen Seiten rasch abnimmt, und zwar in Richtung zur Milchstraße bedeutend langsamer als senkrecht dazu. Das Sternsystem war also ein stark abgeplattetes Gebilde (1:5), wie schon bei Kant und

Dichteverteilung der Sterne im Sternsystem nach den Ermittlungen von Kapteyn: Die Dichte nimmt nach allen Seiten gleichmäßig vom Zentrum nach außen hin ab.

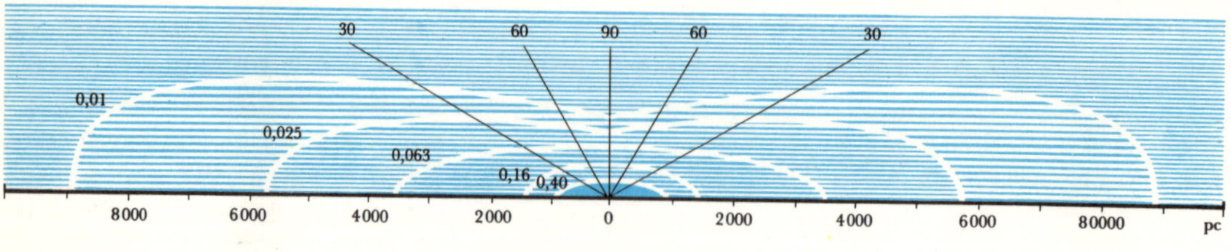

Das mächtigste Spiegelfernrohr des 19. Jahrhunderts: der »Leviathan« des Lord Rosse mit seinem Metallspiegel von 1,8 m Durchmesser

Herschel. Aber die äußerst ungleichmäßige Verteilung der Sterne innerhalb der Milchstraße, die nebeneinanderklaffenden, dichtbesetzten Sternwolken und die entvölkerten Sternleeren, die charakteristische zerklüftete Struktur der Milchstraße fanden keine Widerspiegelung in den Resultaten.

Man mußte einsehen, daß die äußerst unregelmäßige Struktur des Systems durch idealisierende Annahmen verwischt worden war. Es blieb nur übrig, die analytischen Verfahren wieder aufzugeben und statt dessen zu Abzählmethoden, zu numerischen Verfahren zurückzukehren, wie sie Herschel eingeführt hatte.

Zu den bekanntesten Vertretern der numerischen Methoden zählte der niederländische Astronom Jacobus Cornelius Kapteyn (1851–1922). Er stellte sich den Raum um die Sonne in konzentrische Kugelschalen unterteilt vor. Die Dicke der einzelnen Schalen wählte er so gering, daß er die darin herrschende Sterndichte noch als konstant betrachten konnte. Aus dem Beobachtungsmaterial entnahm er die Anzahl der Sterne der verschiedensten scheinbaren Helligkeiten. Die Aufgabe bestand nun darin, jeder Kugelschale den ihr zugehörigen Anteil an Sternen verschiedener Helligkeiten zuzuweisen.

Für eine erfolgversprechende Anwendung des Verfahrens fehlte es aber trotz der großen Durchmusterungskataloge immer noch an Beobachtungsmaterial. Vor allem die lichtschwachen Sterne waren kaum erfaßt worden. Kapteyn entwarf daher ein großangelegtes Projekt, an dem sich

Sternwarten aus aller Welt beteiligen sollten. Ähnlich wie Herschel für seine »Eichungen« Stichproben aus bestimmten Gebieten des Himmels genommen hatte, wurden von Kapteyn insgesamt 206 Felder festgelegt, die gleichmäßig über den ganzen Himmel verteilt waren. Im Jahre 1906 rief Kapteyn mit der Publikation seines Plans der ausgewählten Felder die internationale Fachwelt zur Teilnahme an der Lösung des großen Problems auf. Es galt, alle erfaßbaren Daten von Sternen zu ermitteln. Deren Zahl ging in die Hunderttausende. Zahlreiche große Sternwarten erklärten ihre Bereitschaft zur Mitwirkung an dem aufwendigen Programm, jedes Institut auf seinem Spezialgebiet: Die Sternwarten in Potsdam und Bergedorf durchmusterten die Sterne hinsichtlich ihrer Spektren bis zu den schwachen Sternen der 12. bzw. 13. Größenklasse, das Harvard-Observatorium führte die dort entwickelte Tradition seiner fotometrischen Forschungen bis zur Erfassung von Sternen der 16. Größenklasse fort.

Das Ergebnis dieser stellarstatistischen Methoden brachte keinen einschneidenden Unterschied gegenüber den Resultaten, die zuvor auf analytischem Wege ermittelt worden waren: Die Sterndichte nahm nach allen Seiten hin ab, besonders rasch in Richtung zum Pol der Milchstraße. Auch das »Sternenall« der Abzählmethoden war ein rotationssymmetrisches Gebilde.

War dies nun das gesamte Weltall, das sich immer mehr verdünnte und irgendwo im »Nichts« verlor?

Was hatte man sich eigentlich unter jenen Gebilden vorzustellen, die vor allem durch Lord Rosse mit seinen mächtigen Teleskopen im 19. Jahrhundert entdeckt worden waren und die zum Teil spiralförmig aussahen? Die Einführung der Fotografie hatte deutlich gezeigt, daß es sich keineswegs um Rossesche Phantasiegebilde handelte. Im Gegenteil, die langen Belichtungszeiten waren zu weitaus mehr Details vorgedrungen, als sie das Auge selbst an den großen Spiegelfernrohren zu erkennen vermocht hatte. Der Nebel im Sternbild Andromeda war zweifellos ebenfalls ein spiralförmiges Gebilde. Besonders die Fotografien des leuchtenden Feuerrades im Sternbild Jagdhunde provozierten neue Fragen. Was zeigten die Lichtbilder dieses prachtvollen Himmelsgebildes um 1900? Offenbar handelte es sich um ein rotierendes Gebilde mit einem sehr dichten Kern, aus dem zwei gewundene Schweife herausragen, die spiralförmiges Aussehen zeigen. Die Astronomen sprachen von einem perlenschnurähnlichen Aussehen der Arme, in denen Verdichtungen und Unterbrechungen einander abzulösen schienen. Einer der Forscher, Hermann Kobold (1858–1942), schrieb, es sei im ganzen ein Gebilde, das einem Beschauer in der Nähe des zentralen Teils bis in die kleinsten Details ein unserem Milchstraßensystem ähnliches Bild gewähren würde. Bedeutete dies, daß wir uns in einem großen spiralförmigen Sternsystem befinden? Was waren dann aber jene anderen spiralförmigen Gebilde: Mitglieder eines Gesamtsystems oder eigenständige Gebilde außerhalb des eigenen Systems? Fragen über Fragen. In dieser Situation bahnte sich durch die Untersuchung einer besonderen Gruppe von Objekten eine Überraschung größten Ausmaßes an.

Tod eines Gespenstes

Von Anbeginn war es das Bestreben der Forscher bei der Untersuchung der Struktur des Sternsystems, auch die Verteilung besonderer Objekte im Raum zu ermitteln. Es bestand gleichsam Interesse an der Frage, ob alle Objekte, unabhängig von ihren sonstigen Eigenschaften wie Spektraltyp oder Zugehörigkeit zu besonderen Objektgruppen, dieselbe Verteilung aufweisen oder nicht.

In diesem Zusammenhang wendete sich der Astrophysiker Harlow Shapley (1885–1972) der Verteilung der kugelförmigen Sternhaufen zu. Bei diesen Objekten handelt es sich um sehr sternreiche Gebilde mit auffallend starker Konzentration zum Zentrum. Dort liegen die Sterne so dicht, daß selbst mit großen Fernrohren keine Auflösung in einzelne Sonnen mehr möglich ist. Allein in den Randpartien großer Kugelhaufen fand man bis zu 70000 Sterne; die größten Kugelsternhaufen mögen bis zu 50 Millionen Sonnen enthalten.

Die scheinbare Verteilung der Kugelsternhaufen am Himmel weist eine auffallende Eigentümlichkeit auf: Fast ein Drittel aller Haufen ist im Sternbild Schütze zu finden, die restlichen (heute sind etwa 120 bekannt) liegen in der Nähe dieser

Himmelsgegend. Wollte man nun die wirkliche Verteilung der Sterntrauben ermitteln, so war es erforderlich, ihre Entfernungen kennenzulernen.

Die Untersuchung der Randpartien von Kugelsternhaufen hatte zur Entdeckung einer ganzen Reihe von veränderlichen Sternen des Typs Delta Cephei und RR Lyrae geführt. Von diesen Sternen wußte man seit 1908, daß sie gleichsam als Leuchttürme im All eine zuverlässige Hilfe bei der Entfernungsbestimmung sein konnten. Die amerikanische Astronomin Henrietta Swan Leavitt (1868 bis 1921) hatte zu Beginn des Jahrhunderts die veränderlichen Sterne in der Kleinen Magellanschen Wolke am südlichen Sternhimmel untersucht. Dabei fand sie ein interessantes Resultat: Je heller die Sterne waren, umso länger waren die Perioden ihres Lichtwechsels. Später wurde der Zusammenhang durch umfassenderes und genaueres Material präzise formuliert: Die absoluten Helligkeiten sind dem Logarithmus der Lichtwechselperiode proportional. Somit konnte man aus den relativ leicht feststellbaren Lichtwechselperioden von Delta-Cephei-Sternen auf die absolute Helligkeit der Sterne schließen, vorausgesetzt, es handelt sich um eine allgemeingültige Gesetzmäßigkeit, die nicht auf die Veränderlichen der Kleinen Magellanschen Wolke beschränkt war.

Um das Verfahren für absolute Entfernungsbestimmungen zu verwenden, mußte man allerdings noch Veränderliche desselben Typs außerhalb der Magellanschen Wolken finden, deren Entfernungen sich durch Winkelmessungen bestimmen ließen; dann war die Perioden-Helligkeits-Beziehung gleichsam geeicht, und die Feststellung der Periode führte unmittelbar zur Kenntnis der absoluten Helligkeit. Kennt man diese Helligkeit, so weiß man, mit welcher Lichtintensität der Stern in der Entfernung von 10 pc (32,6 Lichtjahre) strahlt. Aus der gemessenen scheinbaren Helligkeit folgt dann unmittelbar die tatsächliche Entfernung.

Es ist klar, daß die Entdeckung von Leavitt für Shapley ein willkommenes Verfahren darstellte, die Verteilung der Kugelsternhaufen zu ermitteln. Das Resultat von Shapleys Untersuchungen war: Die Kugelsternhaufen befinden sich keineswegs nur in Richtung auf das galaktische Zentrum und die Gegenrichtung (Antizentrum), sondern auch in allen anderen Richtungen. Die Haufen sind über ein riesiges, etwa kugelförmiges Raumgebiet recht gleichmäßig verteilt. Während die Stellarstatistik ein Sternsystem von rund 10000 pc Länge und 2000 pc Dicke rekonstruiert hatte, besaß die »Kugel der Kugelhaufen« im Vergleich hierzu gewaltige Dimensionen: Der Durchmesser der Kugel betrug nach Shapleys Ermittlungen etwa 100000 pc! Interessant war die Feststellung, daß sich das Zentrum der gewaltigen Kugel in derjenigen Himmelsgegend befindet, die durch ihren Sternreichtum schon früher aufgefallen und als Richtung zum galaktischen Zentrum bezeichnet worden war. Die Entfernung des Zentrums und Schwerpunkts der Kugelhaufen von der Sonne ergab sich zu rund 5 kpc.

Welche Folgen hatten diese Erkenntnisse für die Erforschung der Struktur des Sternsystems? Shapley vertrat die Ansicht, daß die Mitte des kugelförmigen Raums der Kugelhaufen mit dem Zentrum des Milchstraßensystems identisch sei. Dies bedeutete für die früheren Ergebnisse, daß man sich bei der Erforschung des »Sternenalls« sozusagen nur in der näheren Umgebung der Sonne aufgehalten, nur ein »lokales System« annähernd ausgelotet hatte, während das ganze Sternsystem viel größer sein mußte. Das »statistische Gespenst« (Heckmann), das Bild des Sternsystems der Stellarstatistik, begann zu bröckeln. Obwohl die von Shapley angegebenen Dimensionen des großen Systems später noch erhebliche Korrekturen erfahren haben, hat sich seine Ansicht im Prinzip bestätigt.

Staub und Gas kontra klare Sicht

Schon Herschel hatte es durchaus für möglich gehalten, daß der Weltraum nicht allein von leuchtenden Gebilden wie Sternen und Nebeln angefüllt ist, sondern möglicherweise auch ausgedehnte Gebiete nichtleuchtender Materie vorkommen. Ganz zum Erliegen waren die Diskussionen um eine zwischen den Sternen verbreitete Materie nie gekommen. Aber ein Beweis für ihre Existenz wurde auch nicht gefunden.

Von großer Bedeutung für die Klärung dieser Frage erwiesen sich der Einsatz der Fotografie und

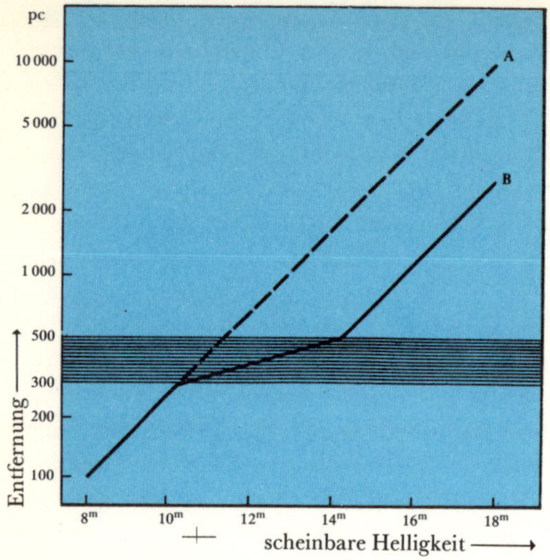

Absorption durch eine Dunkelwolke. Die aus den Sternzahlen je Quadrat geschätzten Entfernungen weichen infolge der Absorption systematisch von denen im ungestörten Feld ab (A – ungestörtes Feld; B – durch Absorption gestörtes Feld).

besonders die Verwendung kurzbrennweitiger Objektive, wie sie Max Wolf (1863–1932) in die astronomische Forschungspraxis einführte. Mit ihrer Hilfe wurde eine Fülle von zerklüfteten Strukturen in der Milchstraße entdeckt, die man mit bloßem Auge auch an großen Fernrohren nie geschaut hatte. Ein bekanntes Objekt dieser Art ist der wegen seiner Konturen sogenannte Nordamerikanebel im Sternbild Schwan. Eine extrem sternreiche Gegend scheint unmittelbar an ein recht sternarmes Areal anzugrenzen. Sind die Sterne tatsächlich so unregelmäßig verteilt, wie es den Anschein hat?

Wolf vertrat die Ansicht, daß dies nicht der Fall ist, aber daß ausgedehnte Dunkelwolken den Durchblick verhindern. Um Aussagen über die Eigenschaften und die Ausdehnung solcher Wolken zu erhalten, ging Wolf von der Tatsache aus, daß die Anzahl der Sterne, die man je Flächeneinheit des Himmels feststellen kann, mit abfallender Helligkeit der Sterne immer größer wird. Je weiter man in die Tiefen des Raumes schaut, um so schwächer erscheinen die Sterne, während je Quadratgrad des Himmels gleichzeitig immer größere Räume anfallen. Wolf verglich nun die tatsächliche Zunahme der Anzahl der Sterne mit dem theoretisch zu erwartenden Wert. Dabei erhielt er aussagekräftige Kurven. Gegenüber der in »ungestörten« Gebieten aufgenommenen Kurve zeigt die Kurve im Bereich der Dunkelwolke einen Knick. Die scheinbare Helligkeit, bei der das Abbiegen der Kurve beginnt, entspricht einer bestimmten mittleren Entfernung. In dieser Entfernung beginnt die Wolke. Die Sternhelligkeit, bei der die Kurve wieder einbiegt und parallel zur ungestörten Kurve weiterläuft, charakterisiert die Entfernung, in der die Wolke endet. Auf diesem Wege gelang es erstmals, die Dimensionen und Entfernungen von Dunkelwolken annähernd zu ermitteln.

Obschon der Methode in ihrer einfachsten Form noch eine ganze Reihe von Mängeln anhaftet, lehrte sie bereits, daß die Dunkelwolken vornehmlich in der Gegend des galaktischen Äquators vorkommen. Die bereits mit bloßem Auge sichtbare große Verzweigung der Milchstraße im Sternbild Schwan wird demnach auch von Dunkelwolken hervorgerufen. Als Durchmesser der Dunkelwolken ergaben sich Werte zwischen einigen und mehreren hundert Parsek. Einige Dunkelwolken sind ungeachtet ihrer geringen Dichte recht massereich. Werte bis zu 1 000 Sonnenmassen sind keine Seltenheit.

Stellen die Dunkelwolken relativ konzentrierte und räumlich ungleichmäßig verteilte Gebilde dar, so war für die Stellarstatistik die andere Frage nicht weniger wichtig, ob es außerdem etwa eine relativ gleichmäßig verteilte lichtabsorbierende Materie gibt, die systematische Fehler der stellarstatistischen Resultate zur Folge hat.

Vergleicht man die Entfernungen von Sternen nach der trigonometrischen Methode mit den Werten aus der fotometrischen Methode, so erhält man über diese Frage Aufschluß. Solche vergleichenden Untersuchungen – so schwierig und z. T. fehlerbehaftet sie in der Praxis auch sind – haben die Vermutung vollauf bestätigt, daß das Sternlicht – gleichviel aus welcher Richtung es kommt – auch außerhalb der Dunkelwolken systematisch geschwächt wird.

Obwohl damit feststand, daß es eine weitver-

Der Nordamerikanebel (NGC 7000) im Sternbild Schwan

breitete absorbierende interstellare Materie gibt, war doch ihre Verteilung noch weitgehend unbekannt. Gewiß war es daher eine grobe Vereinfachung, daß man im ersten Stadium dieser Forschungen einen universellen Absorptionskoeffizienten ableitete. In Wirklichkeit lagen die Dinge viel komplizierter, und es blieb nichts anderes übrig, als die durch die Materie zwischen den Sternen hervorgerufene Verfärbung des Sternlichts und auch andere Anzeichen für das Vorhandensein der Materie getrennt in möglichst vielen Richtungen festzustellen.

Welche Auswirkungen hatten diese neuen Erkenntnisse für die Aussagen der Stellarstatistiker?

Zunächst war ohne weiteres klar, daß mit der Einsicht in das Vorhandensein einer lichtverschluckenden interstellaren Materie eine bestimmte »Sichtweite« nicht überschritten werden konnte, also eine naturgegebene Beschränkung bei der Untersuchung der räumlichen Sterndichte vorliegen mußte. Unter der Annahme, daß die mittlere Lichtverschluckung in allen Richtungen gleichmäßig 0,5 Größenklassen je 1000 pc beträgt, kam man auf eine Grenze von rund 6000 pc. Über Sternverteilungen jenseits dieser Entfernungen konnte man keine verbindlichen Angaben mehr machen. Lediglich die absolut hellen Sterne konnten dort noch gesehen werden.

Das Ergebnis der Berücksichtigung der Absorption war beachtlich: Die Dichteverteilung in der Milchstraßenebene ist ungleichförmig. Die Sonne besitzt keine zentrale Stellung, denn der Dichteabfall ist nach den verschiedenen Richtungen ungleichmäßig. In der Richtung zum Sternbild Schütze, also zur dichtesten Stelle der Milchstraße hin, nimmt die Sterndichte zunächst ab. Sie wächst dann aber wieder an und erreicht etwa dieselben Werte wie in der näheren Umgebung der Sonne. In der entgegengesetzten Richtung jedoch nimmt die Dichte rasch ab; sie bleibt auch in größeren Entfernungen klein. Die Sternwolke im Sternbild Schild entpuppt sich als eine lokale Verdichtung in etwa 2500 pc Entfernung. Je weiter man nach außen dringt, um so verschwommener wird das Gesamtbild. Schließlich ist es auch augenfällig, daß zahlreiche Dunkelwolken Effekte hervorrufen, die über die gleichmäßige Abschwächung des Sternlichts hinausgehen, so daß auch dieses Bild nur eine Annäherung an die tatsächlichen Verhältnisse bleibt. Immerhin zeigt die schematische Berücksichtigung der interstellaren Absorption genau dasselbe wie die Verteilung der Kugelsternhaufen; die nähere Umgebung der Sonne ist nur ein winziger Ausschnitt des gesamten Sternsystems, vermutlich eine Verdichtung von Sternen, zu denen auch unsere Sonne gehört.

Mit Hilfe absolut sehr heller Sterne gelang es den Astronomen, noch etwas mehr auszusagen. Besonders die absolut sehr hellen Sterne der frühen Spektralklassen O und B sowie die Veränderlichen vom Typ RR Lyrae erwiesen sich dabei als sehr nützlich. Die Untersuchung der Verteilung von O- und B-Assoziationen brachte eine extrem ungleichmäßige Verteilung an den Tag, wobei man eine Anordnung entlang von Spiralarmen vermuten konnte.

Bei der Durchsicht des Milchstraßengebiets nach Kugelsternhaufen fanden sich in einem sehr kleinen Gebiet unweit des Zentrums solche kosmischen Objekte, die sich durch eine extrem geringe Verfärbung des Lichts auszeichneten. Daraus ergab sich die Vermutung, daß man an dieser Stelle besonders weit durch das Gewirr der sogenannten Dunkelmaterie blicken konnte, möglicherweise sogar bis in das Kerngebiet der Milchstraße. Als nun daraufhin in derselben Gegend nach RR-Lyrae-Sternen gezielt Suchaktionen durchgeführt wurden, hatte man rasch Erfolg: Es häuften sich an dieser Stelle tatsächlich Vertreter dieser Veränderlichen. Sie waren alle weitaus lichtschwächer als die in der Umgebung stehenden. Dies mußte bedeuten, daß sie weitaus häufiger in der Gegend des Zentrums als in anderen Gebieten vorzufinden waren. Aus der scheinbaren Helligkeit ermittelte man die Entfernung von etwa 8600 pc. Damit war zumindest eine untere Grenze für den Abstand der Sonne vom Zentrum des Milchstraßensystems gefunden. Heute gilt durch Festsetzung ein Wert von 10000 pc für die Entfernung zwischen Sonne und Milchstraßenzentrum.

Alles in allem ergab sich aus all diesen Beobachtungen ein zwar im einzelnen nicht sehr detailliertes, aber in seinen Grundzügen doch gesichertes Bild: Das Sternsystem muß eine stark abgeplattete Ansammlung von Sternen sein, die selbst in Haufen und Wolken angeordnet sind. Im Zentrum des

Systems ist eine Verdichtung anzunehmen. Innerhalb der Milchstraßenebene ist das gesamte System von unregelmäßig verteilten Wolken absorbierender Materie erfüllt. Die größte Ausdehnung des Systems muß mit etwa 30000 pc angenommen werden, die größte Dicke zu etwa 5000 pc (Abplattung 1:6). Die flache Scheibe ist von einer gewaltigen Kugel umgeben, die von RR-Lyrae-Veränderlichen, anderen alten Sternen sowie von den auffälligen Kugelsternhaufen gebildet wird. Eine spiralartige Struktur kann als möglich, aber nicht als bewiesen angesehen werden.

Zu diesem Bild der optischen Beobachtungen gesellten sich als starke Argumente die zahlreichen eindrucksvollen Fotografien von Objekten, die wir heute als extragalaktisch bezeichnen. Freilich – frei von Zweifeln über die Natur dieser Objekte war man lange Zeit nicht. Wer konnte denn beweisen, daß es sich dabei nicht um »Nebelschwaden« oder Sternansammlungen des eigenen Systems handelte? So war der Hinweis auf den spiralförmigen Aufbau anderer Systeme im Weltall oder auch der Hinweis auf das Vorhandensein lichtabsorbierender Schichten in der Nähe des galaktischen Äquators solcher Gebilde in den ersten beiden Jahrzehnten höchstens ein Plausibilitätsargument, aber kein Analogieschluß. Dies sollte sich aber dank neuer Fortschritte in der Beobachtungstechnik bald ändern.

Mister Hooker und seine Dollars

Wollte man zu Beginn des 20. Jahrhunderts in der Technik der Beobachtungsinstrumente vorankommen, so war dazu bereits viel Geld erforderlich. In den USA verstand es vor allem der bedeutende Astrophysiker George Elery Hale (1868–1938), zugleich ein geschickter Organisator wissenschaftlicher Forschungen, die nötigen Finanzen »zu beschaffen«. Er nutzte dazu die Situation im Amerika der Industriebosse und Finanzmagnaten gewandt aus. Schon mit den größten amerikanischen Refraktoren des 19. Jahrhunderts waren die Namen von Industriellen wie Lick und Yerkes verbunden.

Kennzeichnend für die Motive der amerikanischen Millionäre ist eine Anekdote, die von einem Zusammentreffen zwischen Hale und dem Eisenbahnkönig von Chicago, Yerkes, berichtet. Hale erzählte begeistert von dem Riesenfernrohr auf dem Mt. Hamilton in Kalifornien. Darauf erwiderte Yerkes, verwundert und beinahe gekränkt zugleich: »Wie, das größte Fernrohr steht nicht in Chicago, wo doch sonst alles am größten in der Welt ist? Ich bitte Sie, Herr Hale, lassen Sie noch ein größeres machen und schicken Sie mir dann die Rechnung.« So entstand der Yerkesrefraktor mit dem größten jemals hergestellten Objektiv von 102 cm Durchmesser.

Der Hookerspiegel des Mount-Wilson-Observatoriums, mit dem das Tor in die Tiefen des Raumes jenseits unseres Universums aufgestoßen wurde

Hale verstand es nun auch, einen weiteren amerikanischen Geschäftsmann, John D. Hooker aus Los Angeles, für die Idee eines großen Spiegelteleskops zu erwärmen. Hooker stellte zunächst 45000 Dollar zur Verfügung. Damit sollten die Vorbereitungen zum Bau eines Teleskops mit 2,5 m freier Spiegelöffnung und vor allem die Kosten der erforderlichen Spiegelscheibe bestritten werden. Zwei Jahre nach der Bestellung der Scheibe war der erste Schritt getan. Die Qualität der aus Frankreich gelieferten Scheibe war allerdings nicht zufriedenstellend. Die französische Firma hatte keinerlei Erfahrungen im Guß so großer Scheiben und mußte auf Grund der Reklamation noch einmal ans Werk. Diesmal wurden die 4500 kg Glas in einem eigens dafür entwickelten neuen Schmelzhafen aufbereitet. Beim Abkühlen des flüssigen Glases zersprang die Scheibe. Als der vierte Versuch endlich Erfolg hatte, war Hooker schon nicht mehr unter den Lebenden; die weiteren Kosten wurden von der Carnegie-Institution übernommen, einer ebenfalls nichtstaatlichen Finanzquelle, denn der superreiche Carnegie hatte 1902 eine Wissenschaftsstiftung von 10 Millionen Dollar zur Verfügung gestellt, freilich nur ein Bruchteil des Kontos dieses Multimillionärs.

Inzwischen war in Pasadena alles für den Schliff des Riesenspiegels vorbereitet, eine neuartige technische Einrichtung von G. Ritchey (1864–1945) geschaffen. Man konnte mit der Bearbeitung beginnen. Sie dauerte fünf volle Jahre. Jede der Bearbeitungsstufen war von sorgfältigen Prüfungen der verschiedenen Spiegeleigenschaften begleitet, so daß man ständig darüber informiert war, welches Endergebnis bei reibungslosem Ablauf der Arbeiten erwartet werden konnte.

Das 19 m lange Fernrohr mit der größten jemals hergestellten Linse, der Yerkesrefraktor (USA)

Als die endgültigen optischen Daten des Spiegels bekannt waren, machten sich Techniker und Astronomen gemeinsam an die Konstruktion des optischen Instruments. Es wurde ein Gigant von bisher nicht dagewesener Leistungsfähigkeit, aber auch von der größten Dimension und Masse, die bis dahin ein optisches Instrument besessen hatte. Die Masse aller beweglichen Teile zusammengenommen betrug nicht weniger als 90000 kg.

Der Auftrag zur Herstellung der Schmiede- und Gußteile des Instruments wurde an eine große amerikanische Schiffswerft vergeben.

Im Jahre 1919 war es endlich soweit: Das neue Instrument konnte eingesetzt werden. Voller Spannung richteten Hale und Adams das künstliche Auge auf den Riesenplaneten des Sonnensystems, den Jupiter. Die beiden Männer waren bestürzt: Was sie zu sehen bekamen, war keineswegs das beste Bild, das man von diesem Planeten je betrachtet hatte, im Gegenteil: Eine völlig verwaschene Planetenscheibe – noch dazu in mehrfacher Ausfertigung – tanzte im Okular. War die gewaltige Spiegelscheibe deformiert? Die optische Prüfung im Laboratorium war mit Auszeichnung bestanden. Was konnte geschehen sein? Man wartete einige Stunden in der Hoffnung, daß eine durch Temperatureinwirkung am Tage entstandene Formveränderung sich allmählich wieder legen würde. Nach einigen Stunden vergeblicher Wartezeit verließen Hale und Adams enttäuscht und nachdenklich die Kuppel. Sollte alle Mühe vergebens gewesen sein? Als Hale und Adams gegen Morgen wieder an den Beobachtungsplatz zurückkehrten, war Jupiter schon unter dem Horizont. Sie stellten den hellen Sirius im Bild des Großen Hundes ein und sahen einen gestochen scharfen Lichtpunkt. Der Spiegel hatte inzwischen eine einheitliche Temperatur angenommen. Nun konnte mit einem systematischen Beobachtungsprogramm begonnen werden.

Neue Sterneninseln

In dem jungen Edwin Powell Hubble (1889–1953) vom Mt.-Wilson-Observatorium fand Hale einen fleißigen und begabten Astronomen für das 2,5-m-Teleskop. Hubble verstand es im Laufe der Jahre

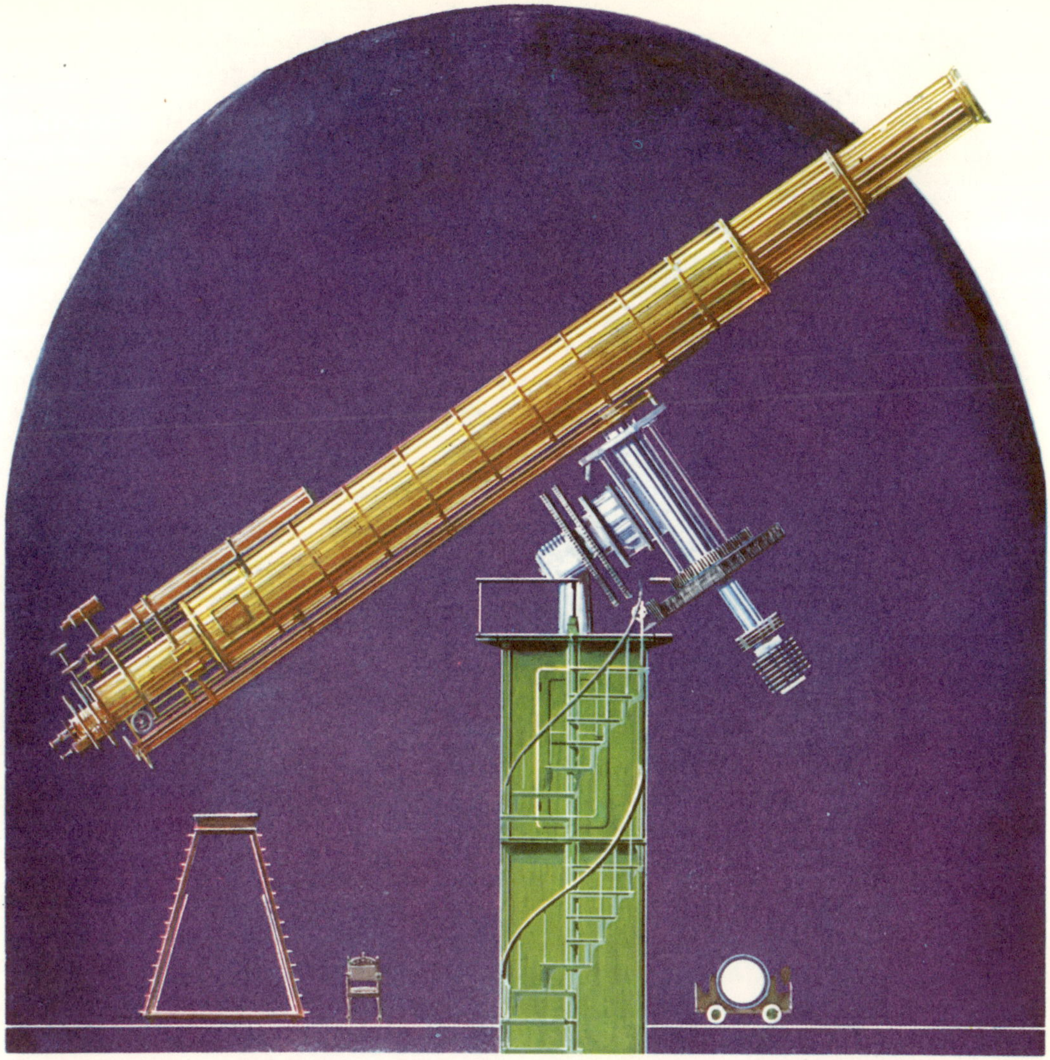

Der Lickrefraktor (USA), eines der größten Fernrohre der Welt

meisterhaft, die Leistungsfähigkeit des damals einzigartigen Instruments für die Gewinnung zahlreicher wegweisender Kenntnisse aus der Welt der Sterne geschickt heranzuziehen.

Schon wenige Jahre nach der Inbetriebnahme des Teleskops gelang es Hubble, die äußeren Partien des Andromedanebels in einzelne Sterne aufzulösen und damit den seit Herschel nie erlahmten Streit über die Natur dieses Objektes schlagartig zu beenden. Doch sternreiche Objekte mußten noch nicht zwangsläufig außerhalb unserer Milchstraße plaziert sein. Die Kugelsternhaufen, offenen Sternhaufen und Sternwolken waren ein deutlicher Hinweis darauf, daß ein so einfacher Schluß nicht gerechtfertigt war. Die Auflösung des Andromedanebels in Sterne war demnach noch nichts Umwerfendes, zumal ja seit mehr als 100 Jahren vermutet worden war, daß dieser Nebelfleck aus Sternen bestehen könnte – wie mancher andere »Nebelfleck« auch. Um 1907 glaubte der Stockholmer Astronom Karl Petrus Theodor Bohlin, sogar eine Parallaxe des Andromedanebels nachgewiesen zu haben, und leitete daraus ab, daß sich dieses Objekt nur etwa 20 Lichtjahre von der Sonne entfernt befindet. 1917 gab es dann einen

Zeichnung des Andromedanebels von Trouvelot

neuen Wert für diese Entfernung, als Heber Drust Curtis (1872–1942) eine Nova im Andromedanebel beobachtete und die plausible Annahme machte, daß die mittleren absoluten Helligkeiten der Novae im Maximum etwa gleich seien, so daß man aus der Differenz zwischen absoluter und scheinbarer Helligkeit die Entfernung ableiten könne. Er kam dabei auf über 3 Millionen Lichtjahre Entfernung (rd. 1 Million Parsek) des Andromedanebels, was in schärfstem Widerspruch zu dem von Bohlin ermittelten Wert stand. Aber kaum jemand glaubte an Curtis' Ergebnis, da man nicht mit Sicherheit wußte, ob die Nova tatsächlich im Andromedanebel aufgeleuchtet war.

Aus dieser wenig verheißungsvollen Situation ergab sich nun fast unerwartet der langersehnte Ausweg. Als Hubble die Objekte genauer studierte, die sich in den aufgelösten Randpartien des Andromedanebels befanden, entdeckte er darunter im Jahre 1923 auch einen veränderlichen Stern vom Typ Delta Cephei. Damit gab es nunmehr einen durchaus verläßlichen Weg zur Bestimmung der Entfernung des Nebels: Man mußte die Helligkeitsveränderungen dieses Sterns studieren und konnte dann – auf Grund der Entdeckung von Miß Leavitt – seine absolute Helligkeit angeben und somit die Entfernung bestimmen. Bis zum Ende des Jahres 1924 hatte Hubble im Andromedanebel insgesamt 36 veränderliche Sterne gefunden, von denen 12 Delta-Cephei-Sterne waren. Die aus den Beobachtungen abgeleitete Entfernung des Nebels ergab sich zu rund 900000 Lichtjahren. Damit war kein Zweifel mehr möglich: Der Andromedanebel – im 17. Jahrhundert von Simon Marius als »ein Kerzenlicht, das man durch Horn hindurch sieht«, beschrieben – ist ein gewaltiges Sternsystem weit außerhalb unserer eigenen Sterneninsel im All.

Ein neues Forschungsgebiet war über Nacht entstanden, dessen Resultate das astronomische

Weltbild erheblich erweitern und vertiefen mußten. Wie einst Galilei mit Hilfe des »neuen Sehwerkzeugs« 1610 die Sterne der Milchstraße erkannte und damit die naive Vorstellung von der Sonne als Mittelpunkt der gesamten Welt letztlich ins Wanken brachte, so war nun auch die Einzigartigkeit des Sternsystems, in dem unsere Sonne ohnehin keine besondere Stellung einnimmt, widerlegt. Ein in seinen Dimensionen unvorstellbares All von Sternsystemen tat sich vor den Augen auf: das Reich der Nebel. Einer der Pioniere der Weltallforschung, der Engländer James Jeans (1877 bis 1946), hat das gesamte Sternsystem einmal mit einer gewaltigen Stadt verglichen, in der unser Sonnensystem gleichsam ein kosmisches Haus und unsere Erde eine von uns in diesem Haus bewohnte Stube ist. Die Erkenntnis von der Existenz ferner Sternsysteme bedeutete dann nichts anderes, als daß unsere Stadt inmitten eines weiten, dunklen Landes liegt. Doch wenn wir darin lange genug fortwandern, stoßen wir auf ferne Sternenstädte.

Die neuen Entdeckungen ferner Sternsysteme, deren Zahl in den Katalogen mit jeder weiteren fotografischen Aufnahme immer mehr anwuchs, befruchteten natürlich die Erforschung unseres Milchstraßensystems erheblich. Nun konnte man mit wissenschaftlicher Berechtigung aus der Beobachtung der fernen »Sternenstädte« manche Vermutung über das Aussehen der eigenen Stadt ableiten. Denn es war durchaus plausibel, daß die Natur dieser Gebilde zahlreiche Analogien aufweist, ebenso wie das Studium unserer Sonne – ungeachtet aller Unterschiede im einzelnen – zahlreiche Schlüsse auf die Natur der fernen Sonnen zuläßt, die uns nur als Lichtpünktchen am Himmel erscheinen.

Zu den ersten Untersuchungen, die Hubble an den fernen Nebeln durchführte, gehörte die Feststellung ihrer Flächenhelligkeit. Dabei fand er, daß Nebel vergleichbarer Gestalt auch sehr wenig voneinander abweichende Flächenhelligkeiten besitzen. Daraus war natürlich zu schließen, daß es sich um untereinander sehr ähnliche Gebilde handeln mußte. Die hellsten und daher am leichtesten identifizierbaren Einzelobjekte in den fernen Nebeln waren ebenfalls alte Bekannte: Cepheiden, Überriesen, Kugelsternhaufen und Sternwolken, wie man sie im eigenen Sternsystem gefunden hatte.

Zu den hervorstechendsten Eigenschaften der fernen Sternsysteme zählt ihre spiralförmige Gestalt. Die spiralförmigen Systeme sind unter allen Nebeln mit einer Häufigkeit von etwa 80 Prozent vertreten. Schon diese Zahl läßt es als sehr wahrscheinlich erscheinen, daß auch unser eigenes Sternsystem zu diesem Typ von Galaxien gehört. Für die Entscheidung dieser Frage haben die Astronomen im Laufe der Jahre aber weit detailliertere Indizien gesammelt. Auf Grund der Eigenschaften fremder Sternsysteme, die auch beim eigenen System bekannt waren, haben sie einen Vergleich angestellt. Dabei wurden zahlreiche Kenngrößen berücksichtigt, so das Vorhandensein bestimmter Objekte und deren Häufigkeitsverteilung, Abplattung, Dimensionen und Gesamtmasse. Bei diesem Vergleich zeigte sich, daß von allen Sternsystemen nur die spiralförmigen in allen wesentlichen Eigenschaften mit unserem Sternsystem übereinstimmen. Diese Aussage auf Grund sorgfältiger Analogiebetrachtungen ging weit über die Ergebnisse der Stellarstatistik hinaus. Um 1950 hatte sich das Bild des Sternsystems auf diese Weise weiter verfeinert, ohne daß »von innen heraus« durchgreifende Fortschritte zu verzeichnen gewesen wären. In dieser Situation vollzog sich wiederum ein Qualitätssprung in der Technik, der zu ganz wesentlichen Fortschritten in der Erkenntnis führte. Die Radioastronomie kam auf.

Augen für das Unsichtbare

Schon in den sechziger Jahren des 19. Jahrhunderts hatte der berühmte englische Theoretiker James Clark Maxwell (1831–1879) behauptet, daß es außer dem sichtbaren Licht noch eine elektromagnetische Strahlung viel größerer Wellenlänge geben müsse, die sich im Vakuum ebenso rasch ausbreitet wie das sichtbare Licht. Etwa 20 Jahre später bewies Heinrich Hertz (1857–1894) die Existenz dieser »Radiowellen« im Laboratorium. Hertz, Popow, Marconi sowie andere Pioniere der Wissenschaft und Technik schufen das auf der Grundlage dieser Wellen beruhende und anfangs vielbestaunte Hilfsmittel der drahtlosen Telegrafie, aus der die Rundfunktechnik unserer Tage hervorging.

76-m-Radioteleskop von Jodrell Bank (England)

Bereits um 1890 soll sich der geniale Erfinder Thomas Alva Edison (1847–1931) mit dem Plan getragen haben, Radiowellen aus dem Kosmos, und zwar von der Sonne, zu empfangen. Aber daraus wurde damals nichts. So blieb die Entdeckung der aus dem Kosmos zu uns gelangenden Radiostrahlung einem Zufall späterer Jahre vorbehalten: Ein junger unbekannter Mitarbeiter der Bell Telephon Laboratories hatte in den dreißiger Jahren den Auftrag, festzustellen, welchen Geräuschpegel man in einem transatlantischen Radiotelefon zu erwarten habe. Er baute sich eine spezielle Antenne, um damit in definierten Richtungen nach atmosphärischen Störungen zu suchen. Aber neben dem Knacken ferner Gewitterentladungen hörte Karl Jansky (1905–1950) – so der Name des jungen amerikanischen Ingenieurs – auch ein ständiges Zischen, dessen Stärke sich mit der Tageszeit änderte. Bald hatte er gefunden, daß es am stärksten war, wenn er die Antenne zum Himmel richtete. Nach Monaten konnte er sogar sagen, daß die Richtung zum Sternbild Schütze als besonders intensive Quelle dieser Radiostrahlung wirkte. Jansky hatte damit die galaktische Radiostrahlung entdeckt und den ersten Schritt in Richtung auf die sogenannte Radioastronomie getan, die sich bald als ein wissenschaftlich äußerst zukunftsträchtiges Gebiet erwies.

Intensiver beschäftigte sich in den Jahren 1940 bis 1944 Grote Reber mit diesen Phänomenen. Seine Arbeiten gelten heute als die eigentliche Begründung der Radioastronomie.

Neben den herkömmlichen Fernrohren der Astronomen ragten nun neuartige Instrumente von merkwürdigem Äußeren in den Himmel: die Riesenparabolspiegel aus Metall oder Drahtgeflecht der Radioastronomie.

Die sehr geringe Intensität der Radiostrahlung aus dem Universum und die Notwendigkeit eines hohen Auflösungsvermögens machen es erforderlich, riesige Sammelflächen vorzusehen. Die Kugelschale des bis vor kurzem größten unbeweglichen Radioteleskops der Welt auf Puerto Rico hat eine Oberfläche von rund 73000 m². Befindet sich eine sehr starke Radioquelle in der »Blickrichtung« der Antenne, so liegt die empfangene Leistung dennoch erst bei 0,000000000000001 Watt. Die vielen Radioteleskope der Welt, die seither errichtet wurden – in Berlin-Adlershof war längere Zeit das drittgrößte bewegliche Teleskop der Welt in Betrieb – haben im Verlaufe von rund zwei Jahrzehnten nur so viel Energie aufgesammelt, wie eine Schneeflocke freisetzt, die zu Boden sinkt. Aber wie haushälterisch sind die Wissenschaftler mit diesen winzigen Energiemengen umgegangen, und wie viele Informationen haben sie ihnen entlockt. Auch die Erforschung des Milchstraßensystems verdankt der Radioastronomie bedeutende Fortschritte.

Radiosender Wasserstoff

Als der niederländische Astronom Jan Hendrik Oort (geb. 1900), der hauptsächlich über Stellarstatistik, über den Aufbau des Milchstraßensystems und über die Bewegung der Sterne im Sternsystem arbeitete, unmittelbar nach den Wirren des zweiten Weltkrieges von den Forschungen Rebers erfuhr, kam ihm eine interessante Idee: Die Untersuchung der Radiostrahlung aus dem Weltall müßte in dem Augenblick immense Bedeutung erhalten, da es gelingen würde, in ihrem Spektrum wenigstens eine Linie ausfindig zu machen, wie man sie in den Spektren des sichtbaren Lichts seit Fraunhofer kannte; dann wäre es – ähnlich wie in der optischen Astronomie – möglich, etwas über die physikalische und chemische Natur der Quelle der Radiostrahlung auszusagen.

Die Wellenlänge, bei der die Linie auftritt, würde uns verraten, um welche Atome es sich handelt. Die Intensität würde Rückschlüsse auf die Anzahl der bei ihrer Emission beteiligten Atome gestatten, und möglicherweise könnten aus Linienverbreiterungen und -verschiebungen noch Angaben über Bewegungszustände der emittierenden oder absorbierenden Materie gewonnen werden. Oort ließen diese verlockenden Möglichkeiten, die einen enormen Informationsgewinn aus dem Kosmos versprachen, keine Ruhe. Er regte seinen Schüler und Kollegen van de Hulst dazu an, mit Hilfe der Atomtheorie eine Linie im Radiospektrum vorauszusagen. Hulst fand – ebenso wie zur gleichen Zeit sein sowjetischer Kollege Jossif S. Schklowski (geb. 1916) – bei seinen Überlegungen heraus, daß der zwischen den Sternen verbreitete Wasserstoff eine Linie von 21 cm Wellenlänge emittieren müßte. Im Jahre 1951 gelang es drei Forschergruppen in den USA, in den Niederlanden und in Australien nahezu gleichzeitig, diese Linie tatsächlich zu entdecken. Dies war eine der wegweisenden Entdeckungen in der Astrophysik des 20. Jahrhunderts. Da die 21-cm-Strahlung der Absorption durch kosmischen Staub in weit geringerem Maße unterliegt als die kurzwellige Lichtstrahlung, gestattet die Radioastronomie, viel weiter durch die ausgedehnten Schichten des interstellaren Staubes hindurchzublicken.

Die Fachleute verbanden große Erwartungen mit dem neuen Hilfsmittel der Forschung. Die

Verteilung der B-Sterne in der Sonnenumgebung. Man erkennt Andeutungen einer Spiralstruktur.

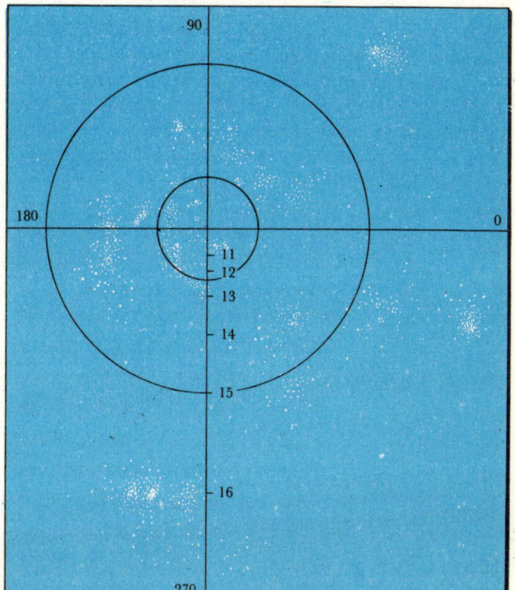

Am Rande der Ortschaft Selentschukskaja im Nordkaukasus (UdSSR), in der Nähe des 6-m-Spiegelteleskops, entstand das derzeit größte Radioteleskop der Welt, RATAN-600, das im Kurzwellenbereich zwischen 8 mm und 300 mm Radiostrahlung aus dem All auffängt. Sein Durchmesser beträgt 600 m. 895 rechteckige Aluminiumhohlspiegel, die um die horizontale und vertikale Achse drehbar sind und sich vorwärts und rückwärts bewegen lassen, sind kreisförmig angeordnet (ca. 2 km Umfang). Rechts unten der diagonal verlaufende Reflektor

Betrachtung extragalaktischer Systeme hatte gelehrt, daß die Spiralarme bevorzugt durch O- und B-Sterne sowie ionisierten Wasserstoff definiert werden. Möglicherweise konnte es also gelingen, mit Hilfe der Radioastronomie eine umfassende Strukturanalyse unseres eigenen Sternsystems vorzunehmen. Man mußte also die gesamte beobachtbare Sphäre hinsichtlich der 21-cm-Radiostrahlung auskundschaften. Doch konnte ein solches Unternehmen nur dann Sinn für die Erforschung der Struktur des Sternsystems haben, wenn man für die verschiedenen Richtungen, in denen neutraler Wasserstoff vorzufinden ist, auch die dazugehörige Entfernung angeben kann. Hierfür war natürlich keine der herkömmlichen Methoden geeignet.

Ein kosmisches Feuerrad

Schon ehe Gewißheit über die extragalaktische Natur der Sternsysteme bestand, versuchte Vesto Melvin Slipher (1875–1969) vom Lowell-Observatorium in Arizona, aus Untersuchungen der Spektren etwas über den Bewegungszustand der Nebel in Erfahrung zu bringen. Slipher fand um 1914 Unterschiede zwischen den Rotationsgeschwindigkeiten der äußeren und der inneren Gebiete verschiedener Nebel. Diese qualitative Feststellung ließ sich als ein Rotationseffekt deuten, der einer differentiellen Rotation entspricht.

Als dann später lichtstärkere Apparaturen zur Verfügung standen, gelangen präzisere Aussagen. Sie bestätigten die früheren qualitativen Angaben über die Existenz einer Rotation und erbrachten für die beiden Spiralnebel in den Sternbildern Andromeda und Dreieck Rotationszeiten von 130 bzw. 200 Millionen Jahren.

Um dieselbe Zeit, als Slipher die ersten Hinweise auf die Rotation ferner Sternsysteme erhielt, fanden sich auch interessante Anzeichen für ein ganz ähnliches Verhalten unseres eigenen Sternsystems. Und diese spärlichen Hinweise, die bald zu erstaunlichen neuen Einsichten führen sollten, waren die Frucht einer mehr als 100jährigen Forschungstätigkeit. Am Anfang hatten die Untersuchungen der Eigenbewegungen von Fixsternen durch Tobias Mayer und Wilhelm Herschel gestanden. Die Fixsterne tragen, wie wir durch Edmund Halley seit 1718 wissen, ihren Namen (Fixstern: festgehefteter Stern) zu Unrecht. Über lange Zeiträume machen sich vielmehr Eigenbewegungen bemerkbar, die nur wegen der großen Entfernungen dieser Sterne schwer festzustellen sind.

Wenn aber alle Fixsterne eine Eigenbewegung besitzen, dann wird auch die Sonne davon keine

Ausnahme machen und sich ebenfalls im Raum fortbewegen. Herschel stellte sich um 1783 die Frage, ob nicht eine Widerspiegelung dieser Bewegung der Sonne unter den Sternen zu erwarten sei und aus dieser Widerspiegelung die Elemente der Sonnenbewegung abgeleitet werden können.

Man kann sich das Zustandekommen der Widerspiegelung und die dabei waltenden Gesetzmäßigkeiten sehr leicht veranschaulichen, wenn man sich vorstellt, daß man durch einen Wald fährt und die Bewegungen der Bäume dabei untersucht: Alle in Fahrtrichtung stehenden Bäume scheinen sich auf den Beobachter zuzubewegen, und zwar mit der Fahrgeschwindigkeit des Beobachters; die entgegen der Fahrtrichtung gelegenen Bäume weisen dieselbe Geschwindigkeit, aber entgegengesetzte Richtung auf, d. h., sie entfernen sich vom Beobachter. Hierbei handelt es sich also um Radialgeschwindigkeiten ohne eine Eigenbewegungskomponente. Die außerhalb der Fahrtrichtung stehenden Bäume werden nur noch einen bestimmten Anteil der Radialgeschwindigkeit aufweisen, der um so geringer ausfällt, je weiter sie vom Fahrzeug entfernt stehen. Die Eigenbewegung hingegen wächst in dem Maße, wie die Radialgeschwindigkeit sinkt. Insbesondere ist die Eigenbewegung senkrecht zur Fahrtrichtung maximal und die Radialgeschwindigkeit dort Null. Entsprechend haben wir am Himmel das Bild von auseinanderströmenden Sternen zu erwarten, die allesamt aus der Richtung zu quellen scheinen, in die sich die Sonne bewegt, und sie scheinen in jenen Punkt hineinzufließen, der diesem »Zielpunkt der Sonnenbewegung« (Apex) am Himmel genau gegenüberliegt (Antapex).

Doppelwelle in den Radialgeschwindigkeiten von Sterngruppen von unterschiedlichen Entfernungen als Funktion der galaktischen Länge (λ). Auf der Ordinate sind die Radialgeschwindigkeiten in km s^{-1} aufgetragen.

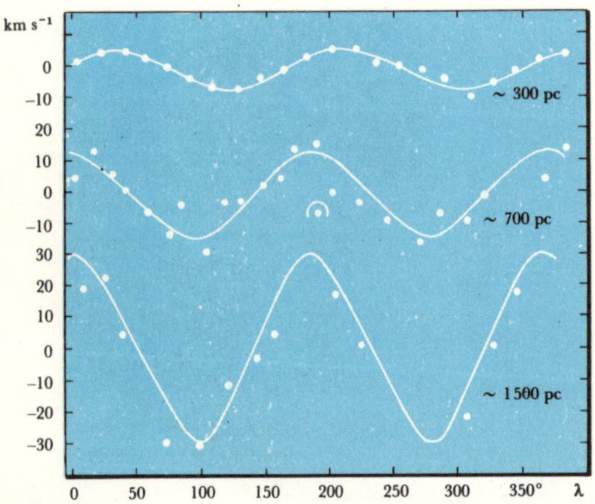

Obwohl Herschel nur die Eigenbewegungen von 13 Sternen analysierte, gelang es ihm, darin bereits einen systematischen Bestandteil festzustellen, der darauf schließen ließ, daß sich unsere Sonne im »Sternenwald« in Richtung auf das Sternbild Herkules bewegt.

Später konnte aus wesentlich umfangreicherem Katalogmaterial die Bestimmung des Apex erheblich verbessert werden. Nach der Einführung der Spektroskopie und der Verbindung zwischen dem Spektroskop und der fotografischen Platte gelang es dann Ende des 19. Jahrhunderts auch, die Radialgeschwindigkeiten zu untersuchen und somit einerseits eine unabhängige Methode zur Überprüfung des Ergebnisses zur Hand zu haben, andererseits den Betrag der Sonnengeschwindigkeit exakt zu bestimmen.

Die präzise Bestimmung der Elemente der Sonnenbewegung ist eine wichtige Voraussetzung, wenn man etwas über die Bewegungen der Sterne innerhalb des Sternsystems aussagen will. Hierzu ist es erforderlich, den Anteil der Sonnenbewegung abzuziehen, so daß man die sogenannten Pekuliarbewegungen der Fixsterne erhält.

Bei solchen Untersuchungen machte der schwedische Astronom W. Gyllenberg im Jahre 1915 eine äußerst interessante Entdeckung. Er fand nämlich für die Radialgeschwindigkeiten der Sterne in der Milchstraßenebene eine Abhängigkeit von der galaktischen Länge. In den zwanziger Jahren studierten dann die Potsdamer Astronomen Erwin Freundlich und Emanuel van der Pahlen diesen Befund genauer. Dabei stellte sich heraus, daß die Radialgeschwindigkeiten einer Sinuskurve entsprechen, wenn man sie über der galaktischen Länge aufträgt. Die Untersuchung der qualitativen Zusammenhänge dieser Abhängigkeit führte nun zum erstenmal bei einer kinematischen Untersuchung auf eine Gegend des Himmels, die aus den Untersuchungen über die Sternverteilung bereits gut bekannt war: Als Nullpunkt der galaktischen Längenzählung kam schließlich jene Gegend im

Sternbild Schütze heraus, in der sich das Zentrum des Milchstraßensystems befindet.

Diese Übereinstimmung war ein höchst bedeutsamer Hinweis darauf, daß die Gesetzmäßigkeit in den Bewegungen der Sterne für die Erklärung des gesamten Bewegungsgeschehens im Sternsystem eine wichtige Rolle spielen mußte.

Oort vermutete, daß der Effekt durch eine Rotation des Sternsystems hervorgerufen wird. Als er die Eigenbewegungen von 800 milchstraßennahen Sternen unter die Lupe nahm, fand er seine Annahme vollauf bestätigt und damit die Behauptung untermauert, daß unser Milchstraßensystem – gleichsam wie ein gewaltiges Feuerrad aus Sternen – im Raum rotiert.

Aus wieviel Sonnen mochte die gewaltige Sterneninsel bestehen? Nimmt man an, daß sich die Sonne an der allgemeinen Rotation des Systems um eine senkrecht zur Milchstraßenebene stehende Rotationsachse beteiligt und dabei in erster Näherung eine Kreisbahn beschreibt, dann läßt sich im Prinzip die Masse des Systems ausrechnen, sofern man des weiteren annimmt, daß sich der größte Teil der Masse des Milchstraßensystems innerhalb dieser Kreisbahn befindet. Das Ergebnis dieser Rechnungen brachte einen Wert von $3{,}3 \cdot 10^{44}$ g, was rund $2 \cdot 10^{11}$ Sonnenmassen entspricht. Ganz ähnliche Ergebnisse hatten auch die Massenbestimmungen ferner Galaxien erbracht. Unter der Annahme, daß die gesamte von einer bestimmten Fixsternbahn eingeschlossene Masse die Bewegung dieses Sterns bestimmt, wurden in den dreißiger Jahren für den Andromedanebel als Gesamtmasse $1{,}0 \cdot 10^{11}$ Sonnenmassen und für den Dreiecksnebel $1{,}7 \cdot 10^{9}$ Sonnenmassen gefunden.

Unabhängig von diesem Verfahren studierte man 1940 auch die Bewegungsverhältnisse in den Galaxienhaufen, Ansammlungen von Galaxien, die sich um einen gemeinsamen Schwerpunkt bewegen, und leitete unter der Annahme, daß sich die äußeren Haufenmitglieder auf Kreisbahnen um das Zentrum bewegen, eine Masse von 10^{14} Sonnenmassen für den gesamten Galaxienhaufen ab. Auf die etwa 500 Mitglieder verteilt, ergibt dies – in guter Übereinstimmung mit den anderen Resultaten – eine durchschnittliche Masse je Galaxie von $2 \cdot 10^{11}$ Sonnenmassen.

Eine interessante Besonderheit, die man sowohl bei extragalaktischen Systemen als auch bei der eigenen Milchstraße gefunden hatte, war die Tatsache, daß nicht die gesamte Galaxie eine differentielle Rotation ausführt, sondern nur ein äußeres Gebiet, während das innere Gebiet in starrer Rotation – wie ein Wagenrad – begriffen ist. Für solche Kerngebiete ist die Winkelgeschwindigkeit konstant, so daß die Mitglieder dieser Kerngebiete um so größere Geschwindigkeiten aufweisen, je weiter sie vom Zentrum entfernt stehen.

Das genaue Studium der Rotationsverhältnisse des eigenen Milchstraßensystems bietet die erwünschten Anhaltspunkte für ein Rotationsmodell.

Die Wasserstoffspiralen

Kennt man das Rotationsgeschehen des Sternsystems genau genug und nimmt man an, daß der neutrale Wasserstoff an der allgemeinen Rotation auf Kreisbahnen um das Massezentrum teilnimmt, so kann man letztlich jedem Punkt des galaktischen Systems eine Radialgeschwindigkeit in bezug auf unsere Sonne zuweisen. Mißt man nun aus den Dopplerverschiebungen der 21-cm-Linie des neutralen Wasserstoffs die Geschwindigkeiten der Wolken, so erhält man ein Bild von der großräumigen Verteilung des neutralen Wasserstoffs im Sternsystem.

Die ersten Resultate eines solchen umfassenden Untersuchungsprogramms legte eine niederländische Forschergruppe in den fünfziger Jahren für den von Holland aus sichtbaren Teil der Milchstraße vor. Die Kurven konstanter Dichte des Wasserstoffs, die man dabei erhielt, weisen eindeutig eine großräumige Spiralstruktur der Verteilung dieses Gases aus. Auffallend sind drei Spiralarme, die je nach der Richtung, in der sie – von der Erde aus gesehen – liegen, als Orionarm, als Perseusarm und als Sagittariusarm bezeichnet werden.

Insgesamt ist es teils mit Hilfe der radioastronomischen Beobachtungen und teils mit Hilfe optischer Untersuchungen gelungen, den neutralen Wasserstoff bis in Entfernungen von 18000 pc von der Sonne in den Raum hinaus zu verfolgen.

Wo befindet sich nun unsere Sonne in diesem gigantischen Spiralsystem? Diese Frage stellt sich den Astronomen noch eindringlicher in der Form, ob denn die Wasserstoffstruktur überhaupt mit der Spiralstruktur von Sternansammlungen identisch ist. Dies aber kann keineswegs behauptet werden. In jenen Gebieten wenigstens, in denen sowohl optische als auch radioastronomische Daten vorliegen, ist die Übereinstimmung der Spiralstruktur mit der Wasserstoffstruktur nur sehr mangelhaft. Zum Teil findet man Gebiete mit sehr hohen Wasserstoffdichten, in denen man bisher keine Sterne gefunden hat, aber auch Ansammlungen von OB-Assoziationen, in denen es an Wasserstoff mangelt.

Wenn man einmal die zahlreichen Faktoren zusammenträgt, die unsere Vorstellungen von der Verteilung des Wasserstoffs ganz wesentlich bestimmen, und die noch vorhandenen Unsicherheiten derartiger Kenntnisse in Rechnung stellt, dann wird es klar, daß wir zur Zeit von einer endgültigen Klärung der Struktur des Sternsystems trotz aller Fortschritte noch sehr weit entfernt sind. Auch wird man berücksichtigen müssen, daß unser Sternsystem, wie wir es heute beobachten, kein einmal gegebenes unveränderliches Gebilde darstellt, sondern wie alle Objekte des Kosmos einer Entwicklung unterliegt. Was wir bei entsprechenden Unter-

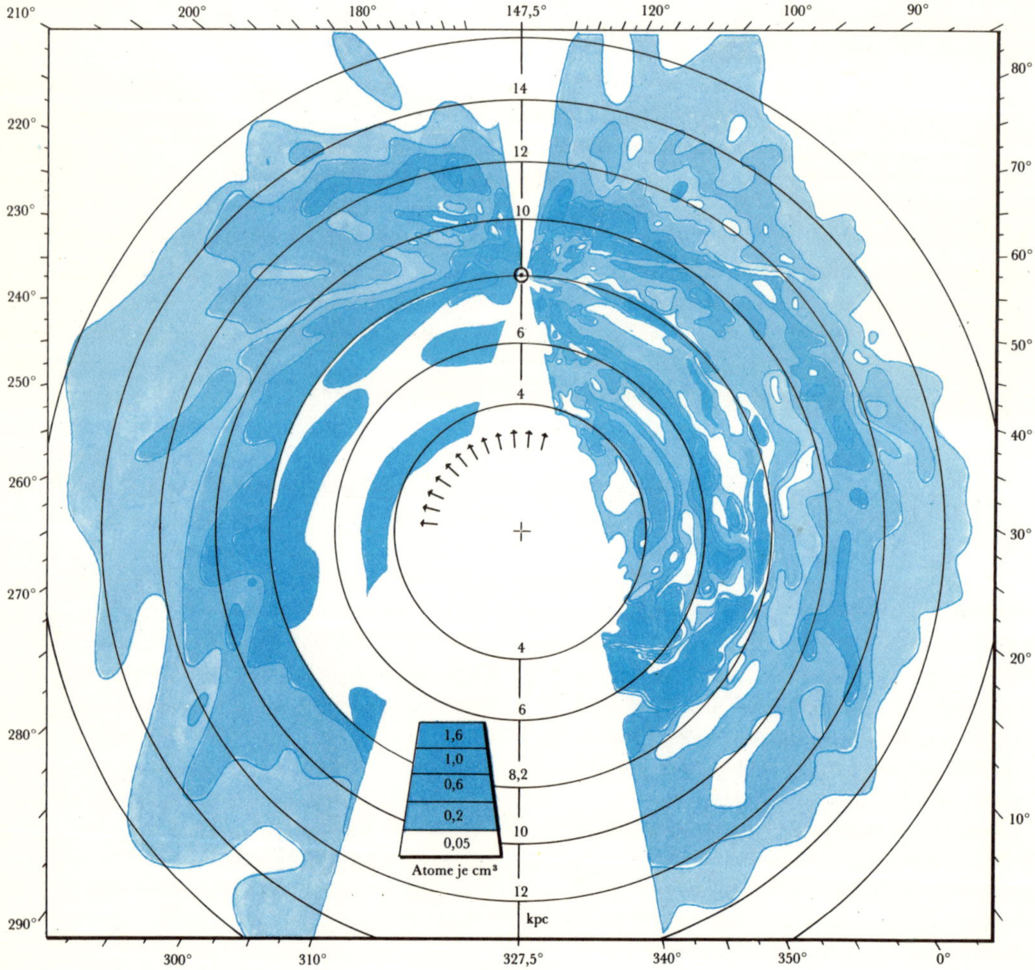

Die Verteilung des neutralen Wasserstoffs in der Milchstraßenebene nach Beobachtungen der 21-cm-Linie. Die verschiedenen Helligkeitsabstufungen verdeutlichen jeweils die Wasserstoffdichte in Atomen je Kubikzentimeter.

So würde unser Milchstraßensystem im Draufblick aussehen, wenn wir es von einem außerhalb gelegenen Standpunkt betrachten könnten.

suchungen erhalten, sind gewissermaßen nur Momentaufnahmen aus der Entwicklung unseres Sternsystems. Dies spielt insbesondere dann eine Rolle, wenn wir bestimmte vorgefundene Phänomene, wie die Spiralstruktur, die Verteilung der Objekte innerhalb des Sternsystems oder die Bewegungsverhältnisse der verschiedenen Objekte, erklären wollen.

Es zeigt sich also, daß die Fragen nach der Struktur und Dynamik des Sternsystems nicht losgelöst von der komplizierten Frage nach der Kosmogonie der Sternsysteme geklärt werden können. Insofern sind Aussagen über unser eigenes Sternsystem nur in Verbindung mit der Erforschung der anderen Galaxien im Kosmos möglich. Material dafür bietet sich den großen Teleskopen in Hülle und Fülle. Es sorgfältig zu studieren und nach allen Gesichtspunkten seines Informationsgehaltes auszuschöpfen, den gesamten Fundus des Wissens anderer Disziplinen mit ins Feld zu führen, haben die Astronomen seit Jahrzehnten getan. Besonders in der jüngsten Vergangenheit wurden dabei wesentliche neue Erkenntnisse gewonnen.

Hundert Millionen Sternsysteme

Vor einigen Jahrzehnten löste die Mitteilung der Fachleute Verblüffung aus, daß man mit dem größten Fernrohr der Erde rund zwei Millionen

Sternsysteme im Weltall nachweisen könne. Die Entwicklung der Instrumententechnik und der Fotografie hat dazu geführt, daß wir heute von einigen hundert Millionen Sternsystemen sprechen können, die den modernen Beobachtungsgeräten zugänglich sind. Es erscheint ganz ausgeschlossen und auch ganz sinnlos, jedes einzelne dieser Objekte einem intensiven Studium zu unterziehen. Aber jedenfalls ist es beruhigend, daß wir genügend Exemplare zur Verfügung haben, um die Gesetzmäßigkeiten, die sie beherrschen, durch systematische Forschungsarbeit zu entschlüsseln.

Die ersten Ergebnisse legte bereits Edwin Powell Hubble (1889–1953), der Begründer der extragalaktischen Astronomie, wenige Jahre nach der Inbetriebnahme des 2,5-m-Teleskops des Mt.-Wilson-Observatoriums vor. Hubble begann – ähnlich wie es Herschel über 100 Jahre zuvor bei den Nebeln getan hatte – mit einer Einteilung der Sternsysteme nach ihrem äußeren Bild. Das von ihm geschaffene Klassifikationsschema ist in seinen Grundzügen noch heute in Anwendung. Grundsätzlich unterschied Hubble die regelmäßig gebauten Systeme von den unregelmäßigen. Unter regelmäßigen Systemen versteht er dabei alle Galaxien mit rotationssymmetrischem Aufbau rund um einen zentral gelegenen Kern. Diese regelmäßig gebauten Systeme wurden von Hubble in zwei weitere Untergruppen, die elliptischen und die spiralförmigen, gegliedert. Alle Linien gleicher Helligkeit stellen bei diesen Objekten, die Hubble mit dem Buchstaben E bezeichnete, Ellipsen dar. Je nach dem Grad der sichtbaren Abplattung nahm Hubble außerdem noch eine Feinklassifikation der elliptischen Nebel vor. Die Spiralnebel werden in »normale« (S) und »Balkenspiralen« (B) unterschieden.

Bei den »normalen« Spiralnebeln beginnen die Spiralen an zwei genau gegenüberliegenden Stellen des Kerns. Bei den »Balkenspiralen« ist dies zwar ebenso, jedoch biegen die Spiralen erst in einem beträchtlichen Abstand vom Kern in die Spiralform ein, während sie zuvor radial verlaufen. Bei den unregelmäßig gebauten Systemen fehlen alle diese Eigenschaften, statt dessen sind sie durch irreguläre Gestalt und das Fehlen eines zentralen Kerns charakterisiert.

Ähnlich wie Herschel aus der Formenmannigfaltigkeit »seiner« Nebel auf Entwicklungsvorgänge dieser Objekte geschlossen hatte und ähnlich wie man in der Frühgeschichte der Spektroskopie die Sternspektren in »frühe« und »späte« gegliedert hatte, verfuhr man auch jetzt: Hubble selbst äußerte sich zwar nur sehr vorsichtig, aber die von ihm entworfene empirische Klassifizierung glich so stark der nach der Nebelentwicklungstheorie von Jeans zu erwartenden Ausprägung der verschiedenen Typen, daß sich auch bei den Nebeltypen die Bezeichnungen »frühe« für die elliptischen Systeme und »späte« für die Spiralsysteme einbürgerte.

Nur bei sehr wenigen Sternsystemen ist man in der glücklichen Lage, die Auflösung in Einzelsterne zur näheren Erforschung ihrer Gesetzmäßigkeiten benutzen zu können. Im allgemeinen muß man sich mit integralen Eigenschaften begnügen und daraus andere abzuleiten versuchen. Daher war die Idee einer Klassifikation nach morphologischen Merkmalen für die Erforschung dieser Welteninseln sehr wichtig; man konnte hoffen, daß sich in den äußeren Erscheinungsbildern – wie man dies in der Astronomie schon mehrfach erlebt hatte – physikalische Fakten ausdrückten und daß es gelingen würde, diese aufzufinden.

Es lag daher nahe, zunächst die Häufigkeitsverteilung der einzelnen Nebeltypen zu studieren. Doch schon dieses Unterfangen gestaltete sich schwieriger, als man erwartet hatte. Je weiter man mit den Teleskopen in den Raum vordringt, um so zahlreicher werden zwar die Objekte, doch gleichzeitig auch um so lichtschwächer und kleiner, so daß sich die Feinheiten ihrer Gestalt nur noch schwer bestimmen lassen. Hubble entschloß sich daher, nur die 600 hellsten Nebel für seine Statistik der Formen heranzuziehen. Das Ergebnis war dennoch sehr zuverlässig; es entspricht fast genau der heute noch angegebenen Verteilung der Typen. Bemerkenswert war vor allem das Überwiegen der normalen Spiralsysteme.

Als weitere charakteristische Größen zur Kennzeichnung der Nebel kommen – ähnlich wie bei Einzelsternen – die Massen, die Spektraltypen und die Leuchtkräfte hinzu. Ihre Ermittlung stellt ein recht kompliziertes Forschungsprogramm dar, an dessen Lösung sich zudem nur große Teleskope und damit relativ begrenzte Potentiale beteiligen konnten.

Flucht der Feuerräder

Der Einsatz der Spektroskope bei der Erforschung der rätselhaften »Nebel« war von Anbeginn mit nicht unbegründeten Erwartungen der Astrophysiker verbunden. Die Spektren dieser Gebilde mußten letztlich wenigstens prinzipiell ihre Natur offenbaren. Daneben war aber auch die Frage nach dem Bewegungszustand der Nebel interessant. Schon lange, bevor der wahre Charakter der Nebel erkannt war, versuchte man deshalb, auch die Dopplerverschiebungen der Linien in den Nebeln zu messen. Slipher vom Lowell-Observatorium hatte mit solchen Messungen schon um 1910 begonnen und 15 Jahre später von mehr als 50 Nebeln die Radialgeschwindigkeiten bestimmt. Nachdem der extragalaktische Charakter der Nebel erkannt worden war, stand auch schon das Resultat fest, daß diese Objekte durchweg relativ hohe Radialgeschwindigkeiten bis zu 100 kms^{-1} aufwiesen.

Freilich konnte man zunächst nicht mit Sicherheit die aufgekommene Vermutung bestätigen, daß es einen Zusammenhang zwischen der Radialgeschwindigkeit und der Entfernung der Nebel gibt, denn genaue Entfernungen waren nur von wenigen Objekten bekannt. Dies sollte sich aber bald ändern. Auch hierbei spielte der hundertzöllige Hookerspiegel eine entscheidende Rolle. Dieses Instrument vermochte weiter in das Universum vorzudringen als all seine lichtschwächeren Vorgänger und gestattete somit, auch entferntere Galaxien zu studieren. Aus Spektren von nur 2,5 mm Länge (Objekte der 18. Größenklasse mit bis zu 100 Stunden Belichtungszeit) konnten nun Einzelheiten von größter Tragweite abgeleitet werden. Die Radialgeschwindigkeiten, die man fand, übertrafen z. T. noch die durch vorherige Messungen gestiegenen Erwartungen. An einem Nebel im Großen Bären fand man eine Geschwindigkeit von 42000 kms^{-1}. Hervorstechendes Merkmal aller Radialgeschwindigkeiten war ihre einseitige Richtung: Im Durchschnitt ergaben sich ausschließlich positive Bewegungen, d. h., alle Objekte entfernten sich von uns.

Als die Methoden zur Entfernungsbestimmung besser durchgearbeitet waren, konnte man nun auch darangehen, den bereits als wahrscheinlich angesehenen Zusammenhang zwischen der Größe der Geschwindigkeiten und den Entfernungen präziser zu untersuchen. Das Ergebnis war geradezu sensationell. Unter Verwendung der Radialgeschwindigkeitsmessungen von Humason ergab sich eine lineare Beziehung zwischen der Entfernung r der Galaxien und ihrer Radialgeschwindigkeit. Dies bedeutete, daß sich alle Galaxien im Mittel mit um so größeren Geschwindigkeiten von uns entfernen, je weiter sie von uns entfernt sind. Die Geschwindigkeit dieser »Nebelflucht« sollte je eine Million Parsek um 558 kms^{-1} zunehmen. Obschon die Zahlenwerte dieser ersten Bestimmung aus dem Jahre 1929 noch recht ungenau waren, hat sich die von Edwin Powell Hubble und von Milton Humason damit entdeckte grundlegende Tatsache in den seither vergangenen Jahrzehnten trotz mancher Einwände oder Bedenken bestätigt. Die heute nach dem Entdecker Hubble benannte Konstante beträgt nach neuesten Messungen 55 kms^{-1} Mpc^{-1}. Allerdings ist der Wert noch mit einem Fehler von etwa 30 Prozent behaftet.

Alle Galaxien bewegen sich also dergestalt, daß ihre gegenseitigen Distanzen ständig wachsen. Aber die Erscheinung der Nebelflucht konnte keineswegs so gedeutet werden, als sei unser Sternsystem der Mittelpunkt der Welt. Vielmehr hat jeder Beobachter irgendeines anderen Sternsystems denselben Eindruck und stellt unter Verwendung geeigneter Hilfsmittel ebenfalls die Flucht der Spiralnebel fest. Es ist so, als ob sich die gewaltigen Galaxien – um ein zweidimensionales Analogon zu wählen – auf der Oberfläche einer Seifenblase befinden würden, deren Durchmesser ständig anwächst, weil sie aufgeblasen wird. Dadurch entfernen sich auch alle Punkte der Oberfläche voneinander, und ein Beobachter hätte an jedem beliebigen Punkt der sich vergrößernden Seifenblase den Eindruck, als sei er jeweils der Mittelpunkt der Fluchtbewegung.

In dem relativ kurzen Zeitraum von der Begründung der extragalaktischen Forschung im Jahre 1923 bis in die Mitte der fünfziger Jahre war es gelungen, eine immense Fülle von Tatsachen in Erfahrung zu bringen, deren richtige Deutung nur in engster Zusammenarbeit mit den Wissenschaftlern anderer Disziplinen möglich war. Die Diskussionen bewegten sich um folgende Fragen: Was

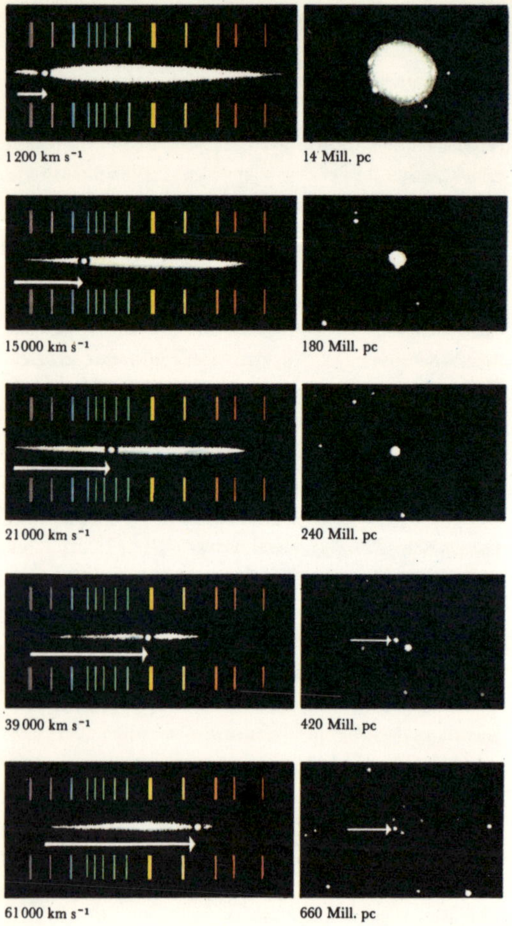

Die Beziehung zwischen »Fluchtgeschwindigkeiten« und Entfernungen extragalaktischer Sternsysteme. Rechts im Bild sind jeweils die Objekte (50 Mill. Lichtjahre – oben –, bzw. 2 700 Mill. Lichtjahre – unten – von der Erde entfernt) zu erkennen, links daneben ihre Spektren (Mitte des Bildes) im Vergleich zu irdischen Laboratoriumsspektren. Der Pfeil verweist auf die Größe der Rotverschiebung einer speziellen Linie, die ein Maß für die Fluchtgeschwindigkeit darstellt.

sind die Galaxien, welche Eigenschaften besitzen sie, wie sind sie zu dem geworden, was wir heute beobachten? Besonders seit Kenntnis der »Nebelflucht« stellte sich die Frage: Was ist das Weltall als Ganzes? Dabei zeigte sich, daß man alle diese Fragen nicht losgelöst voneinander in Angriff nehmen konnte. Schon die Entwicklung der Sterne hängt sehr eng mit ihrer Stellung als Mitglieder von Sternsystemen zusammen, und diese wieder sind als Bausteine des Universums an der Entwicklung des Ganzen entscheidend beteiligt.

Eine sensationelle Entdeckung

Nach dem allgemeinen Nachweis der Radiostrahlung aus dem Universum wurde im Jahre 1946 die erste diskrete Radioquelle gefunden. Wegen ihrer Position im Sternbild Schwan erhielt sie die Bezeichnung Cygnus A. Sechs Jahre später gelang es, diese Radioquelle mit einer optisch sichtbaren Galaxis zu identifizieren. Damit war die erste Radiogalaxis gefunden; gegenwärtig verzeichnen die Kataloge mehrere tausend solcher Objekte.

Zweifellos senden alle Galaxien auch Radiostrahlung aus, aber die Energiemenge, die auf diesen Teil der Strahlung entfällt, ist gering, verglichen mit der Energie im Bereich des sichtbaren Lichts. Anders bei den Radiogalaxien. Dort kann sie die im sichtbaren Bereich abgestrahlte Energie durchaus um den Faktor 100 übertreffen.

Aus dem Spektrum der Radiostrahlung kann man entnehmen, daß es sich nicht um thermische Emission handelt, so daß also besondere Vorgänge in den Galaxien für ihre Entstehung verantwortlich sein müssen. Bei der Erklärung der Radioemissionen denkt man deshalb hauptsächlich an den Synchrotroneffekt: Die Radiostrahlung entsteht durch rasche Bewegung von Elektronen.

Von großem Interesse war für die Astrophysiker unter anderem die Frage, welche Typen von Galaxien bevorzugt als Radiostrahler auftreten. Bei den entsprechenden Untersuchungen zeigte sich, daß der Hauptanteil auf die großen elliptischen Systeme entfällt.

Genaue Energiemessungen zeigten, daß die Radiogalaxien z. T. so erhebliche Energiemengen abstrahlen, daß ihr gesamter Energievorrat auf diese Weise sehr rasch aufgebraucht würde: Daraus resultierte scheinbar, daß die Radiogalaxien nur eine extrem kurze Lebenszeit von etwa 10 Millionen Jahren besitzen können. Aufschlußreich ist aber die Tatsache, daß die Häufigkeit, mit der die Radiogalaxien unter den normalen Sternsystemen auftreten, nur etwa ein Zehntausendstel beträgt. Dies ist ein deutlicher Hinweis auf eine andere

Alternative: Radiogalaxien sind nicht kurzlebig; sie stellen lediglich eine zeitlich begrenzte Phase innerhalb des Lebensweges der Sternsysteme dar, die entsprechend rasch durchlaufen wird.

Wodurch könnte diese Lebensphase gekennzeichnet sein, und wie könnte man sich den eventuellen Übergang in das Stadium normaler Sternsysteme vorstellen? Diese naheliegenden Fragen sind leider schwer zu beantworten. Zunächst zeigte sich bei allen Radiogalaxien eine besondere Aktivität des Galaxienkerns, die z. T. auch optisch außerordentlich eindrucksvoll hervortritt. Bei einer ganzen Reihe von Objekten fand man Materieauswürfe aus dem offenbar stark verdichteten Zentralgebiet. So schießt z. B. aus dem dichten Kern der Galaxie M 82 ein gigantischer Materiestrom mit Geschwindigkeiten von rund 1 000 kms^{-1}.

Von den Galaxien mit hohen Aktivitäten des Kerns lassen sich mehrere Typen unterscheiden. Die Astrophysiker kennzeichnen je nach den besonderen Eigenschaften insbesondere die Seyfertgalaxien, die N-Galaxien und die Markanjangalaxien. Bei den Seyfertgalaxien handelt es sich um Objekte mit enormen Materieauswürfen aus dem Kern, die vornehmlich im Bereich der sichtbaren Lichtstrahlung emittieren. Nur in Ausnahmefällen kommt bei ihnen Radiostrahlung vor. Die kernaktiven Markanjangalaxien hingegen – benannt nach ihrem Entdecker, dem sowjetischen Astronomen des Observatoriums Bjurakan – emittieren vornehmlich im UV-Gebiet des Spektrums (Blaue Galaxien). Die N-Galaxien (N = Nucleus, Kern) besitzen einen stark ausgeprägten Kern, so daß die äußeren Teile nur als schwacher Saum in Erscheinung treten. Gelegentlich findet man unter diesen Objekten starke Radiostrahler.

Im dritten Cambridger Katalog von Radioquellen (3 C) sind unter anderem einige sehr starke Radiostrahler verzeichnet, die aber offenkundig nur einen sehr kleinen Winkeldurchmesser besitzen. Als man nun gegen 1960 die ersten großen Radiointerferometer einsetzte – mehrere weit voneinander entfernt aufgestellte, elektrisch aber miteinander verbundene Radioteleskope – gelang es, die Positionen einiger dieser Quellen so genau zu bestimmen, daß ihre Identifizierung mit optisch bekannten Quellen möglich wurde. Der Vergleich mit den zugehörigen, auf fotografischen Platten festgehaltenen Objekten führte zu einer der überraschendsten und bedeutendsten Entdeckungen in der neueren Astrophysik. In drei Fällen, bei den Objekten 3C48, 3C196 und 3C286, fand man nahe der Radioposition lediglich je ein schwach leuchtendes punktförmiges Objekt mit kontinuierlichem Spektrum und schwach ausgeprägten, aber sehr breiten Emissionslinien. Da sich die optischen Bilder dieser im Radiowellengebiet so außergewöhnlich hellen Gebilde nicht von dem normaler Sterne unterschieden, entschloß man sich, die neuen Objekte, von denen innerhalb kurzer Zeit immer mehr gefunden wurden, als Quasare (quasistellare Radioquellen) zu bezeichnen.

Die wichtigste Eigenschaft dieser merkwürdigen Objekte besteht darin, daß die Linien ihrer Spektren außergewöhnlich große Rotverschiebungen aufweisen. Anfangs hatte man lange gerätselt, zu welchen chemischen Elementen die in den Spektren entdeckten Linien überhaupt gehören konnten; dann endlich – nach drei Jahren – fand man die typische Sequenz der Balmerlinien des Wasserstoffspektrums, allerdings um nicht weniger als 80 nm gegenüber der Laboratoriumsposition verschoben!

Aus den enormen Rotverschiebungen ergaben sich die grundlegenden Fragen der Astrophysiker wie von selbst: Wodurch konnten diese Rotverschiebungen verursacht werden? Theoretisch mußte man mehrere Möglichkeiten einräumen. Einmal konnte es sich um so extrem massereiche Objekte handeln, daß die beobachtete Linienverschiebung der Einsteinschen Rotverschiebung im Schwerefeld der Objekte entsprach. Zum anderen war natürlich auch an eine Dopplerverschiebung als äußerer Ausdruck extrem hoher Radialgeschwindigkeiten zu denken. Dabei wurde nun wiederum eine »lokale« und eine »kosmologische« Deutung unterschieden. Obwohl sich bei einer Dopplerinterpretation der Verschiebungen Radialgeschwindigkeiten bis nahe an die Lichtgeschwindigkeit ergaben, zog eine Gruppe von Astrophysikern den Schluß, daß die Quasare möglicherweise als Folge einer Explosion im Zentrum eines Sternsystems entstanden sein konnten, wobei sie ihre große kinetische Energie erlangten. Diese Hypothese war aber insofern recht unwahrscheinlich, als man in den Quasarspektren ausschließlich Rotverschiebungen entdeckte und niemals Blauverschiebungen.

Demgegenüber war eine weitaus größere Gruppe von Astrophysikern davon überzeugt, daß die hohen Geschwindigkeiten der Quasare durch ihre Teilnahme an der Expansion des Universums bedingt seien. Dann allerdings mußten sich die Quasare in extrem großen Entfernungen befinden, und zwar entsprechend ihrer hohen Fluchtgeschwindigkeit nach der Hubblebeziehung. Schloß man sich dieser Deutung der Rotverschiebung aber an, so entstand umgehend ein neues Problem: Da sich die rätselhaften Objekte mit Hilfe optischer Instrumente nicht auflösen ließen, mußten sie bei den aus ihrer Rotverschiebung folgenden Entfernungen zwangsläufig relativ geringe Dimensionen besitzen. Diese ließen sich zu etwa 10^{17} cm berechnen. Das ist nicht mehr als rund ein Zehntel Lichtjahr. Die Dimension der Quasare betrug somit nur etwa ein Millionstel der Abmessungen eines Sternsystems; die Energiemengen, die von diesen Objekten ausgingen, entsprachen jedoch der Strahlungsleistung von 10^{13} bis 10^{14} Fixsternen, d. h. von rund 100 bis 1000 normalen Galaxien!

Der Deutung des Quasarphänomens stand man anfangs fast hilflos gegenüber, während gleichzeitig die Anzahl der bekannten Quasare ständig wuchs. Die bisher größte gemessene Rotverschiebung fanden amerikanische Wissenschaftler beim Quasar OH 471; als Dopplereffekt gedeutet, entspricht die Linienverschiebung einer Fluchtgeschwindigkeit von 270000 kms^{-1}, so daß der Quasar über 10 Milliarden Lichtjahre entfernt ist.

Die relativ plötzliche Konfrontation der Astrophysiker mit den ungewöhnlichen Objekten löste große Aktivitäten der Forschung aus, führte aber auch zu recht sonderbaren und physikalisch ungenügend begründeten Spekulationen.

Trotz intensiver Forschungsarbeit mußte ein bekannter Vertreter der relativistischen Astrophysik noch nach der dritten Internationalen Konferenz über Quasare im Jahre 1967 das Resümee ziehen, daß die Anerkennung irgendeiner der damals diskutierten Quasarhypothesen nicht viel mehr als eine Glaubenssache sei.

Gegenüber den ursprünglichen Fakten waren zahllose neue Erkenntnisse hinzugekommen, die gleichzeitig neue Schwierigkeiten mit sich brachten. Dazu gehörte vor allem die Beobachtung rascher, beachtlicher Intensitätsänderungen der Quasare. Die Blauhelligkeit einer Quelle hatte sich z. B. in nur drei Jahren verzehnfacht und innerhalb weniger Monate um einen Faktor Fünf geschwankt. Im Röntgenbereich beobachtete man sogar Intensitätsänderungen innerhalb weniger Stunden. Eine Identifikation von Quasaren mit Sternsystemen hingegen war in keinem einzigen Fall gelungen.

Ein sehr interessanter Befund war die Tatsache, daß die Seyfertgalaxien, die N-Galaxien und die Quasare offenbar einer Sequenz angehören, wenn man ihre Rotverschiebungen untersucht. Es stellte sich heraus, daß die Quasare die größten Rotverschiebungen besitzen, die Seyfertgalaxien die kleinsten und die N-Galaxien gerade dazwischen liegen. Geht man davon aus, daß die kosmologische Deutung der Rotverschiebung zutreffend ist, so bedeutet dies, daß die Objekte mit immer größeren Rotverschiebungen nicht allein immer weiter draußen in den Tiefen des Universums liegen, sondern auch Zustände der Materie in einer immer weiter zurückliegenden Vergangenheit repräsentieren. Aus diesem Befund und der bereits vorher bekannten Tatsache, daß die gewöhnlichen Radiogalaxien zum elliptischen Typ der Hubbleschen Nebel gehören, war zu entnehmen, daß es sich bei allen neuentdeckten Klassen von Radioobjekten, einschließlich der Quasare, möglicherweise um Entwicklungsstufen von Sternsystemen handelt. Über die Mechanismen der Energiefreisetzung in den Quasaren kann man nach wie vor noch keine zuverlässigen Auskünfte geben.

Vom Lebensweg der Galaxien

Das Studium der gewaltigen Sterninseln im Weltall führt zwangsläufig wieder auf Fragen des Werdens, des Entstehens und Vergehens, also der Evolution im Kosmos. Verständlicherweise sind die gegenwärtig möglichen Angaben über den Lebensweg der Galaxien von der Geburt bis zum Tod ungleich spärlicher als bei Einzelsternen.

Die Forscher gehen davon aus, daß auch die Sternsysteme entweder aus einer gleichmäßig verteilten Materie durch Kontraktion hervorgegangen sind oder aus hochverdichteten Objekten entstanden. In diesem Falle bleibt dann allerdings die Frage nach der Herkunft der hochverdichteten Gebilde offen.

Die zuletzt genannte Ansicht vertritt der sowjetische Astrophysiker Viktor A. Ambarzumjan. Er fußt bei seiner 1958 entworfenen Theorie der Entstehung von Sternsystemen auf einer Reihe beobachtungsmäßig gesicherter Erkenntnisse und behauptet, in den Kernen der schon vorhandenen Sternsysteme sei die Quelle für die Geburt neuer Sternsysteme zu suchen. Dabei kann er sich hauptsächlich auf die in den letzten Jahren, nicht zuletzt an dem von ihm geleiteten Institut, dem Observatorium von Bjurakan, entdeckten Galaxien mit sehr aktiven Zentralregionen stützen. Sogar die interstellare Materie soll auf die explosionsartig ablaufenden Auswürfe zurückzuführen sein, die sich in den Galaxienkernen abspielen.

Ambarzumjan betont unter anderem die von der Forschung gesicherte Tatsache, daß die Sternsysteme in Gruppen oder Haufen angeordnet sind, von denen man gegenwärtig etwa 10000 kennt. Auch unser Milchstraßensystem ist Bestandteil einer solchen, wenn auch mit 20 Mitgliedern relativ kleinen Galaxiengruppe. Ambarzumjan verweist darauf, daß die Entstehung der Gruppen physikalisch zusammengehöriger Galaxien durch Einfang der Mitglieder höchst unwahrscheinlich sei. Die Tatsache, daß die einzelnen Mitglieder der Haufen z. T. mit hohen Geschwindigkeiten auseinanderstreben, gilt als weiteres Zeichen dafür, daß sie aus einem hochverdichteten Urkörper entstanden sein könnten.

Neue Beobachtungsbefunde verliehen der Hypothese von Ambarzumjan noch mehr Nachdruck: Vor einigen Jahren veröffentlichte Halton C. Arp vom Hale-Observatorium eine Fotografie sowie die Ergebnisse einiger Messungen an der Galaxie NGC 772 und deren Nachbarobjekten. Arp fand aus der Rotverschiebung in den Spektrallinien eine

Zeichnung des Spiralnebels M 51 von Lord Rosse

Der Spiralnebel M 51 im Sternbild Jagdhunde

»Fluchtgeschwindigkeit« von 2430 kms^{-1}. Die Fluchtgeschwindigkeiten der Nachbargalaxien betragen hingegen 19700 kms^{-1} und 20200 kms^{-1}. Nach der Hubbleformel würde dies bedeuten, daß sich die beiden kleinen Sternsysteme mit der hohen Fluchtgeschwindigkeit etwa achtmal so weit von uns entfernt befinden wie NGC 772. Ihre Nachbarschaft auf der Fotografie wäre demnach rein zufällig. Nun soll aber eine genaue Auswertung des fotografischen Dokuments gezeigt haben, daß zwischen der großen Galaxie und den beiden Nachbarobjekten sogenannte Materiebrücken bestehen. Daraus wurde geschlossen, daß alle drei Objekte etwa gleichweit von uns entfernt sind und die hohen Radialgeschwindigkeiten der kleinen Systeme Ausdruck ihrer großen kinetischen Energie sind, die sie bei ihrem »Auswurf« aus der »Muttergalaxie« erhalten haben. In zahlreichen anderen Fällen hat man gefunden, daß an den Spiralarmen gewöhnlicher Galaxien »Tochtersysteme« hängen, die ebenfalls erst vor relativ kurzer Zeit entstanden sind.

Jedoch wurden hinsichtlich der Echtheit von solchen »Materiebrücken« ernsthafte Bedenken angemeldet, weil diese Brücken vermutlich durch fotografische Effekte vorgetäuscht werden.

Auf jeden Fall aber ist die Annahme begründet, daß nicht allein die Sternentstehungsprozesse in den Galaxien gegenwärtig fortdauern, sondern auch der Prozeß der Entstehung von Galaxien ständig im Gang ist. Andererseits muß es in der Vergangenheit des Weltalls eine Zeit gegeben haben, in der noch keine Galaxien vorhanden waren.

Der Entwicklungskosmos

Von alters her besteht ein lebhaftes Interesse an der Frage nach der Welt als Ganzem. Zu allen Zeiten haben kühne Denker das ihnen zur Verfügung stehende Faktenmaterial gedanklich erweitert und Modelle des gesamten Universums entworfen. Heute gibt es eine Wissenschaft, die sich mit diesen komplizierten Fragen beschäftigt: die Kosmologie. Sie fragt nicht nach den speziellen Erscheinungsformen der Materie. Nicht Atomen, Molekülen, auch nicht den Planeten, Sonnen oder Sternsystemen gilt das Hauptinteresse der Kosmologie. Sie betrachtet das Universum vielmehr durch ein »ganz grobes Raster« und berücksichtigt nur einige allgemeingültige und hervorstechende Merkmale über die Materie im Universum. Die Hauptfragen der Kosmologie lauten: Wie ist das Universum als Ganzes aufgebaut, und welche Lebensgeschichte hat es?

Von welchen Grundannahmen geht die heutige Kosmologie in Anknüpfung an die Beobachtungstatsachen aus? Von wesentlicher Bedeutung ist die Annahme, daß die Grundgesetze der Physik überall und immer Gültigkeit besitzen. Fundamental ist weiter die Annahme, daß es im gesamten Universum keinerlei ausgezeichnete Richtungen oder Orte gibt, was auch als »Prinzip des perfekten Kopernikanismus« bezeichnet wird. Mathematisch bedeutet dies, daß die Materie im Universum homogen und isotrop verteilt ist. Jeder Beobachter im Weltall, wo er sich auch immer befinden mag, hat von seinem Standort den gleichen Anblick des Weltalls: Er beobachtet insbesondere dieselben Werte für die mittlere Dichte und dieselben Bewegungsverhältnisse, also auch dieselben Gesetze der Expansion des Weltalls.

Die Konzentration der Materie in gewaltigen Sternsystemen und in Haufen solcher Sternsysteme wird als großräumig gleichmäßig angenommen, wie dies die Beobachtungen auch nahelegen, selbst wenn man die Konzentration der Galaxien zu Gruppen und Haufen betrachtet. Verglichen mit den gewaltigen Räumen zwischen den Sternsystemen, ist ihre Ausdehnung so gering, daß man zu einer solchen Annahme durchaus berechtigt ist. Als mittlere Dichte ergibt sich der außerordentlich geringe Wert von etwa $4 \cdot 10^{-31}\,g \cdot cm^{-3}$, der allerdings nur unbefriedigend gesichert ist. Will man sich die ungeheure »Leere« des Weltalls, die durch diesen Wert ausgedrückt wird, veranschaulichen, so muß man sich vor Augen halten, daß dies einer Materieansammlung von ungefähr einem Wasserstoffatom je Kubikmeter entspricht!

Alle Aussagen über das Universum als Ganzes basieren heute außer auf dem »Prinzip des perfekten Kopernikanismus« auf der allgemeinen Relativitätstheorie, die Albert Einstein (1879–1955) im Jahre 1916 publizierte und die zu den großen und grundlegenden Leistungen der Wissenschaft des 20. Jahrhunderts zählt. Die Relativitätstheorie ist eine Theorie der Gravitation. Sie beschreibt somit die einzige weitreichende von allen universellen Wechselwirkungen, die wir kennen. Die Relativitätstheorie ist daher ihrer Natur nach geeignet, kosmologische Fragen beantworten zu helfen. Im Unterschied zur Newtonschen Gravitationstheorie hängen in der allgemeinen Relativitätstheorie die Struktur des Raumes und die Verteilung der Massen unmittelbar miteinander zusammen.

Kuppelbau des 2-m-Zeiss-Universal-Spiegelteleskops im Karl-Schwarzschild-Observatorium der Akademie der Wissenschaften der DDR, Tautenburg/Jena

Die Struktur des Raumes ist allerdings im allgemeinen nicht mehr – wie der unseren Vorstellungen entsprechende Raum – euklidisch. Die Möglichkeit nichteuklidischer Räume war bereits im 19. Jahrhundert durch die Mathematiker Carl Friedrich Gauß, Nikolai Iwanowitsch Lobatschewski und Bernhard Riemann aufgedeckt worden. Freilich wußten diese Gelehrten damals nicht, daß solche Räume möglicherweise in der Realität tatsächlich vorkommen.

Eine anschauliche Vorstellung kann man sich von diesem Raum allerdings nicht machen.

Der erste Physiker, der ein Modell des Universums unter Verwendung der Relativitätstheorie entwickelte, war Einstein selbst. Sein Resultat war ein statistischer (Riemannscher) Kugelraum. Ein solches im Gleichgewicht befindliches Universum hat ein endliches Volumen und ist gleichzeitig unbegrenzt. Infolge der Gesamtwirkung aller kosmischen Massen weist es gerade eine solche Krümmung auf, daß es in sich selbst zurückläuft. Das zweidimensionale Analogon eines solchen Kosmos ist die Kugeloberfläche. Sie ist ebenfalls endlich und ohne Grenze. Ein Lichtstrahl, der irgendwo in diesem »Einsteinschen Universum« ausgesendet wird, muß nach Ablauf einer endlichen Zeit das gesamte Weltall einmal umlaufen haben, wie ein Wanderer, der, auf einer Kugeloberfläche stets geradeaus schreitend, nach Ablauf einer endlichen Zeit seinen Ausgangspunkt wieder erreicht. Dieses »Einsteinsche Universum« besitzt einen endlichen Masseninhalt, der sich aus dem Volumen und der mittleren Dichte ergibt. Eine Entwicklung des Universums als Ganzes existiert nicht.

Wenige Jahre später zeigte der sowjetische Mathematiker Alexander A. Friedmann (1888–1925) jedoch, daß ein solches Universum zu den Gleichungen der allgemeinen Relativitätstheorie im Widerspruch steht. Friedmann konnte nachweisen, daß sich der Kosmos entweder ausdehnen oder zusammenziehen muß, also nur als Entwicklungskosmos denkbar ist. Dieses Resultat erschien den meisten zeitgenössischen Fachleuten dermaßen absurd, daß sie daraus geradezu die Unbrauchbarkeit der Relativitätstheorie für die Lösung kosmologischer Fragen ableiteten.

Erst als Hubble und Humason die allgemeine Expansion des Weltalls entdeckt hatten, wurde der Friedmannsche Entwicklungskosmos ernsthafter diskutiert. Heute ist die Flucht der Spiralnebel einer der wichtigsten Beobachtungsbefunde für die gesamte Kosmologie.

Hat die Welt ein bestimmtes Alter?

Die beobachtete Expansion des Universums führt zwangsläufig auf die Frage nach dem früheren und zukünftigen Zustand des gesamten Weltalls. Mit Hilfe der Hubblekonstante, die den Zuwachs an Expansionsgeschwindigkeit mit dem Abstand der Galaxien angibt, läßt sich ohne Schwierigkeiten eine formale »Rückwärtsrechnung« durchführen. Sie gibt uns an, wann der Vorgang der Expansion begonnen hat (»Weltalter«). Legt man den heute angenommenen Wert der Hubblekonstante, dem allerdings noch Ungenauigkeiten anhaften, mit $H = 55\,\mathrm{kms}^{-1} \cdot 10^6$ Parsek zugrunde, so findet man als Weltalter bei linearer Rückrechnung einen Wert von rund 18 Milliarden Jahren. Das bedeutet, daß vor rund 18 Milliarden Jahren die heute noch zu beobachtende Expansion des Weltalls begonnen hat.

Die Rückwärtsrechnung führt allerdings auf einen Widerspruch mit den Gleichungen der allgemeinen Relativitätstheorie, die sogenannte »kosmologische Singularität« (Zusammenschrumpfen aller Distanzen auf Null). Idealistische Philosophen und Physiker haben daraus Kapital für eine »moderne Schöpfungstheorie« zu schlagen versucht. Physikalisch ist jedoch die Frage nach dem Zustand der Materie während der »kosmologischen Singularität« oder gar vorher völlig sinnlos, denn über die Zustandsgleichungen der Materie unter derartigen zweifellos äußerst ungewöhnlichen Bedingungen ist noch nichts bekannt. Es führt daher auch nicht weiter, wenn die Frage nach dem Zustand der Welt während und vor der Singularität gestellt wird. Andererseits wird schon heute intensiv an einer Theorie gearbeitet, die in der Lage ist, die ungewöhnlichen Bedingungen in der »Anfangsphase« des Weltalls zu beschreiben.

Die Galaxien M 81 und M 82 (unten), ein irreguläres Sternsystem, auch als Radioquelle (3 C 231) bekannt

Auf diesem Gebiet sind in jüngster Vergangenheit große Fortschritte erzielt worden, besonders durch das enge Zusammenwirken von Elementarteilchenphysikern mit Vertretern der Kosmologie und durch neue Erkenntnisse der Mikrophysik.

Kurz nach der »kosmologischen Singularität«, also vor rund 18 Milliarden Jahren, muß sich das Weltall in einem wesentlich anderen Zustand befunden haben als heute: Die Materie zeichnete sich durch eine ungewöhnlich hohe Dichte und Temperatur aus. Gleichzeitig war eine intensive und sehr energiereiche Strahlung vorhanden. Galaxienhaufen, einzelne Galaxien oder gar Sterne gab es in dieser Frühphase des Universums noch nicht.

Die energiereiche Strahlung, die damals alle anderen vorhandenen Energieformen bei weitem übertraf, kann als ein hochverdichtetes Photonengas aufgefaßt werden. Infolge der Expansion des Universums verdünnte sich dieses Photonengas ständig, und die einzelnen Lichtquanten erlitten außerdem einen Energieverlust. Die anfängliche Temperatur von einigen Milliarden Grad mußte daher ständig abnehmen. Bleibt die Photonenzahl konstant, so muß das Gas jedoch zu jeder Zeit dem Planckschen Strahlungsgesetz genügen. Die Berechnungen ergaben, daß die gegenwärtige Temperatur des Photonengases nur noch einige Grad Kelvin betragen sollte. Daraus ergibt sich ein elektromagnetisches Spektrum mit maximaler Strahlungsintensität im Bereich der Dezimeterwellen.

Tatsächlich hat nun die Radioastronomie im Jahre 1965 eine aus allen Himmelsrichtungen gleichmäßig einfallende Radiostrahlung entdeckt, die einer Planckschen Strahlungstemperatur von etwa 3 K entspricht. Die relativistische Kosmologie deutet diese isotrope Hintergrundstrahlung als ein Überbleibsel aus dem durch Rückrechnung der Expansion gefundenen Frühzustand des Universums.

Die Entdeckung der 3 K-Reststrahlung und die von Hubble gefundene Expansion des Universums weisen also darauf hin, daß die Vorstellung vom relativistischen Evolutionskosmos zutreffend ist. Insbesondere wurde eine andere, zeitweise vieldiskutierte Theorie über das Universum durch die Entdeckung der 3 K-Strahlung widerlegt, die sogenannte Steady-State-Theorie von Hermann Bondi, Thomas Gold und Fred Hoyle. In dieser Theorie wurde behauptet, daß der Anblick des Weltalls sich trotz stattfindender Expansion niemals ändere und insbesondere auch keine Vergrößerung der Abstände der Galaxien, verglichen mit anderen Naturkonstanten wie Atomradius usw., stattfinde, da ständig neue Materie entstehe. Die Hintergrundstrahlung zeigt aber gerade, daß seit dem Beginn der Expansion keine neuen Photonen hinzugekommen sind, ganz abgesehen davon, daß die Behauptung von der »Neuentstehung« von Materie im Universum stark spekulativen Charakter trägt.

Der heutige Zustand des Universums ist also tatsächlich als Folge des hochverdichteten Zustandes vor mehreren Milliarden Jahren gut zu verstehen. Allerdings enthielt dieses Szenario des Urknalls auch manches unbefriedigende, weil unverständliche Detail. Zum Beispiel das »Horizontproblem«: Die gegenwärtig von uns empfangene 3 Kelvin-Strahlung muß sich offenbar seit dem Urknall stets in eine Richtung bewegt haben. Wir stellen nun aber – unabhängig von der Richtung, aus der die Strahlung zu uns gelangt – übereinstimmende Eigenschaften fest. Dies ist schwer zu verstehen, weil die Gebiete, in denen die Hintergrundstrahlung aus zwei entgegengesetzten Richtungen entstand, bis heute keine Gelegenheit hatten, sich gegenseitig zu beeinflussen. Nimmt man jedoch an, das Universum habe in einer sehr frühen Phase seiner Entwicklung eine extrem rasche Expansion durchgemacht, dann verschwindet diese Paradoxie. Dann können sich nämlich Gebiete des Universums zu einem früheren Zeitpunkt sehr wohl beeinflußt haben, in denen später (etwa eine Million Jahre nach dem Beginn der Expansion) die heutige 3 Kelvin-Strahlung entstand. Ein solches »inflationäres Universum«, das in seinen ersten 10^{-35} bis 10^{-33} Sekunden mindestens um den Faktor 10^{50} gewachsen ist, löst also das Horizontproblem. Das in den Jahren 1981/82 entwickelte Modell des inflationären Universums enthebt uns aber auch noch einer anderen Ungereimtheit, die als Flachheitsproblem bezeichnet wird: Wir wissen aus Beobachtungen, daß der wirkliche Raum des Universums nicht allzu stark vom Raum unserer Anschauung abweicht, d. h., daß er keine nennenswerte Krümmung aufweist, also »flach« ist. Um dies festzustellen, kann man sich z. B. des Studiums der Fluchtgeschwindigkeiten der Galaxien bedienen. Diese wiederum kann dadurch untersucht werden, daß man die Hubblekonstante für möglichst weit entfernte Objekte bestimmt. Diese Objekte stellen gleichzeitig ein Stück tiefer Vergangenheit des Universums dar und geben uns daher Auskunft darüber, ob die Hubblekonstante tatsächlich eine Konstante ist oder nicht. Die Frage lautet also: Zeigen die weit entfernten Galaxien ebenfalls eine gleichförmige Bewegung, oder gibt es Abweichungen davon? Fänden wir für sehr weit entfernte Galaxien oder Entwicklungsstadien von Galaxien (beispielsweise Quasare) eine größere Hubblekonstante, so hieße dies, daß die Expansionsgeschwindigkeit sich verlangsamt. Die Bremsung wäre, anschaulich gesprochen, eine Folge der Schwerkraft. Die Gravitation wäre stärker als die Energie der Expansion. Nach Erreichen eines maximalen Durchmessers des Kosmos würde dann zwangsläufig eine Zusammenziehung des Universums beginnen. Der bisher bestimmte lineare Zusammenhang zwischen Fluchtgeschwindigkeit der Nebel und ihrer Entfernung wäre demnach nur annähernd gültig.

Leider reichen die gegenwärtig vorhandenen Instrumente noch nicht aus, um mit der genügenden Sicherheit Aussagen über jene Raumtiefen zu machen, deren Ausmessung unbedingt erforderlich wäre, wenn diese schwierige Frage beantwortet werden soll. Kurzum: Das gegenwärtig angenommene Expansionsgesetz ist nicht mit der genügenden Sicherheit bekannt, um zu entscheiden, ob es sich um eine abgebremste Expansion handelt oder nicht.

Physikalisch plausibel ist die Tatsache, daß die Abbremsung der Expansion von der mittleren Dichte der Materie im Universum entscheidend bestimmt wird. Leider ist deren Zahlenwert ebenfalls nicht mit der für eine theoretische Entscheidung erforderlichen Genauigkeit bekannt. Somit bleibt auch die Frage nach der Struktur des Universums unbeantwortet, denn nach dem relativistischen Zusammenhang zwischen Gravitation und Geometrie der Raum-Zeit-Welt bestimmt die Materiedichte auch die Struktur der relativistischen Weltmodelle. Der für die Frage der Zukunft des Universums bedeutsame Verzögerungsparameter ist deshalb gleichzeitig auch geeignet, die Frage nach der Struktur des Alls zu beantworten: Liegt er zwischen 0 und 0,5, so haben wir es mit einem (Riemannschen) hyperbolischen Raum zu tun. Beträgt der Parameter genau 0,5, so handelt es sich um einen euklidischen Raum, ist der Parameter aber größer als 0,5, so ist das Universum ein geschlossener (Riemannscher) Raum. In den beiden ersten Fällen ist das Universum räumlich unendlich, im letzten endlich. So wenig wir die mittlere Massendichte im Weltall heute auch genügend genau kennen, so gilt doch als sicher, daß sie in der Nähe jenes kritischen Wertes liegt, oberhalb dessen die beobachtete Expansion wieder in eine Implosion umschlagen muß. Diese Tatsache jedoch, daß das Verhältnis der wirklichen Dichte zur kritischen Dichte nahe bei eins liegt, besitzt keinen ersichtlichen theoretischen Grund. Dennoch bedarf dieser Befund, der das genannte Flachheitsproblem darstellt, natürlich einer Erklärung. Das Inflationsmodell liefert sie, denn die inflationäre Phase der Entwicklung des Universums verringert ehemals große Krümmungen des Raumes derart stark, daß sich letztlich ein nahezu flacher Raum ergibt.

In der letzten Zeit haben sich die Forscher auch der Frage zugewendet, was vor der Inflation des frühen Universums passierte, d. h. in den ersten 10^{-33} Sekunden. Die gewachsenen Erkenntnisse über die Physik der Elementarteilchen gestatten uns jetzt, auch über diese extrem frühen Zustände des Universums wissenschaftlich begründete Aussagen zu machen einschließlich der Frage, warum es zur Inflation überhaupt gekommen ist. Das Prinzip ist dabei stets: Wir beobachten bis heute die Folgen des Geschehens in den frühesten Momenten nach der kosmologischen Singularität und schließen aus diesen beobachtbaren Folgen auf die Ursachen.

Die »spätere« Geschichte des Weltalls, etwa ab 0,0002 Sekunden nach dem Urknall, liegt heute schon recht klar vor unseren Augen. Damals, bei einer Temperatur von etwa 10^{12} K, begann die sogenannte Leptonenära. Elektronen und Myonen (Vertreter der leichten, negativ geladenen Teilchen, Leptonen) erfüllten den Raum. Mit abnehmender Temperatur entstanden auch Protonen und Neutronen. Dann folgte, etwa 16,5 Minuten nach dem »Urknall«, bei einer Temperatur von 4×10^8 K die Strahlungsära. Der Aufbau des Weltalls wurde jetzt für rd. 600 000 Jahre hauptsächlich durch den Strahlungsdruck bestimmt. Bei fallender Temperatur wurde aus Wasserstoff Helium aufgebaut; auch einige schwerere Elemente entstanden. Der heutige Anteil von Helium im Universum ist einzig aus dieser Frühphase des Weltalls heraus zu verstehen. Obschon auch im Innern von Sternen Helium aus Wasserstoff synthetisiert wird, ist doch der beobachtete Heliumanteil des Universums allein daraus nicht zu erklären.

Als die Temperaturen bis auf etwa 3 000 K gesunken waren, reichten sie nicht mehr aus, um die Wasserstoffatome zu ionisieren. Durch diesen Prozeß war das Weltall zuvor mit zahllosen freien Elektronen ausgefüllt gewesen, die das Entweichen der Strahlung verhinderten. Nunmehr entfiel jedoch diese Barriere, und das Weltall wurde durchsichtig. Nicht die Strahlung, sondern die Teilchen und damit die Gravitation bestimmten das Geschehen. Materie und Strahlung wurden »entkoppelt«. Es begannen jene Vorgänge, die unmittelbar in das uns heute geläufige Bild des Universums einmündeten, das von Galaxien und Galaxienhaufen und der großräumigen Verteilung dieser Bausteine des Weltalls bestimmt ist.

Dieses hier nur grob skizzierte Bild des Kosmos von seiner inflationären Phase bis zum heutigen Zustand – rd. 1,8 Milliarden Jahre nach dem Urknall – stellt insgesamt einen eindrucksvollen Beweis für die Erkenntnisfähigkeit des Menschen dar. Dennoch ist es alles andere als vollkommen. Nach wie vor ist die Geschichte des Weltalls voller Geheimnisse. Aber die Fortschritte der vergangenen zehn Jahre auf diesem Gebiet sind in vielem erstaunlich, überraschend und faszinierend.

KEINE FORSCHUNG OHNE TECHNIK

Fortschritt ist die Mutter von Problemen.
Chesterton

Technik und Geschichte

Eine immense Rolle im Prozeß der Forschung spielen die Forschungsinstrumente. Sie bringen den engen wechselseitigen Zusammenhang zwischen wissenschaftlicher Forschung als einem Teil der menschlichen Arbeit und dem Stand der Produktivkräfte als Ergebnis der gesamten menschlichen Arbeit zum Ausdruck. Die Geschichte selbst belehrt uns eindrucksvoll darüber, daß Wissenschaft und Technik nicht aus sich selbst heraus begriffen werden können, sondern stets als ein Teil der gesamten Bedingungen der menschlichen Gesellschaft. Wie sich dabei zeigt, ist der Fortschritt in Wissenschaft und Technik letztlich durch die gesellschaftliche Praxis, primär durch die objektiven Erfordernisse der materiellen Produktion bestimmt.

Auch die Entwicklungsgeschichte der immer komplizierter gewordenen astronomischen Forschungsinstrumente beweist die enge wechselseitige Beziehung zwischen Ökonomie, Technik und Wissenschaft. Einige Beispiele mögen genügen: England hatte den Übergang zur bürgerlichen Gesellschaft durch die Revolution von 1642 besonders früh vollzogen. Die Beschränkungen, die der Feudalismus der Produktion auferlegt hatte, waren beseitigt, einer freien Entfaltung der Manufaktur stand nichts mehr im Wege. Die sich nun anbahnende rasche technische Entwicklung wurde durch den Mangel an Holz, der in England herrschte, noch begünstigt. Kohle als Brennstoff und Gußeisen als Baumaterial wurden deshalb in Mengen produziert. Das Transportwesen hatte mit diesem stürmischen Trend mitzuhalten.

Gerade diese Entwicklung macht es verständlich,

Allegorischer Holzschnitt »Zu den Sternen empor« (1520) – eine Vorahnung der Weltraumfahrt?

daß England als »Werkstatt der Welt« nicht nur allen anderen Ländern im 18. Jahrhundert in der Feinmechanik weit voraus, sondern auch in der Lage war, die größten Fernrohre zu bauen, über die bis dahin Astronomen jemals verfügten. Friedrich Wilhelm Herschel, der geniale Beobachter und Erforscher der Fixsternwelt war ihr geistiger Vater. Seine größten Instrumente verlangten Montierungen von bis dahin unbekannter Präzision und Abmessung. Die gesamte Konstruktion seines 1,2-m-Spiegelteleskops hatte die beträchtliche Masse von 30000 kg (30 t). Der Tubus des Instruments, an dessen Ende der gigantische Metallspiegel lagerte, war über 12 m lang und wurde aus einzelnen Platten zusammengefügt. Herschel berichtet, daß bei der Formung und Verbindung dieser Metallplatten die gleichen Technologien Anwendung fanden, die auch bei der Herstellung von Brückenbögen und Ofenrohren üblich waren.

Man könnte diese Beispiele um andere vermehren. Es gab zu keiner Zeit eine führende astronomische Forschung ohne einen hohen Entwicklungsstand der gesamten Wissenschaft und Technik.

Die Geschichte der Astronomie in den USA beginnt gleichzeitig mit der raschen Entwicklung Nordamerikas zur Industrienation in der zweiten Hälfte des 19. Jahrhunderts. In der Sowjetunion erlebte die Astronomie – ebenso wie die anderen Wissenschaften – einen bedeutenden Aufschwung nach dem Sieg der Großen Sozialistischen Oktoberrevolution im Gefolge der damit verbundenen sozialökonomischen Umwälzungen.

Die stürmische technische Entwicklung der Wissenschaften, darunter auch der Astronomie, ist also nicht außerhalb der gesamten ökonomischen Entwicklung zu verstehen. Eine statistische Untersuchung über die Entwicklung von Sternwarten als Produktionsstätten astronomischen Wissens und die allgemeine ökonomische Entwicklung beweisen dies nachdrücklich: Die Entwicklung der Sternwarten hat sich während des gesamten 19. Jahrhunderts nach einem exponentiellen Wachstumsgesetz vollzogen. Die ökonomische Entwicklung, ausgedrückt durch die Welt-Bruttoproduktion, folgt während dieser Zeitspanne dem gleichen Wachstumsgesetz. Mit anderen Worten: Die wachsenden Gesamtaufwendungen für die astronomische Forschung sind eine Folge des wachsenden Reichtums der Menschheit durch die Produktion. Der Anteil am Gesamtprodukt, der für die astronomische Forschung ausgegeben wurde, ist dabei konstant geblieben.

Das größte Auge der Welt

Unser Auge hat einen Pupillendurchmesser von ungefähr 7 mm. Die »Öffnung« dieser Linse bestimmt die Lichtmenge, die wir empfangen können. Daß uns der Sternhimmel in klaren Nächten etwa 3000 Sterne zeigt und nicht 10000 oder 100000, ist eine direkte Folge unseres Pupillendurchmessers. Eine größere Fläche empfängt mehr Licht. Das Licht der Sterne trifft als ein Strom paralleler Strahlen auf der Erde ein. Die Linse oder der Spiegel erzeugen dank ihrer Abbildungseigenschaften, genau wie unser Auge, im Brennpunkt wieder einen Lichtpunkt. Aber – im Unterschied zu der in diesem Punkt vereinigten Helligkeit auf der Netzhaut unseres Auges – ist dieser Punkt um so viel heller, wie die Fläche der Linse oder des Fernrohrs die Fläche unserer Pupille übertrifft. Denken wir uns eine Linse, die nur den doppelten Durchmesser unserer Pupille besitzt, so können wir bereits viermal schwächere Sterne erblicken. Dem bloßen Auge sind Sterne bis zu einer Grenzhelligkeit von 6^m zugänglich. Dies sind an einer Himmelshalbkugel rund 3000 Sterne. Da die Sterne im Mittel um so schwächer leuchten, je weiter sie entfernt stehen, nimmt ihre Zahl mit abnehmender scheinbarer Helligkeit auch rapide zu. Mit Hilfe eines künstlichen Auges dringen wir also optisch tiefer ins Universum vor; wir überblicken eine größere Mannigfaltigkeit der Materie des Alls.

Die Entwicklungsgeschichte der Fernrohre ist deshalb nicht zuletzt auch ein ständiges Ringen um immer größere Empfängerflächen. Während sich Galilei noch mit Objektivdurchmessern seiner Fernrohre begnügen mußte, wie wir sie heute in Feldstechern vorfinden, wurden bald größere Fernrohre gebaut, die allerdings eine starke Farbverzeichnung der Bilder (Achromatismus) aufwiesen, was man durch entsprechend große Brennweiten auszugleichen trachtete. Die überdimensionalen Riesenfernrohre des Johannes Hevelius (1611 bis 1687) sind z. B. charakteristische Erzeugnisse dieser Epoche. Mit der Erfindung der achromatischen Linse, einer Kombination aus zwei Linsen verschiedener Glassorten (John Dollond 1758) verschwand dieser Mangel.

Die Grenzgröße der herstellbaren Objektive lag damals bei etwa 10 cm. Die Spiegel hatten um dieselbe Zeit zwar viel größere Durchmesser, dafür aber den Nachteil, daß die Metalloberflächen rasch »erblindeten«. Im Lauf des 19. Jahrhunderts überflügelten dann die Linsenfernrohre rasch ihre Konkurrenten, die Spiegel. Um die Wende zum 20. Jahrhundert fertigte die amerikanische Firma Clark & Sons mit dem 102-cm-Objektiv für den Yerkesrefraktor die größte Linse, die diesen Rekord bis heute hält, weil damit eine kaum noch überschreitbare Grenze erreicht war. Nun konnte nur noch der Spiegel (inzwischen aus Glas mit Oberflächenversilberung) wesentlich tiefere Blicke in das Universum gewähren. In der Dimensionierung der Spiegel ging es anfangs noch rasch voran. Um 1920 wurde in den USA der Hookerspiegel mit 2,5 m Durchmesser in Betrieb genommen, ein Vierteljahrhundert später der 5-m-Spiegel des großen Teleskops auf dem Mt. Palomar. Aber damit schien eine Grenze erreicht zu sein, bis die UdSSR vor etwa 20 Jahren das Projekt eines 6,1-m-Spiegels verkündete und den komplizierten und langwierigen Prozeß seiner praktischen Realisierung in Angriff nahm.

Zunahme der sichtbaren Sternanzahl mit wachsendem Linsen- oder Spiegeldurchmesser

Durchmesser des Empfängers in cm	Grenzhelligkeit in Größenklassen	Anzahl der sichtbaren Sterne
3	9	62000
5	10	170000
8	11	410000
20	13	2700000
50	15	17000000

Das sowjetische Vorhaben war ein Projekt von außerordentlicher Kühnheit. Es gibt kaum ein Gebiet der modernen Technik, das hier nicht Tribut zu zollen hatte.

Schon der Guß und die Bearbeitung des gewaltigen Glasblocks für den Spiegel erwies sich als ein Problem ersten Ranges. Noch nie zuvor war ein homogener Glasblock dieser Dimension gegossen worden. Neue Fabrikhallen mußten errichtet werden, um die Produktion des »Riesenauges« zu bewerkstelligen. Nach dem gelungenen Guß begann eine mühevolle, jahrelange Feinbearbeitung, bis die 42000 kg Borsilikatglas jene mathematisch berechnete Form besaßen, die eine gute Abbildung der kosmischen Objekte garantierte.

Nicht minder bewundernswert ist die Konstruktion des gesamten Instruments, das mit seinen etwa 42 m Höhe und seiner Gesamtmasse von 850 t eher an ein Produkt des Schwermaschinenbaus als an ein optisches Präzisionsinstrument erinnert.

Sechzehn wissenschaftliche Expeditionen wurden ausgerüstet, um das »Astroklima« der Sowjetunion zu erforschen, d. h. einen Ort zu finden, der die Fülle der Anforderungen, die man stellen muß, um ein so kostbares Instrument effektiv einzusetzen, optimal erfüllt. Große Höhe über dem Meeresspiegel, maximal klare Luft und eine möglichst hohe Anzahl von klaren Nächten im Jahr – das erwarten die Astronomen von einem geeigneten Aufstellungsort. Die Experten entschlossen sich für Selentschuk im Karatschajewo-tscherkessischen autonomen Gebiet in 2080 m Höhe über dem Meeresspiegel. Nordwestlich des Elbrus im Kau-

kasus begann nun eine rege Bautätigkeit. Ein gewaltiger Kuppeldom von 50 m Durchmesser wurde als Heimstatt des Kolosses aufgerichtet. Die Kuppel bildet das obere Geschoß eines dreistöckigen Turmbaus, der alle für die Vorbereitung und Durchführung der Untersuchungen erforderlichen Zusatzeinrichtungen enthält.

Die enorme Masse des gesamten Instruments ebenso wie die beträchtliche Glasmasse des Spiegels brachten allerdings Probleme mit sich und forderten Lösungen, bei denen man nicht auf bereits vorhandene Erfahrungen zurückgreifen konnte: Um die mechanische Stabilität des Instruments in allen Lagen zu gewährleisten, mußten sich die Konstrukteure entschließen, auf ein bewährtes Prinzip der Aufstellung astronomischer Instrumente zu verzichten: Das sowjetische Teleskop wurde nicht parallaktisch, sondern azimutal montiert. Bei der parallaktischen Montierung bewegt sich das Instrument jeweils um eine zur Erdachse parallel ausgerichtete Instrumentenachse. Dadurch braucht es lediglich in einer Ebene mit konstanter Winkelgeschwindigkeit bewegt zu werden. Will man aber ein azimutal montiertes Instrument dem Lauf der Gestirne nachführen, ist die gleichzeitige Bewegung in zwei Ebenen erforderlich, und zwar mit ständig wechselnden Winkelgeschwindigkeiten, die zudem noch von der Lage des beobachteten Objekts am Himmel abhängig sind. Diese komplizierte Aufgabe wird einem eigens für diesen Zweck entwickelten Digitalrechner übertragen, der ständig die erforderlichen Umwandlungen von »Äquatorialkoordinaten« in die Koordinaten des Horizontsystems vollzieht und die entsprechenden Befehle an die Antriebsmotoren übermittelt.

Die gewaltige Spiegelmasse bedingt eine sorgfältige Lagerung des kostbaren optischen Hauptbestandteils. Die auf die Spiegelmasse einwirkenden Kräfte, die von der Lage des Spiegels im Schwerefeld der Erde abhängen, bewirken eine Deformation, die zu einer Verschlechterung der

Links: Blick vom Steuerpult in den Kuppelraum des 6,1-m-Spiegels von Selentschukskaja (UdSSR). Rechts: In den Bergen des Kaukasus. Blick auf die Riesenkuppel des 6-m-Spiegelteleskops der Akademie der Wissenschaften der UdSSR

Bildqualität führt. Es muß also dafür gesorgt werden, daß ständig solche Kräfte auf der Rückseite des Spiegels angreifen, die eine Erhaltung der mathematisch berechneten Form des Spiegels gewährleisten. Zu diesem Zweck wird die Bildqualität unablässig durch Sensoren kontrolliert. Verschlechterungen der Qualität werden einem Rechner übermittelt, der daraus die »Gegenmaßnahmen« ableitet, die den komplizierten Elementen des Lagerungssystems als Befehle mitgeteilt werden.

Warten auf gutes Wetter

Seit alters befinden sich die Astronomen in einer beklagenswerten Abhängigkeit von den Launen des Wetters. Wie viele Millionen von Stunden mögen Fernrohre unbenutzt in ihren Kuppeln gestanden haben – nur, weil es die Unbilden der Witterung nicht anders wollten.

Doch damit nicht genug: Auch die nächtliche Dunkelheit ist unabdingbare Voraussetzung für die Sammlung von optischen Informationen über das Weltall. In den Sommermonaten bleibt es in unseren Breiten über 16 Stunden lang Tag, und selbst die kurzdauernde Nacht ist nicht dunkel genug, um allen Ansprüchen der Astronomen gerecht zu werden. Zu allen Zeiten haben Sternforscher die Abhängigkeit vom Wetter beklagt. Manche mühevoll vorbereitete und mit großem Aufwand in entfernte Gebiete der Erde entsendete Expedition hat unverrichteter Dinge aus den Zonen seltener astronomischer Ereignisse zurückkehren müssen, weil sie dort von wolkenverhangenem Himmel empfangen wurde.

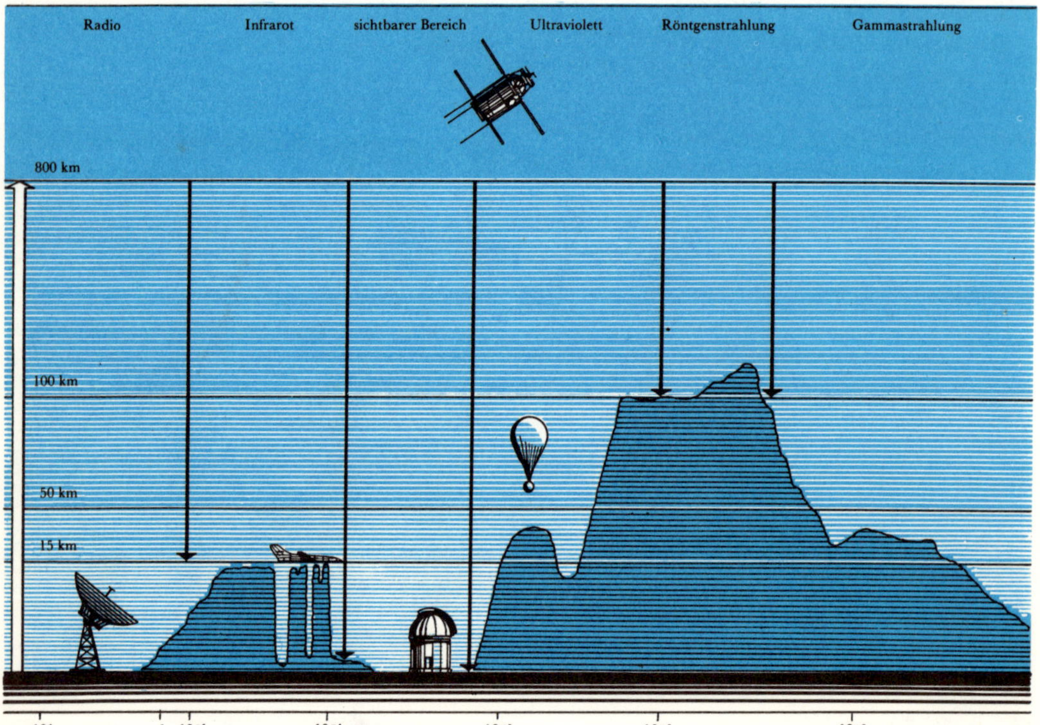

Die Beobachtungsfenster der Astronomie. Auf der Ordinate finden wir die Höhe über dem Meeresspiegel (in km). Auf der Abszisse sind die Wellenlängen vom langwelligen Radiogebiet bis zur kurzwelligen Gammastrahlung aufgetragen. Ersichtlich gibt es nur zwei »Fenster«, durch die elektromagnetische Strahlung unsere Atmosphäre ungehindert passieren kann: das »Radiofenster« im langwelligen Bereich und das »optische Fenster« im Bereich des sichtbaren Lichts. Um die anderen Wellenlängenbereiche effektiv erfassen zu können, müssen die Meßinstrumente in unterschiedliche Höhen der Atmosphäre oder in den erdnahen Weltraum transportiert werden. Die erforderlichen Höhen sind aus den schraffierten Bereichen zu entnehmen.

In unserer Zeit der weltweit verbreiteten astronomischen Großteleskope mit ihren wertvollen technischen Ausrüstungen ist die Frage der möglichen Arbeitsstunden der Instrumente geradezu ein ökonomisches Problem geworden. Das größte USA-Teleskop, der 5-m-Spiegel auf dem Mt. Palomar, hat einschließlich seiner Zusatzinstrumente nicht weniger als 25 Millionen Dollar gekostet. Jede Minute, in der solche kostbaren Instrumente zwangsläufig ungenutzt bleiben, ist »Stillstandszeit« und macht das gewonnene Wissen teurer.

Und noch ein dritter Grund läßt in unserer Zeit Beobachtungen vom Erdboden aus als unbefriedigend erscheinen: Die Objekte des Weltalls strahlen in allen Wellenlängen des elektromagnetischen Spektrums; unsere Atmosphäre besitzt aber nur zwei »Fenster« für die aus dem Kosmos einfallende Wellenstrahlung, das »optische Fenster«, das die Strahlung des sichtbaren Lichts hindurchtreten läßt (Wellenlängenbereich von etwa $3 \cdot 10^{-7}$ m bis $1 \cdot 10^{-6}$ m), und das »Radiofenster«, durch das elektromagnetische Wellen der Radiostrahlung (Wellenlängenbereich von einigen Millimetern bis zu einigen ...zig Metern) auf die Erdoberfläche gelangen.

Die nach der Seite der kürzeren Wellen unmittelbar anschließende Ultraviolettstrahlung (bis etwa $1{,}8 \cdot 10^{-7}$ m) wird vor allem von der in 30 bis 70 km Höhe der Atmosphäre (Stratosphäre) gelegenen Ozonschicht zurückgehalten. Der extrem kurzwellige Teil der UV-Strahlung trifft außerdem auf das Hindernis des atomaren Sauerstoffs und Stickstoffs in Höhen von etwa 200 km der Erdatmosphäre.

Obwohl die Dichte der Atmosphäre in diesen Höhen schon außerordentlich gering ist, wird die gesamte Röntgenstrahlung aus dem Kosmos bereits oberhalb von 100 km Höhe absorbiert.

Etwas günstiger ist die Situation für die Strahlung im »Wärmewellengebiet« (Infrarot); sie wird vor allem von Wasserdampf- und Kohlensäuremolekülen zurückgehalten. Die Anteile dieser Moleküle nehmen aber mit zunehmender Höhe sehr rasch ab. Während der Wasserdampfgehalt beispielsweise in der Troposphäre (bis 10 km Höhe) nur noch 1 Prozent beträgt, ist die anschließende Stratosphäre bereits so gut wie vollkommen trokken. Bedeutend ungünstiger hingegen steht es mit dem Verhalten der Gashülle unseres Planeten gegenüber der langwelligen Radiostrahlung: Sie wird durch die in sehr großen Höhen vorhandenen ionisierten Teile der Atmosphäre reflektiert.

Aus diesen Tatsachen, die vor allem durch die seit dem 18. Jahrhundert möglichen wissenschaftlichen Ballonaufstiege und späteren Raketenstarts nach und nach bekannt wurden, folgt, daß ein gewaltiger Strom von Informationen über »Kanäle« fließt, die auf der Erdoberfläche nicht empfangen werden können.

Schließlich setzt die irdische Atmosphäre auch noch dem Auflösungsvermögen der astronomischen Teleskope eine Grenze. Die Atmosphäre besteht gleichsam aus kleinen Turbulenzelementen, die sich von ihrer unmittelbaren Umgebung hinsichtlich Druck und Temperatur geringfügig unterscheiden. Dadurch wird das Licht der Sterne sowohl von seiner Richtung abgelenkt als auch in seiner Intensität beeinflußt. Mit anderen Worten: Die Sterne beginnen zu »funkeln« und hin und her zu tanzen. Bildet man z. B. einen Stern auf einer fotografischen Platte ab, so verbreitert sich sein Bild. Man kann also infolge der Atmosphäre nicht die auf Grund der Dimensionen des Detektors theoretisch mögliche Auflösung erreichen.

Auch die Reichweite der Teleskope wird herabgesetzt. Diese Effekte wirken sich besonders bei großen Teleskopen aus, d. h., je größer die Dimensionen der Teleskope und je leistungsfähiger sie damit auch theoretisch werden, um so stärker machen sich die von der Atmosphäre hervorgerufenen Einschränkungen bemerkbar. Das Auflösungsvermögen ist infolge dieser unerfreulichen Umstände nicht besser als etwa 0,5 bis 1 Bogensekunde. Beobachtet man z. B. den Mond im Fernrohr, so bedeutet dies, daß man maximal eine lineare Auflösung von etwa 100 m erreicht, beim Mars sind es günstigenfalls nur noch etwa 150 km. Der krasse Gegensatz zwischen diesen Daten und den Möglichkeiten kommt in einem anschaulichen Vergleich überzeugend zum Ausdruck: Ohne die Behinderungen durch die Atmosphäre wäre es heute bereits möglich, Teleskope mit einer Winkelauflösung von 0,006 Bogensekunden, d. h. mit dem hundertfachen Wert des jetzt tatsächlich erreichten zu konstruieren. Ein Zehnpfennigstück wäre damit aus 500 km Entfernung noch sichtbar.

Inzwischen sind qualitativ völlig neue Projekte für astronomische Großteleskope erprobt und entwickelt worden oder im Stadium der Diskussion. Am weitesten fortgeschritten ist das sogenannte Mehrspiegelkonzept. Statt eines großen Spiegels als Detektor der optischen Strahlung aus dem Weltall werden dabei mehrere kleine voneinander unabhängige Spiegelteleskope errichtet, mit denen dasselbe Objekt beobachtet wird. Die Einzelsignale lassen sich dann durch technische Hilfsmittel so zusammenfassen, daß derselbe Effekt wie bei Verwendung eines einzigen Spiegels viel größerer Dimension entsteht. So besagen Berechnungen, daß ein System von insgesamt 36 Einzelteleskopen von je knapp 2 m Öffnung in seiner Leistungsfähigkeit einem Einzelteleskop mit einer freien Öffnung von 11,4 m entspräche. Ein anderes Konzept nutzt mehrere kleinere Einzelspiegel, die jedoch in einer Montierung vereinigt werden. Die Anordnung der Einzelspiegel wird dabei so gewählt, daß sich ein gemeinsamer Brennpunkt ergibt. Dieses Problem ist technisch recht anspruchsvoll, zumal bei wachsender Zahl der Einzelspiegel, die natürlich direkten Einfluß auf die Leistungsfähigkeit des Gesamtteleskops besitzt. In den USA wurde deshalb 1979 ein solches Multi-Mirror-Telescope – ein Sechsspiegler mit einer Öffnung von jeweils 1,8 m der Einzelspiegel – gebaut und erprobt. Während dieses Teleskop vergleichsweise die Leistungsfähigkeit eines 4,5-m-Teleskops herkömmlicher Bauart erreicht, liegen die Kosten bei einem Viertel derjenigen eines traditionellen Spiegels. Die bisherigen Erfahrungen mit diesem Teleskop und andere Überlegungen haben neuerdings das Projekt eines Riesenteleskops der Europäischen Südsternwarte (ESO) entstehen lassen, die von mehreren westeuropäischen Staaten unter wesentlicher Beteiligung der BRD betrieben wird. Der Rat der ESO beschloß, ein »Very Large Telescope« (VLT) zu bauen, das aus vier Einzelteleskopen mit einer freien Öffnung von jeweils 8 m bestehen soll. Die lichtsammelnde Fläche entspricht insgesamt der eines 16-m-Teleskops. Wahrscheinlich wird das VLT auf dem Gelände der Europäischen Südsternwarte in Chile (2400 m Höhe) aufgestellt und gegen Ende des Jahrhunderts in Betrieb gehen.

Ohne die Fülle weiterer Zukunftsprojekte der erdgebundenen Astronomie – bei denen übrigens auch die elektronische Datenverarbeitung eine ständig zunehmende Rolle spielt – im einzelnen hier vorzustellen, wäre die enge Wechselwirkung des wissenschaftlichen Fortschritts mit dem Fortschreiten der Technik doch nur höchst unvollkommen wiedergegeben, wenn die Raumfahrt unerwähnt bliebe.

Als am 4. Oktober 1957 die Tür zum Weltraum mit dem Start des sowjetischen Sputniks 1 aufgestoßen wurde, begann auch ein neuer Abschnitt der astronomischen Forschung. Die rapide Entwicklung der Raumfahrt in den letzten Jahrzehnten hat die traditionelle astronomische Forschung in mehrerer Hinsicht befruchtet: Zum einen wurde es möglich, klassische und neuartige astronomische Beobachtungsinstrumente außerhalb der Erdatmosphäre einzusetzen, in dem sie an Bord spezieller Raumflugkörper mitgeführt wurden. Dadurch entfiel die in mannigfacher Hinsicht hemmende Wirkung der Atmosphäre. Am schwersten wiegt dabei der Umstand, daß nunmehr Wellenlängenbereiche des elektromagnetischen Spektrums zugänglich wurden, die der Untersuchung auf der Erde – am »Boden des Luftmeeres« – prinzipiell verschlossen sind. Insbesondere die extrem kurzwellige Strahlung vom Ultravioletten bis zur extrem harten Gammastrahlung brachte dank spezieller Forschungssatelliten qualitativ neue Erkenntnisse. Zum anderen starteten die UdSSR und die USA zahlreiche Raumfahrtunternehmungen zur direkten Erkundung des Sonnensystems, wodurch viele Himmelskörper der klassischen beobachtenden Astronomie zum Gegenstand experimenteller Forschung wurden. Dies betrifft vor allem den Erdmond, aber auch Venus und Mars. Andere Körper des Sonnensystems, wie Merkur, Jupiter, Saturn, Uranus mit Neptun oder der Marsmond Phobos und der Komet Halley, wurden aus unmittelbarer Nachbarschaft durch Tiefraumsonden erforscht. Die dadurch erlangten Fortschritte haben unser Bild vom Sonnensystem tiefgreifend erweitert und verändert. Die Einzelheiten dieses erfolgreichen Weges habe ich unlängst in meinem Buch »Eroberer des Himmels« geschildert.

Viele Erkenntnisse – viele Probleme

Auf unserem Weg durch die Jahrtausende der Weltallerforschung haben wir die Gegenwart erreicht. Obwohl wir uns auf die großen Etappen der Entwicklung beschränken mußten, überblicken wir nun einen außerordentlich beeindruckenden Weg, der zugleich ein Stück der immerwährenden Auseinandersetzung des Menschen mit der Natur darstellt. Von einem ungehinderten Vorwärtsgang der Erkenntnis konnte durch all die Jahrtausende keine Rede sein. Wie der Weg der Menschheit im ganzen, so ist auch der Weg der Wissenschaft, die ein Teil der gesellschaftlichen Arbeit darstellt, von Widersprüchen und Kämpfen ebenso gezeichnet wie von sieghaften Erkenntnissen.

In der langen Geschichte der Naturforschung hat der Mensch oft vor schier unüberwindlich scheinenden Grenzwänden zwischen Wissen und Nichtwissen gestanden; eine prinzipielle Erkenntnisschranke aber gab es nie. Stets gelang es dem Menschen, die komplizierten Erscheinungen im Universum aus den der Materie selbst zugrunde liegenden objektiven Gesetzmäßigkeiten zu erklären.

Doch mit jeder neuen Antwort tauchten auch neue Fragen auf. Jede gefundene Wahrheit ist insofern nur ein Teil der »ganzen« oder absoluten Wahrheit. Nur in einem unendlichen dialektischen Prozeß nähern wir uns der allumfassenden Erkenntnis. Dies gilt uneingeschränkt auch für jenen Teil unseres Weltbildes, der den Kosmos zum Gegenstand hat. Die Astrophysik der letzten Jahre und Jahrzehnte hat uns mit einer Fülle von Erscheinungen im Universum konfrontiert, die sich nicht widerspruchsfrei in unsere bisherigen Vorstellungen einpassen lassen. Die Natur der Quasare, die Rate der von der Sonne kommenden Neutrinostrahlung und anderes deuten nach Meinung zahlreicher Theoretiker darauf hin, daß wir vor der Entdekkung neuartiger Gesetze stehen, die uns bis heute verborgen geblieben sind.

Schon zeichnen sich am Horizont weitreichende technische Möglichkeiten einer noch umfassenderen Erforschung des Universums ab: Riesenteleskope auf der Erde, Beobachtungsstationen auf dem Mond oder in Erdumlaufbahnen, neue Empfängersysteme für Schwerewellen oder Elementarteilchen versprechen uns weitere großartige Erfolge bei der Erforschung des Universums.

Die jüngste Entwicklung der Astronomie ist auch ohne den Einsatz von elektronischen Rechenmaschinen nicht denkbar. Mit ihrer Hilfe werden einerseits »klassische« Probleme, wie die Bestimmung von Sternörtern für verschiedene Epochen oder die Korrektionen in Sternkatalogen, schnell und umfassend gelöst. Zum anderen leisten elektronische Rechenmaschinen hervorragende Dienste bei den umfangreichen Rechnungen im Zusammenhang mit Sternmodellen, die uns überhaupt erst einen wissenschaftlichen Zugang zu dem komplizierten Problem der Sternentwicklung gewährt haben. Das immer umfangreicher werdende Datenmaterial der Astronomie und der wachsende Anteil theoretischer Untersuchungen an der Erforschung des Weltalls weisen daher den elektronischen Rechnern auch in der Zukunft einen wichtigen Platz als modernes Hilfsmittel der Astrophysik zu.

Können wir näherungsweise voraussehen, mit welchen Ergebnissen wir zu rechnen haben? Zweifellos gibt es Teilgebiete der Forschung, für die das möglich ist: Die Weltraumfahrt wird noch in diesem Jahrhundert die Körper unseres Sonnensystems umfassend auskundschaften, weiter reichende Teleskope werden das aktuelle Problem der Konstanz der Fluchtgeschwindigkeit der Spiralnebel und damit eine grundlegende Frage der Kosmologie lösen. Aber die Wissenschaft verdiente ihren Namen nicht, wenn wir schon im voraus wüßten, welche Rätsel im Prozeß der weiteren Forschung noch auftauchen werden und wie ihre Lösung aussieht. Als der junge Max Planck sich in München zum Studium der Physik immatrikulieren wollte, empfahl ihm der dortige Ordinarius, Prof. Jolly, doch lieber ein anderes Fach zu wählen. Seine Begründung: In der Physik gebe es nichts mehr zu entdecken. So abgeschlossen erschien damals selbst den Fachleuten das Gebäude ihrer Wissenschaft. Aber gerade an solche Punkte der Entwicklung kann die Wissenschaft niemals gelangen. Dies wäre – wie Friedrich Engels es einmal formulierte – das »Wunder der abgezählten Unzahl«. Und Planck selbst ist es dann gewesen, der durch seine Begründung des Strahlungsgesetzes der Physik völlig neue Wege wies und so den praktischen Gegenbeweis zu der Meinung seines akademischen Lehrers antrat.

Es ist daher nicht daran zu zweifeln, daß auch im zukünftigen Prozeß der Forschung noch zahlreiche Entdeckungen gelingen werden, die unser heutiges materialistisches Weltbild weiter verfeinern und vertiefen und einen tiefgreifenden positiven Einfluß auf das Leben der Menschen ausüben, wenn sie verantwortungsbewußt im Dienste einer friedlichen Zukunft verwendet werden.

Das fesselnde Abenteuer der Weltallforschung ist deshalb auch eine faszinierende Aufgabe kommender Generationen. Es bleibt ein »weites Feld«, auf dem sich noch zahllose neue Entdecker des Himmels bewähren werden.

ANHANG

Namenverzeichnis

Sachwörterverzeichnis

Bildnachweis

Farbfotos: Deutsche Fotothek Dresden: 47, 52, 73; Sächsische Landesbibliothek Dresden / Fotos W. Schröter: 11, 34, 57, 68, 71 l., 71 r., 75; Deutsche Staatsbibliothek Berlin / Fotos Rothenberg: 50, 142; Deutsches Museum München: 64; Archiv des Autors / Repro Rothenberg: 8; Karl-Schwarzschild-Observatorium Tautenburg: 207; Mathematisch-physikalischer Salon Dresden / Fotos W. Schröder: 53, 87, 97, 104, 109, 111, 116; Museum des Vatikans, Rom: 2; California Institute of Technology / Hale Observatories: 173, 176, 185; Prof. O. Gingerich: 20; Dr. D. B. Herrmann: 59; Verlag Snanije, Moskau: 212; W. Schröter / Markkleeberg: 28

Schwarz-Weiß-Fotos: Deutsche Fotothek Dresden: 79; Deutsches Museum München: 14, 84, 100, 108, 119; Staatliche Museen zu Berlin: 15, 16, 17; Karl-Schwarzschild-Observatorium Tautenburg: 165, 209; ADN/Zentralbild Berlin: 194, 195; Redaktion Freie Welt, Berlin: 216, 217; ZIAP, Sternwarte Sonneberg: 137; Archiv des Autors / Rothenburg: 12, 13, 44, 54, 60, 61, 76, 77, 80, 82, 83, 114, 115, 121, 122, 123, 125, 127, 129, 130, 132, 136 o., 136 u., 144 (Bildverlag Freiburg), 146, 147, 154, 171, 187, 188, 190, 205, 206, 214; Archiv des Verlages: 37, 85, 92, 135, 139, 158, 161; A. Beer, Cambridge 1938: 156; Central Office of Information, London: 192; NASA: 7; aus C. Flammarion; Astronomie Populaire, 1955: 25

Literatur

Biskup: Nicolaus Copernicus, Gelehrter und Staatsbürger. Leipzig 1973
Copernicus, Nicolaus: Über die Kreisbewegungen der Weltkörper. Erstes Buch, Berlin 1958
Nicolaus Copernicus 1473–1973. Studien zum Copernicus-Jahr 1973. Berlin 1973
Danzer, Klaus: R. W. Bunsen und G. R. Kirchhoff. Leipzig 1972
Drößler, Rudolf: Als die Sterne Götter waren. Sonne, Mond und Sterne im Spiegel von Archäologie, Kunst und Kult. Leipzig 1976
C. F. Gauss. Gedenkband anläßlich des 100. Todestages am 23. Februar 1955. Leipzig 1957
Ginzel, Friedrich Karl: Handbuch der mathematischen und technischen Chronologie. 3 Bände, Leipzig 1958
Hamel, J.: Friedrich Wilhelm Bessel. Leipzig 1984
Herneck, Friedrich: Albert Einstein. Ein Leben für Wahrheit, Menschlichkeit und Frieden, Berlin 1967
Herrmann, Dieter B.: Eroberer des Himmels. Meilensteine der Raumfahrt. Leipzig 1986
Herrmann, Dieter B.: Zur Statistik von Sternwartengründungen im 19. Jahrhundert. In: Die Sterne. Bd. 49, 1973, S. 48–52
Herrmann, Dieter B.: Zur Vorgeschichte des Astrophysikalischen Observatoriums Potsdam (1865–1875). In: Astronomische Nachrichten. Bd. 296, 1975, S. 245–259
Herrmann, Dieter B.: Sternwartengründungen, Wissensproduktion und ökonomischer Fortschritt. In: Die Sterne. Bd. 51, 1975, S. 228–234
Herrmann, Dieter B.: Karl Friedrich Zöllner. Biographien hervorragender Naturwissenschaftler, Techniker und Mediziner. Leipzig 1982
Herrmann, Dieter B.: Geschichte der modernen Astronomie. Berlin 1984
Herrmann, Dieter B.: Kosmische Weiten. Geschichte der

Entfernungsmessung im Weltall. Leipzig 1977, 2. Auflage 1981
Herrmann, Dieter B.: Vom Schattenstab zum Riesenspiegel. Berlin 1978, 2. Auflage 1980
Hertzsprung, Ejnar: Zur Strahlung der Sterne. Drei Arbeiten von Ejnar Hertzsprung, eingeleitet und mit Anmerkungen versehen von D. B. Herrmann. Ostwalds Klassiker der exakten Wissenschaft, Bd. 255, Leipzig 1976
Das Hertzsprung-Russell-Diagramm. Vorträge und Schriften der Archenhold-Sternwarte Nr. 56, Berlin-Treptow 1978
Kant, Immanuel: Allgemeine Naturgeschichte und Theorie des Himmels. Berlin 1955
Kedrow, B. M.: Spektralanalyse. Berlin 1961
Mitton, S. (Hrsgb.): Cambridge-Enzyklopädie der Astronomie. Leipzig 1978
Ptolemäus: Handbuch der Astronomie. 2 Bände, Leipzig 1963
Riekher, Rolf: Fernrohre und ihre Meister. Berlin 1957
Schmutzer, Ernst, und Wilhelm Schütz: Galileo Galilei, Leipzig 1977
Sternzeiten (zur 275jährigen Geschichte der Berliner Sternwarte, der heutigen Sternwarte Babelsberg). 2 Bände, Berlin 1977
Treder, Hans-Jürgen: Elementare Kosmologie. Berlin 1975
Wattenberg, Diedrich: Johann Gottfried Galle (1812–1910). Leipzig 1963
Wollgast, Siegfried, und Siegfried Marx: Johannes Kepler. Leipzig, Jena, Berlin 1976
Wußing, Hans: Carl Friedrich Gauss, Leipzig 1974

Die meisten astronomie-historischen Publikationen von DDR-Autoren sind nachgewiesen in:
Forschungen und Publikationen zur Geschichte der Astronomie in der Deutschen Demokratischen Republik.
Teil I und II, für 1949–1974 hrsg. von D. Wattenberg, Veröffentlichungen der Archenhold-Sternwarte Nr. 2 und 3, Berlin-Treptow 1969 und 1975
Teil III und IV, für 1975–1984, bearb. von J. Hamel, Veröffentlichungen der Archenhold-Sternwarte Nr. 8 und Nr. 13, Berlin-Treptow 1980 und 1985

Zahlreiche Einzelveröffentlichungen enthalten die Zeitschriften:
Die Sterne. Leipzig
NTM-Schriftenreihe für Geschichte der Naturwissenschaft, Technik und Medizin. Leipzig
Wissenschaft und Fortschritt. Berlin
Astronomie in der Schule. Berlin
Astronomie und Raumfahrt. Berlin